"十四五"高等职业教育新形态一体化系列教材

虚拟现实与增强现实项目教程

张福峰　李玉虹◎主　编

张芷齐　王耀辉　王　敏　李俊荣◎副主编

中国铁道出版社有限公司

CHINA RAILWAY PUBLISHING HOUSE CO., LTD.

内 容 简 介

本书针对虚拟现实与增强现实的相关岗位需求，以 Unity3D 为背景，结合 Panno2VR、PTGUI 等全景软件，以项目任务为主线，遵循"循序渐进、实用为主"的原则安排全书的整体结构和内容。全书由八个项目构成，均以岗位任务驱动的模式制作讲解，每个项目均有学习目标、任务，每个任务又包括任务描述、相关知识、任务实施、拓展任务、任务评价等。项目最后配有相应习题，以帮助读者进一步巩固知识技能。

本书适合作为高等职业院校虚拟现实、增强现实相关课程的教材，也可作为培训机构的教材，以及广大 VR/AR 爱好者与从业者的自学参考用书。

图书在版编目（CIP）数据

虚拟现实与增强现实项目教程 / 张福峰，李玉虹主编. —北京：中国铁道出版社有限公司，2022.8（2024.1 重印）
"十四五"高等职业教育新形态一体化系列教材
ISBN 978-7-113-29104-4

Ⅰ. ①虚… Ⅱ. ①张… ②李… Ⅲ. ①虚拟现实－高等职业教育－教材 Ⅳ. ① TP391.98

中国版本图书馆 CIP 数据核字（2022）第 076490 号

书　　名：	虚拟现实与增强现实项目教程
作　　者：	张福峰　李玉虹

策　　划：	王春霞	编辑部电话：	（010）63551006
责任编辑：	王春霞　许　璐		
封面设计：	尚明龙		
责任校对：	安海燕		
责任印制：	樊启鹏		

出版发行：中国铁道出版社有限公司（100054，北京市西城区右安门西街 8 号）
网　　址：http://www.tdpress.com/51eds/
印　　刷：三河市兴达印务有限公司
版　　次：2022 年 8 月第 1 版　2024 年 1 月第 2 次印刷
开　　本：850 mm×1 168 mm　1/16　印张：19.75　字数：496 千
书　　号：ISBN 978-7-113-29104-4
定　　价：55.00 元

版权所有　侵权必究

凡购买铁道版图书，如有印制质量问题，请与本社教材图书营销部联系调换。电话：（010）63550836
打击盗版举报电话：（010）63549461

前言

5G商用加速到来，开启了VR/AR产业发展的新一轮热潮，推动VR/AR的应用范围从直播、游戏等消费娱乐领域，加速向工业、医疗、教育等垂直领域渗透，实现规模化发展。中华人民共和国工业和信息化部（简称工信部）曾提出，要引导工业互联网平台提升增强现实/虚拟现实等新技术支撑能力，推广5G＋VR/AR、赛事直播、游戏娱乐、虚拟购物等应用，促进新型信息消费。虚拟现实技术解锁的多种应用新场景正变成现实。

本书践行二十大报告精神，落实立德树人根本任务，结合作者多年的教学、设计经验，根据企业相关岗位的需求，针对高职高专院校虚拟现实相关课程的专业技能需求，以Unity3D为背景，结合Panno2VR、PTGUI等全景软件，以岗位任务为引领，以工作任务为载体，选择典型教学案例任务，做到知识与工作任务紧密融合。项目任务设置遵循"循序渐进、实用为主"的原则，注重学生实践动手能力的培养，符合学生认知学习规律。任务制作过程中力求遵循"由易到难、先简后繁"的顺序，并对使用中出现的问题和技术难点进行了较全面的剖析，使教材具有趣味性和启发性。通过项目任务的学习与强化训练，学生能领悟并运用相关软件完成虚拟现实/增强现实的设计实现。

本书的项目案例以岗位工作任务驱动模式制作讲解，每个项目均由学习目标和任务组成，每个任务又包括任务描述、相关知识、任务实施、拓展任务、任务评价等。项目最后配有相应习题，以帮助读者进一步巩固知识技能。

本书由八个项目构成。

项目一：虚拟现实技术基础。本项目通过2个任务介绍虚拟现实技术的特征、组成、分类、关键技术、发展历程趋势、应用领域、VR/AR/MR/XR区分，以及虚拟现实系统的输入、输出、生成等硬件设备。

项目二：VR全景漫游。本项目通过3个任务介绍全景图片制作、VR全景漫游制作以及全景图片合成的方法。

项目三：Unity3D交互基础。本项目通过3个任务介绍Unity3D操作基础、移动交互、材质动态修改方法，并详细介绍了资源管理、游戏发布、脚本使用、物体运动控制、模型导入、材质创建使用和UI系统。

项目四：Unity3D角色控制。本项目通过2个任务介绍Unity3D角色控制系统，并对资源包的获取安装，第一、第三人称角色控制器的具体运用做出详细说明。

项目五：U3D 地形与导航。本项目通过 2 个任务介绍地形系统和导航系统，对地形的创建编辑、环境资源包、天空盒以及几种场景导航运用进行详细的说明。

项目六：Unity3D 物理引擎。本项目通过 2 个任务介绍刚体、碰撞器与触发器的具体使用。

项目七：Unity3D 游戏开发。本项目综合运用 Unity3D 完成第三人称角色射击游戏的设计制作。

项目八：AR 交互设计。本项目通过 3 个任务介绍 AR 的设计开发，并对 EasyAR 的平面、3D 图像识别，EasyAR 模型交互操作进行详细介绍。

本书由张福峰、李玉虹任主编，张芷齐、王耀辉、王敏、李俊荣任副主编，唐叶、张植才、金会赏、王晓兰参与编写。具体编写分工如下：项目一由王耀辉编写；项目二由金会赏、唐叶编写；项目三由李俊荣、张植才编写；项目四由李玉虹编写；项目五、八由张福峰编写；项目六由张芷齐编写；项目七由王敏、王晓兰编写。全书由张福峰统稿。

本书在编写过程中参考了相关教材和网站资料，在此向相关作者表示衷心的感谢！

由于编者水平有限，加上编写、出版时间仓促，书中疏漏和不妥之处在所难免，恳请广大读者批评指正。

编　者

2024 年 1 月

目 录

▶ 项目一　虚拟现实技术基础 ………1

任务1　虚拟现实技术 ……………1
　　任务描述 ………………………1
　　相关知识 ………………………2
　　　　一、虚拟现实技术 ……………2
　　　　二、虚拟现实技术的特征 ………3
　　　　三、虚拟现实系统的组成 ………4
　　　　四、虚拟现实系统的分类 ………5
　　　　五、虚拟现实关键技术 …………9
　　　　六、虚拟现实技术发展历程 ……11
　　　　七、虚拟现实技术发展趋势 ……16
　　　　八、我国虚拟现实产业发展情况…16
　　　　九、虚拟现实应用领域 …………17
　　　　十、区分 VR、AR、MR、XR …20
　　任务实施 ………………………21
　　　　汽车之家·VR 全景看车 ………21
　　拓展任务 ………………………23
　　任务评价 ………………………24

任务2　虚拟现实系统的硬件设备 …24
　　任务描述 ………………………24
　　相关知识 ………………………24
　　　　一、虚拟现实的硬件设备 ………24
　　　　二、虚拟现实系统的输入设备 …25
　　　　三、虚拟现实系统的输出设备 …31
　　　　四、虚拟现实系统的生成设备 …37

　　任务实施 ………………………37
　　　　选择一款合适的 VR 眼镜 ……37
　　拓展任务 ………………………40
　　任务评价 ………………………40
　小结 ……………………………40
　习题 ……………………………41

▶ 项目二　VR全景漫游 …………43

任务1　全景图片制作 ……………43
　　任务描述 ………………………43
　　相关知识 ………………………44
　　　　一、全景图 ………………………44
　　　　二、全景图创建 …………………44
　　任务实施 ………………………45
　　　　一、前期准备 ……………………45
　　　　二、摄影机设置 …………………46
　　　　三、渲染设置 ……………………46
　　　　四、PS 处理 ……………………48
　　拓展任务 ………………………49
　　任务评价 ………………………51

任务2　VR全景制作 ………………52
　　任务描述 ………………………52
　　相关知识 ………………………53

一、VR 全景制作软件 ……………… 53
　　二、Pano2VR ………………………… 53
　任务实施 …………………………………… 63
　　一、添加场景 ………………………… 63
　　二、输出全景 ………………………… 63
　　三、添加图像 ………………………… 64
　　四、添加视频 ………………………… 64
　　五、小行星效果 ……………………… 65
　　六、设置默认视图 …………………… 66
　　七、添加热点 ………………………… 66
　　八、添加皮肤 ………………………… 67
　拓展任务 …………………………………… 67
　任务评价 …………………………………… 68
任务 3　全景图片合成 ………………………… 69
　任务描述 …………………………………… 69
　相关知识 …………………………………… 69
　　一、全景图片拍摄 …………………… 69
　　二、初识 PTGui ……………………… 70
　　三、全景图的不同形式 ……………… 71
　　四、不同形式全景图转换 …………… 72
　任务实施 …………………………………… 74
　　一、加载图像 ………………………… 74
　　二、对准图像 ………………………… 74
　　三、创建全景图 ……………………… 76
　　四、Photoshop 补地 ………………… 77
　　五、Photoshop 补天 ………………… 78
　　六、生成 VR 全景 …………………… 79
　拓展任务 …………………………………… 79
　任务评价 …………………………………… 80
小结 …………………………………………… 80
习题 …………………………………………… 81

▶ 项目三　Unity3D 交互基础 …… 82

任务 1　初识 Unity3D ………………………… 82
　任务描述 …………………………………… 82
　相关知识 …………………………………… 82
　　一、安装软件 ………………………… 82
　　二、启动软件 ………………………… 83
　　三、创建项目 ………………………… 85
　　四、软件界面 ………………………… 85
　　五、基本操作 ………………………… 88
　　六、视图控制 ………………………… 91
　　七、资源管理 ………………………… 92
　　八、游戏发布 ………………………… 93
　任务实施 …………………………………… 97
　　一、新建项目 ………………………… 97
　　二、布置场景 ………………………… 97
　　三、游戏发布 ………………………… 98
　拓展任务 …………………………………… 100
　任务评价 …………………………………… 101
任务 2　Unity3D 移动交互 …………………… 101
　任务描述 …………………………………… 101
　相关知识 …………………………………… 102
　　一、脚本入门 ………………………… 102
　　二、变量 ……………………………… 103
　　三、基本数据类型 …………………… 104
　　四、GameObject 与 gameObject …… 105
　　五、Transform 与 transform ………… 105
　　六、transform 与 gameObject ……… 105
　　七、Unity3D 导入 3ds Max 模型 …… 106
　任务实施 …………………………………… 109
　　一、移动到指定目标点 ……………… 109
　　二、键盘控制物体移动 ……………… 113

三、控制物体自动旋转 ……… 116
　　　四、拖动鼠标旋转物体 ………… 118
　拓展任务 ……………………………… 119
　任务评价 ……………………………… 121
　任务3　动态修改材质 ……………… 122
　　任务描述 …………………………… 122
　　相关知识 …………………………… 122
　　　一、材质创建与使用 …………… 122
　　　二、UI系统 ……………………… 127
　　任务实施 …………………………… 132
　　　一、搭建场景 …………………… 132
　　　二、创建材质 …………………… 133
　　　三、创建UI对象 ………………… 133
　　　四、切换材质 …………………… 135
　拓展任务 ……………………………… 139
　任务评价 ……………………………… 140
　小结 …………………………………… 141
　习题 …………………………………… 141

● **项目四　Unity3D角色控制** … 143

　任务1　第一人称控制器 …………… 143
　　任务描述 …………………………… 143
　　相关知识 …………………………… 143
　　　一、标准资源包简介 …………… 143
　　　二、资源包获取安装 …………… 144
　　　三、导入资源包 ………………… 146
　　　四、Prototyping（原型） ……… 147
　　　五、FirstPersonCharacter
　　　　　（第一人称角色） …………… 148
　　任务实施 …………………………… 150

　　　一、导入资源包 ………………… 150
　　　二、FPSController ……………… 151
　拓展任务 ……………………………… 152
　任务评价 ……………………………… 153
　任务2　第三人称控制器 …………… 154
　　任务描述 …………………………… 154
　　相关知识 …………………………… 154
　　　ThirdPersonCharacter
　　　（第三人称角色） ………………… 154
　　任务实施 …………………………… 155
　　　一、ThirdPersonController …… 155
　　　二、AiThirdPersonController … 157
　　　三、角色模型控制 ……………… 157
　拓展任务 ……………………………… 160
　任务评价 ……………………………… 164
　小结 …………………………………… 164
　习题 …………………………………… 164

● **项目五　U3D地形与导航** …… 166

　任务1　地形系统 …………………… 166
　　任务描述 …………………………… 166
　　相关知识 …………………………… 167
　　　一、创建和编辑地形 …………… 167
　　　二、环境资源包 ………………… 170
　　　三、天空盒（Skybox） ………… 172
　　任务实施 …………………………… 177
　　　一、创建与编辑地形 …………… 177
　　　二、绘制贴图、树、草 ………… 178
　　　三、添加海洋 …………………… 180
　　　四、添加第一人称控制器 ……… 180

拓展任务 …………………………… 181	四、创建子弹对象 ………………… 206
任务评价 …………………………… 183	五、销毁子弹对象 ………………… 207
任务 2　导航系统 ………………… 184	拓展任务 …………………………… 208
任务描述 …………………………… 184	任务评价 …………………………… 208
相关知识 …………………………… 184	任务 2　碰撞器与触发器 ………… 209
一、导航网格（NavMesh） …… 184	任务描述 …………………………… 209
二、导航视图 …………………… 184	相关知识 …………………………… 210
三、导航网格代理 ……………… 186	一、Unity3D 碰撞器 …………… 210
四、分离网格链接	二、Unity3D 触发器 …………… 213
（Off Mesh Link） …………… 187	任务实施 …………………………… 214
五、导航网格障碍 ……………… 187	一、创建场景对象 ……………… 214
任务实施 …………………………… 188	二、用键盘控制物体移动 ……… 216
一、导航 ………………………… 188	三、控制相机跟随主角移动 …… 216
二、坡度导航 …………………… 190	四、控制金币旋转 ……………… 217
三、选择导航 …………………… 192	五、显示分数 …………………… 217
拓展任务 …………………………… 195	六、触发检测吃金币 …………… 218
任务评价 …………………………… 198	七、添加音效 …………………… 218
小结 ………………………………… 198	拓展任务 …………………………… 219
习题 ………………………………… 198	任务评价 …………………………… 221
	小结 ………………………………… 222
▶ **项目六　Unity3D 物理引擎** … 200	习题 ………………………………… 222
任务 1　刚体 ……………………… 200	
任务描述 …………………………… 200	▶ **项目七　Unity3D 游戏开发** … 224
相关知识 …………………………… 200	任务　射击游戏开发 ……………… 224
一、Unity3D 物理引擎 ………… 200	任务描述 …………………………… 224
二、刚体（Rigidbody） ………… 201	相关知识 …………………………… 225
任务实施 …………………………… 204	预制体（Prefab） ……………… 225
一、创建场景对象 ……………… 204	任务实施 …………………………… 228
二、设置材质 …………………… 204	一、布置场景对象 ……………… 228
三、生成砖块对象 ……………… 205	二、添加主角 …………………… 229

三、让主角动起来 ………… 230
　　　四、添加动画控制器 ………… 231
　　　五、添加刚体与碰撞 ………… 235
　　　六、相机跟随 ………… 235
　　　七、敌人突袭而来 ………… 236
　　　八、为生存而战斗 ………… 243
　　　九、敌人接踵而至 ………… 246
　　拓展任务 ………… 252
　　任务评价 ………… 254
　　小结 ………… 254
　　习题 ………… 255

项目八　AR 交互设计 ………… 256

　任务1　走进 AR 世界 ………… 256
　　任务描述 ………… 256
　　相关知识 ………… 257
　　　一、初识 AR ………… 257
　　　二、AR 平台 ………… 259
　　任务实施 ………… 261
　　　一、百度地图 AR 实景导航 ………… 261
　　　二、高德地图 AR 驾车导航 ………… 261
　　拓展任务 ………… 262
　　任务评价 ………… 263
　任务2　EasyAR 识别跟踪 ………… 263
　　任务描述 ………… 263
　　相关知识 ………… 263
　　　一、EasyAR 产品概览 ………… 263
　　　二、注册下载 ………… 265
　　　三、申请 Sence 许可证密匙 ………… 266

　　　四、EasyAR Sense Unity 资源包 ………… 266
　　　五、EasyAR 平面图像跟踪 ………… 267
　　　六、案例分析——EasyAR 平面图像跟踪 ………… 268
　　　七、项目发布 ………… 271
　　　八、EasyAR 3D 物体跟踪 ………… 272
　　　九、案例分析——3D 物体跟踪 ………… 273
　　任务实施 ………… 274
　　　一、EasyAR 平面图像跟踪 ………… 274
　　　二、EasyAR 3D 物体跟踪 ………… 278
　　拓展任务 ………… 280
　　任务评价 ………… 283
　任务3　EasyAR 模型交互操作 ………… 284
　　任务描述 ………… 284
　　相关知识 ………… 284
　　　一、移动设备的触控操作 ………… 284
　　　二、运行平台检测 ………… 286
　　　三、触控操作实例 ………… 287
　　任务实施 ………… 289
　　　一、双指缩放模型 ………… 289
　　　二、单指旋转模型 ………… 292
　　　三、单指移动模型 ………… 293
　　　四、鼠标拖动模型 ………… 294
　　　五、更换模型材质 ………… 295
　　　六、AR 模型脱卡 ………… 296
　　　七、按钮切换模型 ………… 297
　　拓展任务 ………… 300
　　任务评价 ………… 304
　小结 ………… 305
　习题 ………… 305

项目一
虚拟现实技术基础

从能够营造梦幻般舞台效果的全息投影技术，到已经走入人们日常生活的虚拟现实头盔，近几年，"虚拟现实"一词越来越引起人们的关注。对于不少普通人来说，对虚拟现实的印象还仅仅停留在娱乐方面，但实际上，在军事、医学、装备制造、智慧城市等诸多领域，虚拟现实技术都大有用武之地。

学习目标

（1）学习虚拟现实技术、虚拟现实技术的特征。
（2）学习虚拟现实技术的组成、分类及关键技术。
（3）学习虚拟现实技术的发展历程、发展趋势。
（4）学习虚拟现实技术的应用领域。
（5）学习虚拟现实技术的输入、输出、生成设备。

任务 1　虚拟现实技术

任务描述

不知不觉间虚拟现实已经进入人们日常生活的方方面面，伴随 5G 网络的商用，将解锁更多 VR 的未来。本任务将带您走进虚拟现实，学习虚拟现实技术的特征、组成、分类、关键技术、发展历程及应用领域等相关知识。通过汽车之家·VR 全景看车，体验足不出户在线选车的乐趣，内饰展示如图 1-1-1 所示。

图 1-1-1　汽车之家·VR 全景看车

相关知识

一、虚拟现实技术

虚拟现实是从英文 Virtual Reality 一词翻译过来的，简称 VR，是由美国 VPL Research 公司创始人 Jaron Lanier 在 1989 年提出的。所谓虚拟现实，是一种基于可计算信息的沉浸式交互环境。具体来说，就是采用以计算机技术为核心的现代高科技手段，在特定范围内生成逼真的视、听、触觉等一体化的虚拟环境，用户借助必要的设备以自然的方式与虚拟环境中的对象进行交互、相互影响，从而产生亲临真实环境的感受和体验。

虚拟现实主要有三方面的含义：

（1）虚拟现实是借助计算机生成逼真的实体，"实体"是对于人的感觉（视、听、触、嗅）而言的。

（2）用户可以通过人的自然技能与这个环境交互。自然技能是指人的头部转动、眼动、手势等其他人体的动作。

（3）虚拟现实往往要借助一些三维设备和传感设备来完成交互操作。

虚拟现实技术简称 VR 技术，是 20 世纪末逐渐兴起的一门综合性信息技术，作为一项尖端科技，虚拟现实技术集成了数字图像处理、计算机图形技术、计算机仿真技术、人工智能、传感技术、显示技术、网络并行处理等技术的最新发展成果，是一种由计算机生成的高技术模拟系统。它最早源于美国军方的作战模拟系统，20 世纪 90 年代初逐渐为各界所关注并且在商业领域得到了进一步的发展。

早期，对"Virtual Reality"的研究引起了国内外学者们的极大兴趣，研究范围从虚拟技术扩大到虚拟空间和虚拟生存，研究的视角也从技术应用的社会学层面上升到虚拟本身的哲学层面，对于"Virtual Reality"的译法有着很多争论和分歧，除了常见的"虚拟现实"和"虚拟实在"译法外，还有诸如"实境技术""人工现实""模拟现实""虚拟实境""拟真""虚拟真实"等译法。

最开始提到"Virtual Reality"时，技术专家们将之译为"虚拟现实"，钱学森教授认为"Virtual Reality"是指用科学技术手段向接受者输送视觉的、听觉的、触觉的以至嗅觉的信息，使接受者感到身临其境。为了便于人们理解和接受"Virtual Reality"技术的概念，按中国传统文化的语义称 VR 技术为"灵境"技术。

汪成为教授认为虚拟现实技术是指在计算机软硬件及各种传感器（如高性能计算机、图形图像生产系统、特制服装、特制手套、特制眼镜等）的支持下生成的一个逼真的、三维的，具有一定视、听、触、嗅等感知能力的环境。使用户在这些软硬件设备的支持下，以简捷、自然的方法与这一由计算机所产生的"虚拟"世界中的对象进行交互作用。

工程院院士、虚拟现实技术与系统国家重点实验室主任赵沁平教授认为，虚拟现实是以计算机技术为核心，结合相关的科学技术，生成与一定范围内真实环境在视、听、触感等方面高度近似的数字化环境。用户借助必要的装备与数字化环境中的对象进行交互作用、相互影响，可以产生亲临对应真实环境的感受和体验。

总之，虚拟现实技术是指采用以计算机技术为核心的现代高新技术，生成逼真的视觉、听觉、触觉一体化的虚拟环境。参与者可以借助必要的装备，以自然的方式与虚拟环境中的物体进行交互，并相互影响，从而获得等同真实环境的感受和体验。

虚拟现实系统中的虚拟环境，包括以下形式：

（1）模拟真实世界中的环境。例如地理环境、建筑场馆、文物古迹等。这种真实环境可能是已经存在的，也可能是已经设计好但还没有建成的，或者是曾经存在但现在已经发生变化、消失或者受到破坏的。

（2）人类主观构造的环境。例如影视制作中的科幻场景，电子游戏中三维虚拟世界。此环境完全是虚构的，是用户也可以参与，并与之进行交互的非真实世界。

（3）模仿真实世界中人类不可见的环境。例如分子的结构，空气中的速度、压力的分布等。这种环境是真实环境，客观存在的，但是受到人类视觉、听觉器官的限制，不能感应到。

二、虚拟现实技术的特征

1994年，美国科学家 G.Burdea 和 P.Coiffet 在《虚拟现实技术》一书中提出，虚拟现实具有三个重要特征：沉浸感（Immersion）、交互性（Interaction）和构想性（Imagination），常被称为虚拟现实的3I特征，如图1-1-2所示。

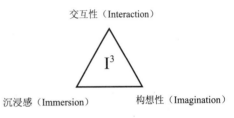

图1-1-2　虚拟现实的3I特征

（1）沉浸感（Immersion）：指用户感受到被虚拟世界所包围，好像完全置身于虚拟世界之中一样。虚拟现实技术最主要的技术特征是让用户觉得自己是计算机系统所创建的虚拟世界中的一部分，使用户由观察者变成参与者，沉浸其中并参与虚拟世界的活动。沉浸性来源于对虚拟世界的感知性，除了常见的视觉感知外，还有听觉感知、力觉感知、触觉感知、运动感知、味觉感知、嗅觉感知等。理论上来说，虚拟现实系统应该具备人在现实世界中具有的所有感知功能，但鉴于目前技术的局限性，在现在的虚拟现实系统的研究与应用中，较为成熟或相对成熟的主要是视觉沉浸、听觉沉浸、触觉沉浸技术，而有关味觉与嗅觉的感知技术正在研究之中，目前还很不成熟。

（2）交互性（Interaction）：指用户对模拟环境内物体的可操作程度和从环境得到反馈的自然程度。交互性的产生，主要借助于虚拟现实系统中的特殊硬件设备（如数据手套、力反馈装置等），使用户能通过自然的方式，产生同在真实世界中一样的感觉。虚拟现实系统比较强调人与虚拟世界之间进行自然的交互，交互性的另一个方面主要表现了交互的实时性。例如，虚拟模拟驾驶系统。

交互性能的好坏是衡量虚拟系统的一个重要指标。在虚拟现实系统中的人机交互是一种近乎自然的交互，使用者不仅可以利用计算机键盘、鼠标进行交互，而且能够通过特殊的头盔、数据手套等传感设备交互。参与者不是被动地感受，而是可以通过自己的动作改变感受的内容。计算机能够根据使用者的头、手、眼、语言及身体的运动，来调整系统呈现的图像及声音。参与者通过自身的感官、语言、身体运动或肢体动作等，就能对虚拟环境中的对象进行观察或操作。

（3）构想性（Imagination）：指虚拟的环境是人想象出来的，同时这种想象体现出设计者相应的思想，因而可以用来实现一定的目标。所以说虚拟现实技术不仅是一个媒体或一个高级用户界面，同时它还是为解决工程、医学、军事等方面的问题而由开发者设计出来的应用软件。虚拟现实技术的应用，为人类认识世界提供了一种全新的方法和手段，可以使人类跨越时间与空间，去经历和体验世界上早已发生或尚未发生的事件；可以使人类突破生理上的限制，进入宏观或微观世界进行研究和探索；也可以模拟因条件限制等原因而难以实现的事情。

三、虚拟现实系统的组成

一般的虚拟现实系统主要由专业图形处理计算机、应用软件系统、输入设备和演示设备等组成。虚拟现实技术的特征之一就是人机之间的交互性，为了实现人机之间信息的充分交换，必须设计特殊输入工具和演示设备，以识别人的各种输入命令，且提供相应反馈信息，实现真正的仿真效果。不同的项目可以根据实际应用有选择地使用这些工具，主要包括：头盔式显示器，跟踪器，传感手套，屏幕式、房式立体显示系统，三维立体声音生成装置。

1. 计算机

在虚拟现实系统中，计算机起着至关重要的作用，可以称为虚拟现实世界的心脏。它负责整个虚拟世界的实时渲染计算，用户和虚拟世界的实时交互计算等功能。由于计算机生成的虚拟世界具有高度复杂性，尤其在大规模复杂场景中，渲染虚拟世界所需的计算机量级为巨大，因此虚拟现实系统对计算机配置的要求非常高。

2. 输入/输出设备

虚拟现实系统要求用户采用自然的方式与虚拟世界进行交互，传统的鼠标和键盘是无法实现这个目标的，这就需要采用特殊的交互设备，用以识别用户各种形式的输入，并实时生成相对应的反馈信息。目前，常用的交互设备有用于手势输入的数据手套、用于语音交互的三维声音系统、用于立体视觉输出的头盔显示等。

3. 应用软件

为了实现虚拟现实系统，需要很多辅助软件的支持。这些辅助软件一般用于准备构建虚拟世界所需的素材。例如：在前期数据采集和图片整理时，需要使用 AutoCAD 和 Photoshop 等二维软件；在建模贴图时，需要使用 3ds Max、MAYA 等主流三维软件；在准备音视频素材时，需要使用 Audition、Premiere 等软件。

为了将各种媒体素材组织在一起，形成完整的具有交互功能的虚拟世界，还需要专业的虚拟现实引擎软件，它主要负责完成虚拟现实系统中的模型组装、热点控制、运动模式设立、声音生成等工作。另外，它还要为虚拟世界和后台数据库、虚拟世界和交互硬件建立起必要的接口联系。成熟的虚拟现实引擎软件还会提供插件接口，允许客户针对不同的功能需求自主研发一些插件。

4. 数据库

虚拟现实系统中，数据库的作用主要是存储系统需要的各种数据，如地形数据、场景模型、各种制作的建筑模型等方面的信息。对于所有在虚拟现实系统中出现的物体，在数据库中都需要有相应的模型。

如今市面上的虚拟现实眼镜、虚拟现实头盔都为基于头盔显示器的典型虚拟现实系统。它由计算机、头盔显示器、数据手套、力反馈装置、话筒、耳机等设备组成。该系统首先由计算机生成一个虚拟世界，由头盔显示器输出一个立体现实的景象；用户可以通过头的转动、手的移动、语言等与虚拟世界进行自然交互；计算机能根据用户输入的各种信息进行实时计算，即时地交互行为进行反馈，由头盔式显示器更新相应的场景显示，由耳机输出虚拟立体声音，由力反馈装置产生触觉（力觉）反馈。

虚拟现实系统中应用最多的交互设备是头盔显示器和数据手套。但是如果把使用这些设备作为虚拟显示系统的标志就显得不够准确。这是因为，虚拟现实技术是在计算机应用和人机交互方面开创的全新领域，当前这一领域的研究还处于初级阶段，头盔显示器和数据手套等设备只是当前已经研制实现的交互设备，未来人们还会研制出其他更具沉浸感的交互设备。

四、虚拟现实系统的分类

虚拟现实技术的目的在于达到真实的体验和基于自然的交互，而一般的单位或个人不可能承受昂贵的硬件设备及相应软件的价格，因此只要能达到上述部分目的的系统就可以称为虚拟现实系统。在实际应用中，根据虚拟现实技术对"沉浸性"程度的高低和交互程度的不同，划分了4种典型类型：沉浸式虚拟现实系统、桌面式虚拟现实系统、增强式虚拟现实系统、分布式虚拟现实系统。其中桌面式虚拟现实系统因其技术非常简单，实用性强，需投入的成本也不高，在实际应用中较为广泛。

1. 沉浸式虚拟现实系统

沉浸式虚拟现实系统（Immersive VR）是一种高级的、较理想的虚拟现实系统，它提供一个完全沉浸的体验、使用户有一种仿佛置身于真实世界之中的感觉。它通常采用洞穴式立体显示装置或头盔式显示器等设备，如图1-1-3所示。首先把用户的视觉、听觉和其他感觉封闭起来，并提供一个新的、虚拟的感觉空间，利用空间位置跟踪器、数据手套、三维鼠标等输入设备和视觉、听觉等设备，使用户产生一种身临其境、完全投入和沉浸于其中的感觉。

图1-1-3　沉浸式虚拟现实系统

沉浸式虚拟现实系统具有以下5个特点：

（1）高度实时性能。沉浸式虚拟现实系统中，要达到与真实世界相同的感觉，必须具有高度实时性能。如当人头部转动改变观察点时，空间位置跟踪设备须及时检测到，并且由计算机进行运算，改变输出的相应场景，要求必须有足够小的延迟，而且变化要连续平滑。

（2）高度的沉浸感。沉浸式虚拟现实系统采用多种输入与输出设备来营造一个虚拟的世界，并使用户沉浸于其中，营造一个"看起来像真的、听起来像真的、摸起来像真的、嗅起来像真的、尝起来像真的"多感官的三维虚拟世界，同时使用户与真实世界完全隔离，不受外面真实世界的影响，可产生高度的沉浸感。

（3）良好的系统集成度与整合性能。为了使用户产生全方位的沉浸，就要使多种设备与多种相关软件之间相互作用，且设备与设备、软件与软件之间不能有影响，所以系统必须具备良好的整合性能。

（4）良好的开放性。虚拟现实技术之所以发展迅速是因为其采用了其他先进技术。在沉浸式虚拟现实系统中要尽可能利用最先进的硬件设备、软件技术及软件，这就要求虚拟现实系统能方便地改进硬件设备及软件技术，因此必须用比以往更灵活的方式构造虚拟现实系统的软、硬件结构体系。

（5）能同时支持多种输入与输出设备并行工作。为了实现沉浸性，可能需要多个设备综合应用，如用手拿一个物体，就需要数据手套、空间位置跟踪器等设备同步工作。所以说同时支持多种输入/输出设备的并行处理是实现虚拟现实系统的一项必备技术。常见的沉浸式虚拟现实系统有基于头盔式显示器的系统、投影式虚拟现实系统。

基于头盔式虚拟现实系统是采用头盔显示器来实现单用户的立体视觉输出、立体声音输入的环境，可使用户完全投入。它将现实世界进行隔离，使用户从听觉到视觉都能投入到虚拟环境中去。投影式虚拟现实系统是采用一个或多个大屏幕投影来实现大画面的立体视觉效果和立体声音效果，使多个用户具有完全投入的感觉。

2. 桌面式虚拟现实系统

桌面式虚拟现实系统（Desktop VR）也称窗口虚拟现实系统，是利用个人计算机或初级图形工作站等设备，以计算机屏幕作为用户观察虚拟世界的一个窗口，采用立体图形、自然交互等技术，产生三维立体空间的交互场景，通过包括键盘、鼠标和力矩球等各种输入设备操纵虚拟世界，实现与虚拟世界的交互，如图 1-1-4 所示。

图 1-1-4　桌面式虚拟现实系统

桌面式虚拟现实系统一般要求参与者使用空间位置跟踪器和其他输入设备（如数据手套和 6 个自由度的三维空间鼠标），使用户虽然坐在显示器前，但可以通过计算机屏幕观察 360°范围内的虚拟世界。在桌面式虚拟现实系统中，计算机的屏幕是用户观察虚拟世界的一个窗口，在一些虚拟现实工具软件的帮助下，参与者可以在仿真过程中进行各种设计。

使用的硬件设备主要是立体眼镜和一些交互设备（如数据手套和空间跟踪设备等）。立体眼镜用来观看计算机屏幕中的虚拟三维场景的立体效果，它所带来的立体视觉能使用户产生一定程度的沉浸感。有时为了增强桌面虚拟现实系统的效果，在桌面虚拟现实系统中还可以借助专业的投影设备，达到增大屏幕范围及多人观看的目的。

桌面式虚拟现实系统主要具有以下 3 个特点：

（1）用户处于不完全沉浸的环境，缺少完全沉浸、身临其境的感觉，即使戴上立体眼镜，仍然会受到周围现实世界的干扰。

（2）对硬件设备要求极低，有的简单型桌面式虚拟现实系统甚至只需要计算机，或是增加数据手套、空间跟踪设置等。

（3）由于桌面式虚拟现实系统实现成本相对较低，应用相对比较普遍，而且它也具备了沉浸性虚拟现实系统的一些技术要求。

桌面式虚拟现实系统采用设备较少，实现成本低，对于开发者及应用者来说，应用桌面式虚拟现实技术是从事虚拟现实研究工作的初始阶段。

3. 增强式虚拟现实系统

在沉浸式虚拟现实系统中强调人的沉浸感，即沉浸在虚拟世界中，人所处的虚拟世界与现实世界相隔离，看不到真实的世界，也听不到真实的世界。而增强式虚拟现实系统（Augmented VR）使用户既能看到真实世界，也能看到叠加在真实世界上的虚拟对象，它是把真实环境和虚拟环境组合在一起的一种系统，既可减少构成复杂真实环境的开销（因为部分真实环境由虚拟环境取代），又可对实际物体进行操作（因为部分物体是真实环境），真正达到了亦真亦幻的境界，如图 1-1-5 所示。在增强式虚拟现实系统中，虚拟对象所提供的信息往往是用户无法凭借其自身感觉器官直接感知的深层信息，用户可以利用虚拟对象所提供的信息来加强现实世界中的认知。

图 1-1-5　增强式虚拟现实系统

增强式虚拟现实系统主要具有以下 3 个特点：

（1）真实世界和虚拟世界融为一体。

（2）具有实时人机交互功能。

（3）真实世界和虚拟世界是在三维空间中整合的。

增强式虚拟现实系统可以在真实的环境中增加虚拟物体，如在室内设计中，可以在门、窗上增加装饰材料，改变各种式样、颜色等以达到增强现实的目的。

常见的增强式虚拟现实系统有：基于台式图形显示器的系统、基于单眼显示器的系统（一个眼睛看到显示屏上虚拟世界，另一只眼睛看到的是真实世界）、基于光学透视式头盔显示器、基于视频透视式头盔显示器的系统。

目前，增强现实系统常用于医学可视化、军用飞机导航、设备维护与修理、娱乐、文物古迹的复原等。典型的实例是医生在进行虚拟手术中，戴上可透视性头盔式显示器，既可看到做手术现场的情况，也可以看到手术中所需的各种资料。

4. 分布式虚拟现实系统

近年来，计算机、通信技术的同步发展和相互促进成为全世界信息技术与产业飞速发展的主要特征。特别是网络技术的迅速崛起，使得信息应用系统在深度和广度上发生了本质性的变化，分布式虚拟现实系统（Distributed VR）是一个较为典型的实例。分布式虚拟现实系统是虚拟现实技术和网络技术发展和结合的产物，是一个在网络的虚拟世界中，位于不同物理位置的多个用户或多个虚拟世界通过网络相连接共享信息的系统，如图1-1-6所示。

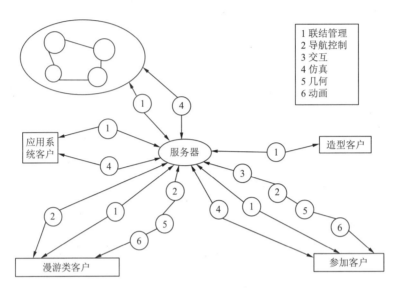

图 1-1-6　分布式虚拟现实系统

分布式虚拟现实系统的目标是在沉浸式虚拟现实系统的基础上，将分布在不同地理位置上的多个用户或多个虚拟世界通过网络连接在一起，使每个用户同时参与到一个虚拟空间，计算机通过网络与其他用户进行交互，共同体验虚拟经历，以达到协同工作的目的。它将虚拟现实的应用提升到了一个更高的境界。

虚拟现实系统运行在分布式系统下有两方面的原因：一方面是充分利用分布式计算机系统提供的强大计算能力；另一方面是有些应用本身具有分布特性，如多人通过网络进行游戏和虚拟战争模拟等。

分布式虚拟现实系统有以下特点：

（1）各用户具有共享的虚拟工作空间。

（2）伪实体的行为真实感。

（3）支持实时交互，共享时钟。

（4）多个用户可以各自不同的方式相互通信。

（5）资源信息共享以及允许用户自然操纵虚拟世界中的对象。

根据分布式系统所运行的共享应用系统的个数，可以把分布式虚拟现实系统分为集中式结构和复制式结构两种。

集中式结构是指在中心服务器上运行一份共享应用系统，该系统可以是会议代理或对话管理进程，中心服务器对多个参加者的输入/输出操作进行管理，允许多个参加者信息共享。集中式结构的优点是结构简单，同时，由于同步操作只在中心服务器上完成，因而比较容易实现。缺点是：由于输入和输出都要对其他所有的工作站广播，因此，对网络通信带宽有较高的要求，而且所有的活动都要通过中心服务器来协调，当参加者人数较多时，中心服务器往往会成为整个系统的瓶颈。

另外，由于整个系统对网络延迟十分敏感，并且高度依赖于中心服务器，所以，这种结构的系统坚固性不如复制式结构。复制式结构是指在每个参加者所在的机器上复制中心服务器，这样每个参加者进程都有一份共享应用系统。服务器接收来自其他工作站的输入信息，并把信息传送到运行在本地机上的应用系统中，由应用系统进行所需的计算并产生必要的输出。

复制式结构的优点是所需网络带宽较小。由于每个参加者只与应用系统的局部备份进行交互，所以，交互式响应效果好，而且在局部主机上生成输出，简化了不同主机环境下的操作，复制应用系统依然是单线程，必要时把自己的状态多点广播到其他用户。其缺点是：它比集中式结构复杂，在维护共享应用系统中的多个备份的信息或状态一致性方面比较困难，需要有控制机制来保证每个用户得到相同的输入事件序列，以实现共享应用系统的所有备份同步，并且使用户接收到的输出具有一致性。目前最典型的应用是SIMNET系统，SIMNET由坦克仿真器通过网络连接而成，用于部队的联合训练。通过SIMNET，位于德国的仿真器可以和位于美国的仿真器运行在同一个虚拟世界，参与同一场作战演习。

五、虚拟现实关键技术

虚拟现实（VR）主要包含以下4个关键技术：

1. 环境建模技术

在虚拟现实系统中，营造的虚拟环境是核心内容。要建立虚拟环境，首先要建模，然后在其基础上再进行实时绘制、立体显示，形成一个虚拟的世界。

虚拟环境建模的目的在于获取实际三维环境的三维数据，并根据其应用的需要，利用获取的三维数据建立相应的虚拟环境模型。只有设计出反映研究对象的真实有效的模型，虚拟现实系统才有可信度。

在虚拟现实系统中，环境建模应该包括基于视觉、听觉、触觉、力觉、味觉等多种感觉通道的建模。但基于目前的技术水平，常见的是三维视觉建模和三维听觉建模。而在当前应用中，环境建模一般主要是三维视觉建模，这方面的理论也较为成熟。

三维视觉建模又可细分为几何建模、物理建模、行为建模等。

（1）几何建模是基于几何信息来描述物体模型的建模方法，用于处理物体的几何形状的表示，研究图形数据结构的基本问题。

（2）物理建模涉及物体的物理属性。

（3）行为建模反映研究对象的物理本质及其内在的工作机理。

2. 立体高清显示技术

立体高清显示技术是虚拟现实的关键技术之一，它使用户在虚拟世界里具有更强的沉浸感，立体高清显示技术的引入可以使各种模拟器的仿真更加逼真。立体高清显示可以把图像的纵深、层次、位置全部展现，参与者可以更直观、更自然地了解图像的现实分布状况，从而更全面地了解图像或显示内容的信息。

立体显示主要有以下几种方式：双色眼镜、主动立体显示、被动同步的立体投影设备、立体显示器、真三维立体显示、其他更高级的设备。

3. 三维虚拟声音技术

虚拟环境中的三维虚拟声音与人们熟悉的立体声音有所不同，三维虚拟声音则是来自围绕听者双耳的一个球形中的任何地方,即声音出现在头的上方、后方或者前方。三维虚拟声音系统的核心是声音定位技术,它有三个主要特征,分别是全向三维定位特性、三维实时跟踪特性、沉浸感与交互感。

(1)全向三维定位特性是指在三维虚拟空间中把实际声音信号定位到特定虚拟专用源的能力。它能使用户准确判断出声音的精确位置,从而符合人们的真实听觉方式。三维实时跟踪图像是指三维虚拟空间中实时跟踪虚拟声音位置变化的能力。

(2)三维虚拟声音的沉浸感指加入三维虚拟声音后能使用户产生身临其境的感觉,有助于增强临场效果。

(3)三维声音的交互特性是指随用户的运动而产生的临场反应和实时响应能力。

用语音和虚拟现实进行交互是研究工作的一个目标。语音技术主要分为语音识别技术和语言合成技术。语音识别技术是指将人说话的语言信号转换为可以被计算机程序所识别的信息。一般包括参数提取、参考模式建立、模式识别等过程。

语音合成技术是指用人工方法产生语音技术。实现语音输出有两种方法,一是录音/重放;二是文本-语音转换。如果将语音合成与语音识别技术结合起来,就可以让用户和虚拟环境进行简单的语音交互了,从而实现人机自然的交互。

4. 人机交互技术

人机交互技术是指在计算机系统提供的虚拟环境中,人使用眼睛、耳朵、皮肤、手势和语音等各种感觉方式直接与之发生交互的技术。在虚拟现实领域中较为常用的交互技术主要有:手势识别、面部表情识别、眼动跟踪等。

(1)手势识别。手势识别可以分为两种,一种是基于数据手套的识别,另一种是基于视觉的手势识别。基于数据手套的手势识别系统就是利用数据手套和位置跟踪器来捕捉手势的运动轨迹和检测手的方向,手指弯曲程度等信息,根据这些信息对手势进行分析。这种方法的优点是系统识别率高,缺点是不方便。基于视觉的手势识别是从视觉通道获得信号,通常采用摄像机采集手势信息,由摄影机连续拍摄手的运动,再用边界特征识别的方法判断出具体手势。这种方法的优点是输入设备简单,但识别率较低,实时性较差。

(2)面部表情识别。根据对人脸识别知识的利用方式,可以将人脸检测分为两大类:基于特征的人脸检测方法和基于图像的人脸检测方法。基于特征的人脸检测方法直接利用人脸信息,如人脸肤色、人脸的几何构造等。基于图像的人脸检测方法不直接利用人脸信息,而是将人脸检测问题看作一般的模式识别问题。

(3)眼动跟踪。眼动跟踪通常是通过连续测量瞳孔中心和角膜反射之间的距离来实现的,距离的变化取决于眼睛的角度。一种肉眼看不见的红外线会产生这种反射,同时摄像机会记录和跟踪这些运动。计算机视觉算法能够从眼睛的角度来推断注视的方向。

通过使用 VR 中的眼动跟踪信息,可以执行所谓的"中心凹形渲染",即只渲染被观察环境中的那些元素。这样可以降低所需的处理能力,还可以创建一个更加身临其境的环境,在其中虚拟世界可以更紧密地表示现实世界。

六、虚拟现实技术发展历程

虚拟现实技术的发展大致分为3个阶段：虚拟现实技术的探索阶段、虚拟现实技术系统化阶段、虚拟现实技术高速发展阶段。

1. 虚拟现实技术的探索阶段（20世纪初—20世纪70年代）

1929年，在多年使用教练机训练器（机翼变短，不能产生离开地面所需的足够提升力）进行飞行训练之后，Edwin A.Link发明了简单的机械飞行模拟器，如图1-1-7所示。在室内某一固定地点训练飞行员，使乘坐者的感觉和坐在真的飞机上一样，使受训者可以通过模拟器学习如何进行飞行操作。

1956年，在全息电影的启发下，Morton Heilig研制出一套称为Sensorama的多通道仿真体验系统，如图1-1-8所示。这是一套只供一人观看，具有多种感官刺激的立体显示装置，它是模拟电子技术在娱乐方面的具体应用。它模拟驾驶汽车沿曼哈顿街区行走，它生成立体的图像、立体的声音效果，并产生不同的气味，座位也能根据场景的变化产生摇摆或振动，还能感觉到有风在吹动。在当时，这套设备非常先进，但观众只能观看而不能改变所看到的和所感受到的世界，也就是说无交互操作功能。

图1-1-7 飞行模拟器

图1-1-8 Sensorama仿真模拟器

1960年，Morton Heilig获得单人使用立体电视设备的美国专利，该专利蕴涵了虚拟现实技术的思想。

1965年，计算机图形学的奠基者美国科学家Ivan Sutherland博士（见图1-1-9）在国际信息处理联合会大会上发表了一篇名为"The Ultimate Display"（终极显示）的论文。文中提出了感觉真实、交互真实的人机协作新理论，这是一种全新的、富有挑战性的图形显示技术，即能否不通过计算机屏幕这个窗口来观看计算机生成的虚拟世界，而是使观察者直接沉浸在计算机生成的虚拟世界之中，就像人们生活在客观世界中一样。随着观察者随意地转动头部与身体（即改变视点），所看到的场景（即由计算机生成的虚拟世界）就会随之发生变化。同时，观察者还可以用手、脚等部位以自然的方式与虚拟世界进行交互，虚拟世界会产生相应的反应，从而使观察者产生一种身临其境的感觉。这一理论后来被公认为在虚拟现实技术中起着里程碑的作用，所以Ivan Sutherland既被称为"计算机图形学"之父，也是"虚拟现实技术"之父。

1966年，美国的MIT林肯实验室在海军科研办公室的资助下，研制出了第一台原型头显设备，起名为"The Sword of Damocles"（达摩克利斯之剑），如图1-1-10所示。该头显设备设计复杂，重量很大，需要机械臂吊住才可使用，其中包括一个手枪形状的控制棒，该控制棒能与虚拟环境互动。该头显设备具备了交互性，这是历史性的突破。这个头显设备具有计算机生成模型和图像、立体显示、头部位置追踪以及与虚拟环境互动的功能，是世界上第一个 VR 原型设备。由于当时科学技术的局限性，该头显设备体积沉重庞大、操作复杂，图像逼真度不令人满意，其沉浸性比较差，没有展现出应有的价值，被静静地尘封在实验室里。

图 1-1-9　Ivan Sutherland 博士

图 1-1-10　The Sword of Damocles 原型头显设备

1967 年，美国北卡罗来纳大学开始了 GRUP 计划，研究探讨力反馈（Force Feedback）装置。该装置可以将物理压力通过用户接口传给用户，可以使人感到一种计算机仿真力。

1968 年，Ivan Sutherland 在哈佛大学的组织下开发了头盔式立体显示器（Helmet Mounted Display，HMD），如图 1-1-11 所示。他使用两个可以戴在眼睛上的阴极射线管（CRT）研制出了头盔式显示器，并发表了论文 "A Head Mounted 3D Display"，对头盔式显示器装置的设计要求、构造原理进行了深入的分析，并描绘出了这个装置的设计原型，成为三维立体显示技术的奠基性成果。在 HMD 的样机完成后不久，研制者们又反复研究，在此基础上把能够模拟力量和触觉的力反馈装置加入这个系统，并于 1970 年研制出了一个功能较齐全的头盔式显示器系统。

1973 年，Myron Krurger 提出了 "Artificial Reality"（人工现实），这是早期出现的虚拟现实的词语。

2. 虚拟现实技术系统化阶段（20 世纪 80 年代）

该阶段，VR 进入快速发展期，VR 的主要研究内容及基本特征初步明朗，VR 在军事演练、航空航天、复杂设备研制等重要应用领域有了广泛的应用。这一时期出现了两个比较典型的虚拟现实系统，即 VIDEO PLACE 与 VIEW 系统。

20 世纪 80 年代初，美国的 DARPA（Defense Advanced Research Projects Agency）为坦克编队作战训练开发了一个实用的虚拟战场系统 SIMNET。其主要原因是为了减少训练费用，提高安全性，另外也可减轻对环境的影响（爆炸和坦克履带会严重破坏训练场地）。这项计划的结果是，产生了使在美国和德国的二百多个坦克模拟器联成一体的 SIMNET 模拟网络，并在此网络中模拟作战。

美国宇航局（NASA）及美国国防部组织了一系列有关虚拟现实技术的研究，并取得了令人瞩目的研究成果，从而引起了人们对虚拟现实技术的广泛关注。

1984 年，Jaron Lanier 在美国创办了 VPL Research 公司，1989 年推出了 EyePhone VR 头盔（面向市场的第一台 VR 头盔）和数据手套，这是现代意义的沉浸式虚拟现实的 VR 套件，如图 1-1-12 所示。用 EyePhone VR 套件体验虚拟环境，能感觉出沉浸性、构想性和交互性。但受到当时计算机技术和传感器技术等科学技术的限制，该 VR 套件昂贵（约 10 万美元），而且图像的逼真性难以令人满意，图像的显示与交互的动作滞后，容易使人疲倦和头晕，该 VR 套件销售不佳，没有普及，VPL Research 公司在 1990 年也破产了。

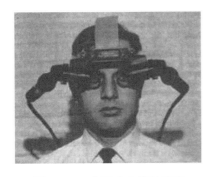

图 1-1-11　头盔式立体显示器

图 1-1-12　EyePhone VR 头盔和数据手套

1985 年，WPAFB 和 Dean Kocian 共同开发了 VCASS 飞行系统仿真器。

1986 年可谓硕果累累，Furness 提出了一个叫作"虚拟工作台"（Virtual Crew Station）的革命性概念；Robinett 与合作者 Fisher、Scott S、James Humphries、Michael McGreevy 发表了早期的虚拟现实系统方面的论文"The Virtual Environment Display System"；Jesse Eichenlaub 提出开发一个全新的三维可视系统，其目标是使观察者不使用那些立体眼镜、头跟踪系统、头盔等笨重的辅助设备也能看到同样效果的三维世界。这一愿望在 1996 年得以实现，因为有了 2D/3D 转换立体显示器的发明。

1987 年，James.D.Foley 教授在具有影响力的《科学美国人》上发表了一篇题为"Interfaces for Advanced Computing"（先进的计算机接口）一文；另外还有一篇报道数据手套的文章，这篇文章及其后在各种报刊上发表的虚拟现实技术的文章引起了人们的极大兴趣。

1989 年，基于 20 世纪 60 年代以来所取得的一系列成就，美国 VPL 公司的创始人 Jaron Lanier 正式提出了"Virtual Reality"一词，得到业界的广泛采用，在当时研究此项技术的目的是提供一种比传统计算机仿真更好的方法。

3. 虚拟现实技术高速发展阶段（20 世纪 90 年代初至今）

这一阶段，虚拟现实技术从研究转向了应用。进入 20 世纪 90 年代，迅速发展的计算机硬件技术与不断改进的计算机软件系统相匹配，使得基于大型数据集合的声音和图像的实时动画制作成为可能；人机交互系统的设计不断创新，新颖、实用的输入输出设备不断地进入市场，这些都为虚拟现实系统的发展打下了良好的基础。

1990 年，在美国达拉斯召开的 Siggraph 会议上，明确提出 VR 技术研究的主要内容包括实时三维图形生成技术、多传感器交互技术和高分辨率显示技术，为 VR 技术的发展确定了研究方向。

1992 年，美国 Sense8 公司开发了"WTK"开发包，为 VR 技术提供了更高层次上的应用。1996 年 10 月 31 日，世界第一场虚拟现实技术博览会在伦敦开幕。全世界的人们都可以通过 Internet 坐在家中参观这个没有场地、没有工作人员、没有真实展品的虚拟博览会。这个博览会是由英国虚拟现实技术公司和英国每日电讯报新闻网站联合举办的。人们在 Internet 上输入博览会的网址，即可进入展厅和会场等地浏览。展厅内有大量的展台，人们可从不同角度和距离观看展品。

1993年11月，宇航员利用虚拟现实系统的训练成功完成了从航天飞机的运输舱内取出新的望远镜面板的工作。波音公司在一个由数百台工作站组成的虚拟世界中，用虚拟现实技术设计出由300万个零件组成的波音777飞机。

1995年7月，日本的任天堂公司（Nintendo）推出了一套虚拟现实的家用游戏机Virtual Boy，如图1-1-13所示。游戏机采用了一块32位处理器，同时集成了高性能的显示器，3D图像显示不佳、价格昂贵。

1996年12月，世界第一个虚拟现实环球网在英国投入运行。这样，Internet用户便可以在一个由立体虚拟现实世界组成的网络中遨游，身临其境般地欣赏各地风光、参观博览会和到大学课堂听讲座等等。输入英国"超景"公司的网址之后，显示器上将出现"超级城市"的立体图像。用户可从"市中心"出发参观虚拟超级市场、游艺室、图书馆和大学等场所。

2000年，美国SEOS公司发布了虚拟现实产品SEOS HDM 120/40，这是沉浸式头显设备，视场角能达到120°，重量为1.13 kg，该产品被用在美国军方战斗飞行员的训练器材中。SEOS公司还为美国飞行训练器材设计了一些VR作品，为飞行员配合头显设备进行训练。但该头显设备因同样的问题，以及售价和专业要求太高而无法实现商业化。

2012年6月，美国的Oculus VR公司展示了虚拟现实的VR套件，如图1-1-14所示，该套件是Oculus Rift原型机，是针对电子游戏而设计的头显设备。

图1-1-13 Virtual Boy产品

图1-1-14 Oculus Rift原型机

2014年，Facebook以20亿美元收购Oculus后，该收购案例成了VR相关市场高速发展的导火线，虚拟现实热再次袭来。

2014年5月，谷歌公司（Google）推出了廉价的纸板式头显设备（Cardboard），属于简易的移动头显设备，将智能手机插入该头显，就可以观看3D电影等。尽管Cardboard的3D图像和沉浸感不令人满意，但该头显设备由于价廉，成了大众化的产品。

2015年2月，中国台湾HTC公司和美国Valve游戏公司合作，推出了HTC Vive VR套装，如图1-1-15所示。A是VR头盔，B是红外激光定位灯塔，C是手柄控制器。

2015年11月，韩国三星公司与Oculus Rift VR公司合作，推出了基于智能手机虚拟现实的头显设备Gear VR，三星智能手机

图1-1-15 HTC Vive VR套装

插入该头显设备，感知设备自动弹出 Oculus 菜单，就可以体验虚拟现实的作品或者观看 3D 电影，尽管沉浸感和图像清晰度不令人满意，但成了移动虚拟现实的先例。

2016 年 3 月，日本索尼公司（SORY）宣布推出 PlayStation VR 套件，同年 10 月份，以比较低廉的价格开始销售。PlayStation VR 与 HTC Vive 和 Oculus Rift VR 套件相比，硬件上没有优势，例如，屏幕分辨率没有它们的高，但其价格比它们便宜。PlayStation VR 不是最好的虚拟现实设备，却把虚拟现实带入了日常消费者的生活中。HTC Vive、Oculus Rift 和 PlayStation VR 是全球最大的、质量一流的虚拟现实产品，这些产品与网络技术相结合，形成了分布式虚拟现实系统。

2017 年，苹果公司在 VR/AR 领域全面发力。

- 2017 年 2 月，苹果收购以色列面部识别技术公司 Realface。
- 2017 年 6 月，苹果收购了德国计算机视觉公司 SensoMotoric Instruments。这家公司主要提供眼球追踪眼镜和系统。
- 2017 年 6 月，在开发者大会上，发布了苹果 ARkit，如图 1-1-16 所示。从功能上看，它可以通过摄像头对周围环境进行扫描识别，结合 SLAM 算法，将虚拟的物体融合到真实的世界里。通过 ARkit，苹果为上亿台 iPhone 和 iPad 带来 AR 功能，使其一夜之间成为全世界最大的 AR 平台。苹果 ARkit 支持 Unity 和 Unreal 引擎。

图 1-1-16　苹果 ARkit

- 2017 年 7 月，苹果广发英雄帖，招聘超过 70 个职位，都与地图团队相关，表明苹果欲发展 AR 地图。
- 2017 年 9 月，苹果 iPhone 8、iPhone x 发布，具备 AR 功能。

2016 年，虚拟现实技术度过了概念炒作的阶段，迎来大规模的商业化应用，因此被称为"虚拟现实元年"（VR 元年）。虚拟现实在各行各业的应用实践被广泛地展开，体验内容和应用场景不断丰富，不少大学和科研单位参与到虚拟现实作品的开发和应用，或者利用虚拟现实技术进行线上或线下的辅助教学；一些医院利用虚拟现实技术对特定病人进行康复治疗等应用。现在，虚拟现实技术在城市规划、室内设计、工业仿真、古迹复原、桥梁道路设计、房地产销售、旅游推广、航空航天、军事训练和教育培训等众多领域得到了广泛的应用。虚拟现实的生态链正在被建立，虚拟现实的相关市场正在高速增长。普通民众也都能在各种 VR 线下体验店感受 VR 带给的惊艳与刺激。

七、虚拟现实技术发展趋势

随着虚拟现实技术在城市规划、军事等领域应用的不断深入，在建模与绘制方法、交互方式和系统构建方法等方面，对虚拟现实技术都提出了更高的需求。为了满足这些新的需求，近年来，虚拟现实相关技术研究遵循"低成本、高性能"原则，取得了快速发展，表现出一些新的特点和发展趋势。主要表现在以下方面：

1. 动态环境建模技术

虚拟环境的建立是虚拟现实技术的核心内容，动态环境建模技术的目的是获取实际环境的三维数据，并根据应用的需要，利用获取的三维数据，建立相应的虚拟环境模型。

2. 实时三维图形生成技术

三维图形的生成技术已经较为成熟，其关键是如何实现"实时"生成，在不降低图形的质量和复杂度的前提下，如何提高刷新频率将是该技术的研究内容。另外，虚拟现实技术还依赖于传感器技术和立体显示技术的发展，现有的虚拟设备还不能够让系统的需要得到充分的满足，需要开发全新的三维图形生成和显示技术。

3. 立体显示和传感器技术

虚拟现实的交互能力依赖于立体显示和传感器技术的发展，现有的虚拟现实还远远不能满足系统的需要，例如，数据手套有延迟长、分辨率低、作用范围小、使用不便等缺点；虚拟现实设备的跟踪精度和跟踪范围也有待提高，因此有必要开发新的三维显示技术。

4. 应用系统开发工具

虚拟现实应用的关键是寻找合适的场合和对象，即如何发挥想象力和创造力。选择适当的应用对象可以大幅度地提高生产效率、减轻劳动强度、提高产品开发质量。

5. 智能化语音虚拟现实建模

虚拟现实建模是一个比较烦琐的过程，需要大量的时间和精力。如果将 VR 技术与智能技术、语音识别技术结合起来，可以很好地解决这个问题。

6. 大型网络分布虚拟现实的应用

网络虚拟现实是指多个用户在一个基于网络的计算机集合中，利用新型的人机交互设备介入计算机产生多维的、适用于用户（即适人化）应用的、相关的虚拟情景环境。分布式虚拟环境系统除了满足复杂虚拟环境计算的需求外，还应满足分布式仿真与协同工作等应用对共享虚拟环境的自然需求。分布式虚拟现实系统必须支持系统中多个用户、信息对象（实体）之间通过消息传递实现的交互。分布式虚拟现实可以看作是基于网络的虚拟现实系统，是可供多用户同时异地参与的分布式虚拟环境，处于不同地理位置的用户如同进入到同一个真实环境中。分布式虚拟现实系统已成为国际上的研究热点。21 世纪将是 VR 技术的时代，随着它在越来越多的领域的应用与发展，必将给人类带来巨大的经济和社会效益。

八、我国虚拟现实产业发展情况

（1）我国从 20 世纪 90 年代起开始重视虚拟现实技术的研究和应用。

（2）目前，我国虚拟现实企业主要分为两大类别：

① 成熟行业依据传统软硬件或内容优势向虚拟现实领域渗透。其中智能手机及其他硬件厂商大多

从硬件布局。

②新型虚拟现实产业公司，包括生态型平台型公司和初创型公司，以互联网厂商为领头羊在硬件、平台、内容、生态等领域进行一系列布局，如腾讯、暴风科技、乐视网等。

（3）艾媒咨询的数据显示，2015年中国虚拟现实行业市场规模为15.4亿元，2016年为68.2亿元，2020年为560.3亿元，2021年为790.2亿元，我国虚拟现实产业正在高速发展中。

九、虚拟现实应用领域

1. 医疗

医疗有其本身的独特性，在医疗领域，任何一项失误都可能导致不可挽回的重大后果；任何一项新技术、新发现都有可能挽回数以千计的生命。目前国内出现的VR医疗主要集中在医疗培训方面，实习生可在VR技术构建的虚拟环境中学习相关工作场景操作，快速走上工作岗位。此外，国外在心理治疗方面有一定的积累，通过VR技术有针对性地创造虚拟场景可以帮助治疗许多心理问题，如自闭症、老年孤独症、幽闭恐惧症、恐高症以及其他心理障碍，如图1-1-17所示。

2. 购物

VR购物相比传统线上的购物有极大的优势，虚拟购物商城环境以三维的形式观看相关物品，触摸、把玩、试用。一个商城不够，瞬间切换商城，让你在家随便逛。VR技术可以提升购物体验，开辟购物新平台，如图1-1-18所示。

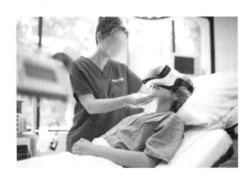

图1-1-17 VR在医疗领域应用

图1-1-18 VR购物

3. 城市规划项目

由于城市规划项目的关联性、复杂性和前瞻性要求较高，城市规划一直是对全新的可视化方案需求最为迫切的领域之一。运用城市规划仿真系统可以使政府规划部门、项目开发商、工程人员和各界人士可从任意角度，实时互动真实地看到规划效果获得前所未有的直观感受，这是传统手段（如沙盘、效果图、平面图等）所不能达到的。

（1）提高项目评估质量。由于虚拟现实系统能够实时地对规划项目进行真实的"再现"，能够轻易地发现很多不易察觉的设计缺陷，大大减少由于事先规划不周全而造成的无可挽回的损失与遗憾。

（2）提高项目管理能力和效率。

一些传统的表现形式（如效果图、模型等）很容易在某些方面如间距、高低、光照、材料等被人为地修饰以误导评估人员，尤其是对于非专业人员，从而作出有利于乙方的判断和决定。如果城建部门建立一个标准的虚拟现实系统总平台，要求开发机构或设计单位将他们的方案（可作为子系统）以相同的细节精度、尺寸比例和视觉质量直接导入，那么方案评估会更为准确、公正。另外，如果总系统需要增加新的项目，或其中的项目遇到方案修改，可以随时导入或更新系统的数据信息，并且可供日后存档，极大地方便了政府规划管理部门的管理工作，提高了效率、节省了成本。

（3）提高公众参与度和部门协同作业。由于虚拟现实打破了专业人士和非专业人士之间的沟通障碍，使得各部门能通过统一的仿真环境进行交流，能更好地理解设计方的思路和各方的意见，能更快地找到问题，达成共识和解决一些设计中存在的缺陷。提高方案设计和修正的效率，大大加快了方案设计的速度和质量。

（4）提高市民公开展示和城市形象宣传的效果。虚拟现实系统的沉浸感和互动性不但能够让用户获得身临其境的体验，同时还能随时获取项目的数据资料，更可以导出视频文件用来制作多媒体宣传资料，进一步提高项目的宣传展示效果。

4. 房地产开发项目

房地产开发仿真系统和虚拟样板房系统不仅能使开发商与建筑师、规划师、景观设计师排除由于技术语言而造成的交流障碍，使交流更加直观化，客观化，而且能让公司各部门排除由工种不同而造成的沟通障碍，使各部门的工作衔接得更紧密，极大地促进了工作效率。系统对项目每一个阶段性的方案都实行动态模拟，互动对比和最佳优化，降低或避免开发风险，减短项目开发周期，降低开发成本从而提高房地产项目全面决策的科学性和整体开发管理的有效性。

房地产开发仿真系统和虚拟样板房系统以虚拟现实技术平台为基础，以同样的工作模式将房地产楼盘建筑外观、景观绿化、各款户型的最终设计结果，通过计算机图纸绘制成精确的三维数字模型，导入虚拟程序，模拟建成后的真实效果（即楼盘的虚拟环境和虚拟样板房），如图1-1-19所示。通过液晶投影仪大屏幕输出，完美构筑一个逼真，明晰的高端展示环境。客户不仅获得身临其境般的体验，更可自主、随意地进行室内外漫游观看，实时查询信息。

图1-1-19 房地产虚拟仿真

5. 古迹复原

中国是一个具有5 000多年历史的文明古国。先辈们为我们留下了无数历史和文化瑰宝，中国的世界遗产拥有量在全世界排名第四。但不幸的是众多名胜古迹因战乱、年代久远、老化腐蚀等人为或自然因素遭到损毁，其代价将是无法用金钱来估量的。随着科技的进步和数字时代的到来，人们已经开始研究使用虚拟技术来保护珍贵的人类文化遗产工作。虚拟现实技术凭其对海量场景数据运算和仿真功能，能将消失在几千年前的古迹真实再现，更能让人置身其中进行游览，如图1-1-20所示。

6. 企业形象产品展示

静态的图片、程序化的摄像固然可以展示企业形象，但未免单调了一些，对于企业的发展规划远景更是无能为力，通过虚拟现实技术，可以把一个企业真实、互动地展现出来，如企业的奋斗历程、发展变迁，企业欣欣向荣的现状，企业未来规划远景等，如图1-1-21所示。

项目 一 虚拟现实技术基础

图 1-1-20　古迹复原

图 1-1-21　虚拟现实企业

传统的产品展示主要是样品展示，样品携带不便、不能上网展示，如果是设计中的产品展示更是只能"纸上谈兵"。利用产品的虚拟现实展示，无论是已生产的产品、设计中的产品，还是设想中的概念产品，都能够随时随地向顾客展示，也可以发布在互联网上，顾客不但可以了解产品的整体外观，还可以模拟操作、"试用"产品，了解其性能。

7. 特色服务展示

风景如画的旅游胜地，如果用虚拟现实技术模拟和修饰，并通过计算机展示出来，在跟顾客介绍公司的旅游服务时，有如身临其境，那将是多么美妙的感觉！如果企业对外业务很多，时时都有数以百计地客人来访，可通过虚拟现实技术并结合大型投影设备，将办公环境、特色服务等一一栩栩如生地呈现在顾客面前，在节省人力、物力的同时，顾客也体会到了高新科技带来的全新感受。

8. 展览及交易会展示

根据不同的展览要求，采用虚拟现实、数据库、多媒体等先进的计算机技术，构建一个虚拟的全三维的展览馆，人们可以在其间自由行走查看内容，通过图、文、声、像等丰富的多媒体表现方式全面展现参展项目的技术特点和样品特征等，并可随时更新和在网络上发布展览内容。而且可以与电子商务和在线订购等系统结合。

9. 三维可视化交通线路设计

交通线路设计是在三维地形表面拟订交通线路的造型，包括确定位置和相关尺寸，以及它和周围环境（如地形环境、生态环境、人文环境等）的协调等。从这一点上来讲，交通线路设计（如铁路、公路、轻轨等）都是在二维地形图进行，包括数字地图。从形式上看，地形图运用了一套专门的符号和文字来表示地形，其中19世纪出现的以等高线表示地貌的技术一直沿用至今。而对地物则设计特定的图形符号，从信息传递的角度上讲，这是一种特殊的语言——地图语言。用这种抽象的地图语言来表示现实地形要素，对于大多数不具备专门的地图学知识的使用者来说，是难以直观理解和接受的。因此，根据测绘学等学科的理论，借助先进的计算技术，制作具有高度真实性和可量测性的地形三维立体模型，实现三维地形表面的逼真还原，无疑对包括交通线路设计在内的土木工程设计有非常重要的意义。在城市交通的发展规划中，道路初选涉及很多问题，如各种选线比较分析、开辟线路需要拆迁的房屋量、线路的长度、通达度如何等，虚拟现实技术基于GIS技术的支持，目前在这些方面的应用已日趋成熟。

十、区分 VR、AR、MR、XR

沉浸式技术（VR/AR/MR/XR）作为一种大众传媒工具，在各个领域发展势头迅猛，影响着人们与世界互动的方式，甚至改变了人们对世界的认识。

虚拟现实 VR（Virtual Reality），是虚拟现实技术是指采用以计算机技术为核心的现代高新技术，生成逼真的视觉、听觉、触觉一体化的虚拟环境。参与者可以借助必要的装备，以自然的方式与虚拟环境中的物体进行交互，并相互影响，从而获得等同真实环境的感受和体验。简单地说就是，人们戴上一个 VR 眼镜，看到的所有东西都是计算机生成的，都是虚拟的，如图 1-1-22 所示。

增强现实 AR（Augmented Reality），是一种实时地计算摄影机影像的位置及角度并加上相应图像的技术，这种技术的目标是在屏幕上把虚拟世界套在现实世界并进行互动。AR 可以算是 VR（虚拟现实）当中的一支，不过略为不同的是，VR 是创造一个全新的虚拟世界出来，而 AR 则是强调虚实结合。VR 与 AR 区别在于：VR 需要用一个不透明的头戴设备完成虚拟世界里的沉浸体验，人们看到的是一个 100% 的虚拟世界；而 AR 需要头戴设备看清真实世界和重叠在上面的信息和图像，以现实世界的实体为主体，借助数字技术帮助用户更好地探索现实世界，如图 1-1-23 所示。

图 1-1-22　虚拟现实　　　　　　　　　　图 1-1-23　增强现实

混合现实 MR（Mixed Reality），是指真实和虚拟世界融合后产生的新的可视化环境，在该环境下真实实体和数据实体共存，同时能实时交互，如图 1-1-24 所示。也就是说将"图像"置入了现实空间，同时这些"图像"能在一定程度上与我们所熟悉的实物交互。MR 的关键特征就是合成物体和现实物体能够实时交互。即 VR 和 AR 的两者结合，也就是 MR=VR+AR。MR 与 AR 的区别在于：AR 的虚拟信息只能提供给设备使用者，但 MR 是通过设备把虚拟影像提供给没有使用设备的用户。

扩展现实 XR（Extended Reality），是指通过计算机技术和可穿戴设备产生的一个真实与虚拟组合的、可人机交互的环境。扩展现实包括增强现实（AR）、虚拟现实（VR）、混合现实（MR）等多种形式，如图 1-1-25 所示。换句话说，为了避免概念混淆，XR 其实是一个总称，包括了 AR、VR、MR。XR 分为多个层次，从通过有限传感器输入的虚拟世界到完全沉浸式的虚拟世界。

2021 年，春节联欢晚会节目《牛起来》（见图 1-1-26）运用了 XR 技术，北京现场用的是 AR 技术，演员未能到现场，场景是 XR 技术。AR 技术有两个功能，第一个功能是用虚拟来补充拓展大屏的空间，例如，开场大屏是一个四合院，AR 补充的就是一个四合院的院落，把 AR 和大屏结合在了一起。

第二个功能是连接演员的空间和现场空间,演员从虚拟过渡到现实都是用 AR 来过渡的。

图 1-1-24　混合现实

图 1-1-25　扩展现实

图 1-1-26　XR 在春晚的应用

任务实施

汽车之家·VR 全景看车

(1)平时忙于工作学习,没有时间去 4S 店,如何了解并选择一款自己喜欢的汽车呢?接触到汽车之家的 VR 全景看车之后,你会感觉发现了新大陆。犹如坐在车子里面,以第一视角全方位、直观地了解车型外观、车内空间,车型、颜色可随意切换。

(2)搜索"汽车之家·全景看车",进入"汽车之家·VR 全景看车"页面(https://car.autohome.com.cn/vr/list-0-0-0-1.html),如图 1-1-27 所示。

(3)汽车之家的 VR 车型库包括 6 113 个 VR 全景看车资源,有别于观看图片和视频时的被动接受,VR 全景看车技术将看车主动权完全交给用户,让用户想看哪里就看哪里,增加用户看车的交互性和沉浸感,佩戴上 VR 眼镜,体验效果会更佳。

图 1-1-27　汽车之家 VR 看车页面

（4）选择一款汽车，进入汽车外观 VR 展示页面，如图 1-1-28 所示。

图 1-1-28　汽车外观 VR 展示页面

（5）页面上方下拉列表可对汽车车型进行切换；单击页面右侧参数按钮，可以查看汽车长、宽、高、轴距等参数；页面左上角显示汽车的关注度、口碑评分和实测得分。

（6）用鼠标拖动旋转汽车，可从各个角度对汽车外观进行查看。

（7）页面下方，单击颜色按钮，可实现汽车颜色的动态切换，如图 1-1-29 所示。

图 1-1-29　汽车换色

项目 一 虚拟现实技术基础

（8）单击车身细节展示按钮，可显示车身细节展示视频，如图 1-1-30 所示。

图 1-1-30　车身细节展示

（9）页面左下角，单击内饰 VR 按钮可打开内饰 VR 展示页面，拖动鼠标可旋转查看汽车内饰，如图 1-1-31 所示。

图 1-1-31　内饰 VR 展示

拓展任务

实践任务：身边的虚拟现实

任务要求：

虚拟现实技术是新兴技术的崛起和运用，伴随 5G 互联网的到来，虚拟现实技术已经深入到各行各业。请简述虚拟现实 VR 技术会给人们的生活带来哪些便利。

任务评价

任务评价表见表 1-1-1。

表 1-1-1　任务评价表

项目	内容		评价		
	任务目标	评价项目	3	2	1
职业能力	了解虚拟现实技术	虚拟现实技术			
		虚拟现实技术的特征			
		虚拟现实技术的组成			
		虚拟现实技术的分类			
	了解虚拟现实技术发展应用	虚拟现实技术的发展历程			
		虚拟现实技术的发展趋势			
		虚拟现实技术的应用领域			
通用能力	信息检索能力				
	团结协作能力				
	组织能力				
	解决问题能力				
	自主学习能力				
	创新能力				
综合评价					

任务 2　虚拟现实系统的硬件设备

任务描述

虚拟现实硬件指的是与虚拟现实技术领域相关的硬件产品,是虚拟现实解决方案中用到的硬件设备。本任务将介绍虚拟现实的硬件设备:输入设备、输出设备和生成设备。

相关知识

一、虚拟现实的硬件设备

一套成熟、实用的虚拟现实系统一般由软件部分(内容开发引擎)、硬件部分(内容输出展示和交互控制端)和系统部分(交互内容)组成,三部分相互支持、相互制约、缺一不可。在虚拟现实系统中,硬件设备主要由 3 个部分组成：输入设备、输出设备、虚拟世界生成设备，如图 1-2-1 所示。

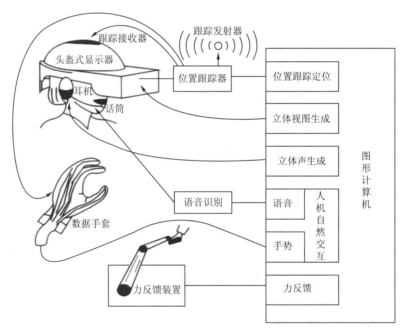

图 1-2-1　虚拟现实的硬件设备

二、虚拟现实系统的输入设备

输入设备是虚拟现实系统的输入接口，其功能是检测用户的输入信号，用户可以驾驭一个虚拟场景。在与虚拟场景进行交互时，利用大量的传感器来管理用户的行为，并将场景中的物体状态反馈给用户。为了实现人与计算机之间的交互，需要使用特殊的接口把用户命令输入给计算机，同时把模拟过程中的反馈信息提供给用户。

虚拟现实系统的输入设备分为两大类，一类是基于自然的交互设备，如数据手套、三维控制器、三维扫描仪等设备；另一类是三维定位跟踪设备，如电磁跟踪系统、声学跟踪系统、光学跟踪系统、机械跟踪系统、惯性位置跟踪系统等。

1. 基于自然的交互设备

（1）数据手套。数据手套（Data Glove）是美国 VPL 公司推出的一种传感手套，它已成为一种被广泛使用的输入传感设备，如图 1-2-2 所示。它是一种穿戴在用户手上，作为一只虚拟的手用于虚拟现实系统进行交互，可以在虚拟世界中进行物体抓取、移动、装配、操作、控制，并把手指和手掌伸屈时的各种姿势转换成数字信号传送给计算机，计算机通过应用程序识别出用户的手在虚拟世界中操作时的姿势，执行相应的操作。在实际应用中，数据手套还必须配有空间位置跟踪器，检测手在三维空间中的实际方位。

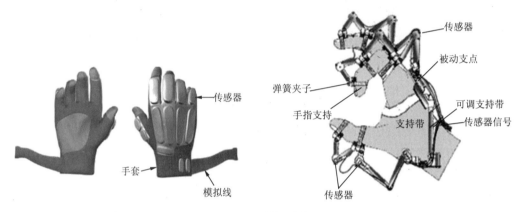

图 1-2-2 数据手套

（2）数据衣。数据衣是采用与数据手套同样的原理制成的，数据衣是为了让 VR 系统识别全身运动而设计的输入装置。它将大量光纤安装在一件紧身衣上，可以检测人的四肢、腰部等部位的活动，以及各关节（如手腕、肘关节）弯曲的角度。它能对人体大约 50 多个不同的关节进行测量，通过光电转换将身体的运动信息送入计算机进行图像重建，如图 1-2-3 所示。目前，这种设备正处于研发阶段，因为每个人的身体差异较大，存在着如何协调大量传感器之间实时同步性能等各种问题，但随着科技的进步，此种设备必将有较大的发展。数据衣主要应用在一些复杂环境中，对物体进行的跟踪和对人体运动的跟踪与捕捉。

图 1-2-3 数据衣

（3）三维控制器。三维控制器包括三维鼠标和力矩球，如图 1-2-4 所示。普通鼠标只能感受到平面的运动，而三维鼠标可以完成在虚拟空间中 6 个自由度的操作，包括 3 个平移参数和 3 个旋转参数。可以让用户感受到在三维空间中的运动，其工作原理是在鼠标内部装有超声波或电磁发射器，利用配套的接收设备可检测到鼠标在空间中的位置与方向。力矩球通常被安装在固定平台上，用户可以通过手的扭动、挤压、来回摇摆等操作实现相应的操作。它是采用发光二极管和光接收器，通过安装在球中心的几个张力器来测量手施加的力，力矩球既简单又耐用，而且可以操纵物体。

（4）三维扫描仪。三维扫描仪又称为三维数字化仪或三维模型数字化仪，是一种较为先进的三维模型建立设备，是当前使用的对实际物体三维建模的重要工具，三维扫描仪与传统的平面扫描仪相比有很大区别：首先扫描对象的不同，传统的扫描仪的对象是平面图案，而三维扫描仪的对象是立体的实物；

其次，三维扫描仪通过扫描，可以获得物体的三维空间坐标，而且它所输出的不是二维图像，而是三维空间坐标。

三维扫描仪分为接触式三维扫描仪和非接触式三维扫描仪。其中非接触式三维扫描仪又分为激光式扫描仪和光学扫描仪，如图 1-2-5 所示。

图 1-2-4　三维控制器　　　　　　　　　　图 1-2-5　三维扫描仪

2. 三维定位跟踪设备

三维定位跟踪设备是虚拟现实系统中关键的传感设备之一，它的任务是检测位置与方位，并将其数据输入到虚拟现实系统。需要指出的是，这种三维定位跟踪器对被检测的物体必须是无干扰的，也就是说，不论这种传感器基于何种原理和应用、何种技术，它都不应影响被测物体的运动，即"非接触式传感跟踪器"。

在虚拟现实应用中最常见的应用是跟踪用户的头部和手的位置（x、y、z）和方位（俯仰角、转动角、偏转角），跟踪头部方位是为了确定用户的视点与视线方位，跟踪手部位置和方位是为了确定手与虚拟对象的关系。

工作方式：由固定发射器发射信号，该信号将被附在用户头部或身上的传感器截获，传感器接收到这些信号后进行解码并送入计算部件进行处理，最后确定发射器与接收器之间的相对位置及方位，数据被传送给三维图形环境处理系统，然后被该系统所识别，并发出相应的执行命令。

跟踪定位技术通常使用六自由度来描述对象在三维空间中的位置和方向。三维就是人们规定的互相垂直的三个方向，即坐标轴的三个轴，X 轴、Y 轴和 Z 轴。X 轴表示左右空间，Y 轴表示上下空间，Z 轴表示前后空间。利用三维坐标，可以确定空间任意一点的位置。物体在三维空间运动时，具有 6 个自由度。其中，3 个用于平移运动，3 个用于旋转运动。平移就是物体进行上下、左右运动；旋转就是物体能够围绕任何一个坐标轴旋转。六自由度坐标系如图 1-2-6 所示。

（1）电磁波跟踪器。

电磁波跟踪器是一种常见的非接触式的空间跟踪定位器，由一个控制部件、几个发射器和几个接收器组成。

工作原理：它使用一个信号发生器（3 个正交线圈组）产生低频电磁场，然后由放置于接收器中的另外 3 组正交线圈组负责接收，通过获得的感生电流和磁场场强的 9 个数据来计算被跟踪物体的位置和方向，如图 1-2-7 所示。

特点：体积小、价格便宜、用户运动自由，而且敏感性不依赖于跟踪方位，但是其系统延迟较长，跟踪范围小，且准确度容易受环境中大的金属物体或其他磁场的影响。

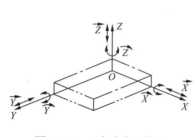

图 1-2-6 六自由度坐标系

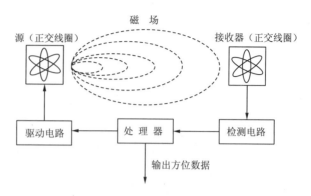

图 1-2-7 电磁波跟踪器工作原理

多数电磁波跟踪器采用交流磁场（如 Polhemus），但也有采用直流磁场（如 Ascension）的跟踪器。

① 交变电磁跟踪系统：对传感器或接收器附近的电磁体较为敏感，它会因为周围环境中的金属或铁磁性物质而产生涡旋电流和干扰性磁场，从而导致信号发生畸变，跟踪精度降低。

② 直流电磁跟踪系统：只是在测量开始时产生涡旋电流而在稳定状态下衰减为零，这就减少了畸变磁场的产生率，使跟踪精确度大大提高。且能够保证在较大操作范围内的高灵敏度。

（2）超声波跟踪器。

超声波跟踪器是一种非接触式的位置测量设备，其工作原理是由发射器发出高频超声波脉冲（频率 20 kHz 以上），由接收器计算收到信号的时间差、相位差或声压差等，即可确定跟踪对象的距离和方位。

它由发射器、接收器和控制单元构成，如图 1-2-8 所示。发射器由三个扬声器组成，安装在一个固定的三脚架上。接收器由 3 个麦克风构成，它们安装在一个小三脚架上。三脚架可以放置在头盔显示器上面，接收麦克风也可以安装在三维鼠标、立体眼镜和其他输入设备上。超声跟踪器的测量是基于三角测量，周期性地激活每个扬声器，计算它到 3 个接收麦克风的距离。接下来控制器对麦克风进行采样，并根据校准常数将采样值转换成位置和方向，然后发送给计算机，用于渲染图形场景。

超声波跟踪器的优点是不受电磁干扰，不受临近物体的影响，轻便的接收器易于安装在头盔上，但是工作范围有限，信号传输易受到温度、气压、湿度等因素影响，另外背景噪声和其他超声源也会干扰跟踪器的信号。

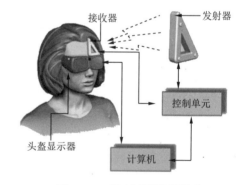

图 1-2-8 超声波跟踪器构成

（3）光学跟踪器。

光学跟踪器可以使用自然光、激光或红外线等作为光源，但为避免干扰用户的观察视线，目前多采用红外线方式。

光学跟踪器的优点：可工作范围较小，其数据处理速度、响应性都非常好，适用于头部活动范围相当受限但要求具有较高刷新率和精确率的实时应用。

光学跟踪器主要使用技术有 3 种：标志系统、模式识别系统和激光测距系统。

① 标志系统。标志系统分为"从外向里看"和"从里向外看"两种方式，如图 1-2-9 所示。

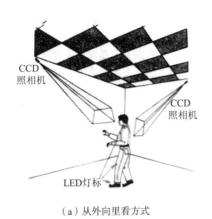 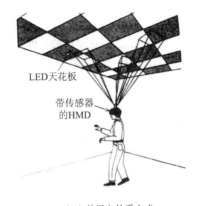

（a）从外向里看方式　　　　　　　　　（b）从里向外看方式

图 1-2-9　标志系统

"由外向内"方式的特点和原理：传感器是固定的，发射器是可移动的。它通常是利用置于已知位置的多台照相机或摄像机，追踪放置在被监测物体表面的红外线发光二极管的位置，并通过观察多个目标来计算它的方位。"由外向内"光学跟踪器采用了昂贵的信号处理器硬件，因此它主要用于飞机座舱模拟。

"由内向外"方式的特点和原理：发射器是固定的，而传感器是可移动的。由于在此种方式中，多个传感器可以由一组发射器支持，因而在定点传送系统跟踪多个目标的时候，具有比"由外向内"方式更优秀的性能。

② 模式识别系统。模式识别系统是把发光器件（如发光二极管 LED）按照某一阵列排列，并将其固定在被跟踪对象身上，由摄像机记录运动阵列模式的变化，通过与已知样本模式进行比较，从而确定物体的位置。

③ 激光测距系统。激光测距系统是把激光通过衍射光栅发射到被测对象，然后接收经物体表面反射的二维衍射图的传感器记录。由于衍射理论的畸变效应，根据这一畸变与距离的关系即可测量出距离。其优点是速度快、具有较高的更新率和较低的延迟，非常适合实时性要求高的场合，缺点是不能阻挡视线，在小范围内工作效果好，随着距离的增大，性能会逐渐变差。

（4）其他类型跟踪器。

① 机械跟踪器。通常把参考点和跟踪体直接通过连杆装置相连，如图 1-2-10 所示。它采用钢体框架，一方面可以支撑观察设备，另一方面可以测量跟踪体的位置和方位。这种跟踪器的精度和响应性适中，不受电磁场的影响，但活动范围十分有限，而且对用户有一定的机械束缚。

② 惯性跟踪器。惯性跟踪器也采用机械方法，其原理是利用小型陀螺仪测量被监测物在其倾角、偏角和转角方面的数据，如图 1-2-11 所示。它不是一种六自由度的设备，但在不需要位置信息的场合还是十分有用的。

③ 图像提取跟踪器。图像提取跟踪器由一组（两台或两台以上）视频摄像机拍摄人及其动作，然后通过图像处理技术的运算和分析来确定人的位置及动作。作为一种高级的采样识别技术，图像提取跟踪设备的计算密度高，又不会受附近的磁场或金属物质的影响，而且对用户没有运动约束，因而在使用

上具有极大的方便。

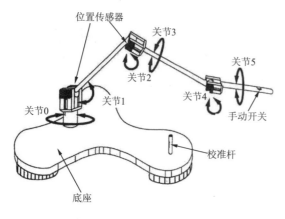

图 1-2-10　机械跟踪器

图 1-2-11　惯性跟踪器

由于图像提取跟踪设备是通过比较已知的采样位置和传感的采样来确定位置的，因而对监测物体的距离和监测环境的灯光照明系统要求较高，通常远距离的物体或过强、过弱的照明都会降低采样识别系统的精确度。另外，较少数量的摄像机可能使监测环境中的物体（包括参与者）出现在摄像机视野中被屏蔽的现象，而较多数量的摄像机又会增加采样识别算法的复杂度和系统冗余度。

④ GPS 跟踪器。GPS 跟踪器是内置了 GPS 模块和移动通信模块的终端，用于将 GPS 模块获得的定位数据通过移动通信模块（gsm/gprs 网络）传至 Internet 上的一台服务器上，从而可以实现在电脑上查询终端位置。

GPS 系统包括三大部分：空间部分——GPS 卫星星座；地面控制部分——地面监控系统；用户设备部分——GPS 信号接收机。

GPS 跟踪器用途用于儿童和老人的行踪掌控、公路巡检、贵重货物跟踪、追踪与勤务派遣、私人侦探工具、个人财物跟踪、宠物跟踪、野生动物追踪、货运业、银行运钞车、军警演习操控、检调追踪、公务车管理等，如图 1-2-12 所示。

图 1-2-12　GPS 跟踪器

三、虚拟现实系统的输出设备

输出设备是虚拟现实系统的输出接口,当用户与虚拟现实系统交互时,输出设备必须能将虚拟世界中各种感知信号转变为人所能接受的视觉、听觉、触觉(力觉)、味觉等多通道刺激信号。目前主要应用的输出设备包括视觉、听觉和触觉设备等。

1. 视觉感知设备

(1)头盔显示器。头盔显示器(Head Mounted Display,HMD),是目前较普遍采用的一种立体显示设备,如图1-2-13所示,利用头盔显示器将人对外界的视觉、听觉封闭,引导用户产生一种身在虚拟环境中的感觉。头盔显示器通常由两个LCD或CRT显示器分别显示左右眼的图像,这两个图像由计算机分别驱动,两个图像间存在着微小的差别,人眼获取这种带有差异的信息后在脑海中产生立体感。头盔显示器主要由显示器和光学透镜组成,辅以3个自由度的空间跟踪定位器可进行虚拟输出效果观察,同时观察者可以做空间上的自由移动,如行走、旋转等。

(2)吊杆式显示器。1991年,Illinois大学的Defanti和Sanding提出了一种改进的沉浸式显示环境,即吊杆式显示器(Binocular Omni-Orientation Monitor,BOOM),它是一种半投入式视觉显示设备,如图1-2-14所示。使用时,用户可以把显示器方便地置于眼前,不用时可以很快移开。BOOM使用小型的阴极射线管,产生的像素数远远小于液晶显示屏,图像比较柔和,分辨率为1280像素×1024像素,彩色图像。

图1-2-13 头盔显示器　　　　　　图1-2-14 吊杆式显示器

(3)洞穴式显示器。洞穴式立体显示系统是使用投影系统,投射多个投影面,形成房间式的空间结构,使得围绕观察者具有多个图像画面显示的虚拟现实系统,增强了沉浸感,如图1-2-15所示。与头戴式显示器(HMD)相比,洞穴式显示器可促进协作。此系统首先由伊利诺斯大学芝加哥校区的电子可视化实验室发明。

(4)响应工作台显示设备。响应工作台立体显示系统是计算机通过多传感器交互通道向用户提供视觉、听觉、触觉等多模态信息,具有非沉浸式、支持多用户协同工作的立体显示装置,如图1-2-16所示。类似于绘图桌形式的背投式显示器,其显示屏(类似于

图1-2-15 用于研究的三面洞穴式显示器

绘图桌面）的尺寸约为2 m×1.2 m或略小，通常采用主动式立体显示方式。由于该装置所显示的立体视图只能受控于一个观察者的视点位置和视线方向，而其他观察者可以通过各自的立体眼镜来观察虚拟对象，因此十分适合辅助教学。

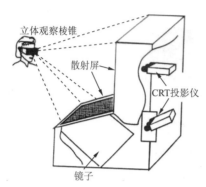 

图 1-2-16　响应工作台显示设备

（5）墙式投影显示设备。

① 单通道立体投影系统。单通道三维立体投影显示系统是一套基于高端PC虚拟现实工作站平台的入门级虚拟现实三维投影显示系统，该系统通常以一台图形计算机为实时驱动平台，两台叠加的立体版专业LCD或DLP投影机作为投影主体显示一幅高分辨率的立体投影影像，如图1-2-17所示。该系统用于实时显示虚拟现实仿真应用程序，被广泛应用于高等院校和科研院所的虚拟现实实验室中。

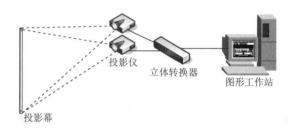

图 1-2-17　单通道立体投影系统

② 多通道立体投影系统。采用多台投影机组合而成的多通道大屏幕展示系统，它比普通的标准投影系统具备更大的显示尺寸、更宽的视野、更多的显示内容、更高的显示分辨率，以及更具冲击力和沉浸感的视觉效果，如图1-2-18所示。该系统通常用于一些大型的虚拟仿真应用，比如，虚拟战场仿真、虚拟样机、数字城市规划、三维地理信息系统、展览展示、工业设计、教育培训等专业领域。

图 1-2-18　多通道立体投影系统

（6）立体眼镜显示器。立体眼镜结构简单、外形轻巧、价格低廉，而且佩戴很长时间眼睛也不会疲劳，成为虚拟现实观察设备理想的选择。

经过特殊设计的虚拟现实监视器能以 2 倍于普通监视器的扫描频率刷新屏幕，与其相连的计算机向监视器发送 RGB 信号中含有 2 个交互出现的、略微漂移的透视图，立体眼镜显示器如图 1-2-19 所示。

 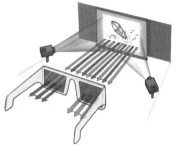

图 1-2-19　立体眼镜显示器

（7）裸眼立体显示器。显示技术结合双眼的视觉差和图片三维的原理，自动生成两幅图片，一副给左眼看，另一幅给右眼看，使人的双眼产生视觉差异。由于双眼观看液晶的角度不同，因此不用戴上立体眼镜就可以看到立体的图像，如图 1-2-20 所示。

图 1-2-20　裸眼立体显示器

（8）全系投影显示器。全息投影技术也称虚拟成像技术，是利用干涉和衍射原理记录并再现物体真实的三维图像的技术。全息投影技术不仅可以产生立体的空中幻象，还可以使幻象与表演者产生互动，一起完成表演，产生令人震撼的演出效果。适用范围主要包括产品展览、汽车服装发布会、舞台节目、互动、酒吧娱乐、场所互动投影等。现在的全息投影技术共分为以下 3 种：

① 空气投影和交互技术：美国麻省 29 岁理工研究生 Chad Dyne 发明了一种空气投影和交互技术，这是显示技术上的一个里程碑，它可以在气流形成的墙上投影出具有交互功能的图像。

② 激光束投射实体的 3D 影像：日本 Science and Technology 公司发明了一种可以用激光束来投射实体的 3D 影像，这种技术是利用氮气和氧气在空气中散开时，混合成的气体变成灼热的浆状物质，并在空气中形成一个短暂的 3D 图像。

③ 360°全息显示屏：南加利福尼亚大学创新科技研究院的研究人员目前宣布他们成功研制一种360°全息显示屏，这种技术是将图像投影在一种高速旋转的镜子上从而实现三维图像。

2010年3月9日晚间，世嘉公司举办了一场名为"初音未来日的感谢祭"（初音之日，Miku's Day）的初音未来全息投影演唱会。这场演唱会使得初音未来成为第一个使用全息投影技术举办演唱会的虚拟偶像，如图1-2-21所示。

图 1-2-21　初音未来全息投影

2011年1月1日湖南卫视的跨年晚会，也使用了全息投影技术，使舞台变得绚丽多彩，立体感十足，更是利用这项技术使已故歌星邓丽君"复活"登台演唱。

2. 听觉感知设备

听觉感知设备能实现虚拟现实中的听觉效果。在虚拟环境中，为了提供听觉通道，使用户有身临其境的感觉，VR虚拟现实技术需要设备模拟三维虚拟声音，并用播放设备生成虚拟世界中的立体三维声音。相对视觉显示设备来说，听觉感知设备相对较少，主要有耳机和扬声器两种。

（1）耳机。基于头部的听觉显示设备（耳机）会跟随参与者的头移动，并且只能供一个人使用，提供一个完全隔离的环境。通常情况下，在基于头部的视觉显示设备中，用户可以使用封闭式耳机屏蔽掉真实世界的声音。

耳机分为两类：一类是护耳式耳机，如图1-2-22所示。它很大，有一定的重量，用护耳垫套在耳朵上。另一类是插入式耳机（或耳塞），如图1-2-23所示。插入式耳机很小，封闭在可压缩的插塞中（或适于用户的耳膜），放入耳道中。由于耳机通常是双声道的，因此比扬声器更容易实现立体声和3D空间化声音的表现。

图 1-2-22　护耳式耳机

图 1-2-23　插入式耳机

（2）扬声器。扬声器又称喇叭，是一种十分常用的电声转换器件，它是一种位置固定的听觉感知设备，如图1-2-24所示。扬声器固定不变的特性，能够使用户感觉声源是固定的，更适用于虚拟现实技术。扬声器声音大，可使多人感受。但是，使用扬声器技术创建空间化的立体声音就比耳机困难得多，因为扬声器难以控制两个耳膜收到的信号以及两个信号之差。

图1-2-24　扬声器

3. 触觉（力觉）反馈设备

在虚拟世界中，人不可避免地会与虚拟世界中的物体进行接触，去感知世界，并进行各种交互。在虚拟现实系统中，接触可以按照提供给用户的信息分成两类：触觉反馈和力觉反馈。先有触觉，再有力觉，触觉是力觉的基础和前提。

（1）触觉反馈。触觉反馈称为接触反馈，是指来自皮肤表面敏感神经传感器的触感。包括接触表面的几何结构、表面硬度、滑动和温度等实时信息。手指触觉反馈装置可以分为基于视觉式、电刺激式、神经肌肉刺激式、充气式、振动式5类。充气式触觉反馈装置，如图1-2-25所示。

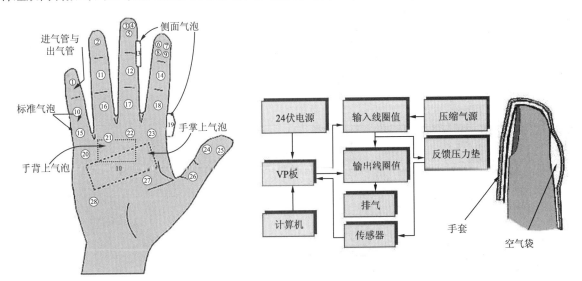

图1-2-25　充气式触觉反馈装置

2020年，美国卡内基梅隆大学开发了一种拉线弹簧式触觉反馈装置，如图1-2-26所示。该装置采用连接在手部和手指上的许多细线,模拟障碍物和重物的触感,从而使虚拟现实系统的用户能够感受到触摸物体的感觉。

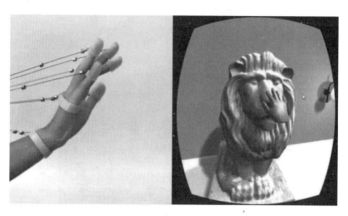

图 1-2-26 充气式触觉反馈装置

（2）力觉反馈。力觉反馈是指身体的肌肉、肌腱和关节运动或收紧的感觉。提供对象的表面柔顺性、对象的重量和惯性等实时信息。它主要抵抗用户的触摸运动，并能阻止该运动，使用户能够体验到真实的力度感和方向感，从而提供一个崭新的人机交互界面。力反馈设备主要有力反馈鼠标、力反馈手柄、力反馈手臂、力反馈手套等，如图 1-2-27 所示。

（a）反馈鼠标力

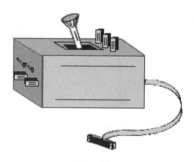

（b）反馈手柄

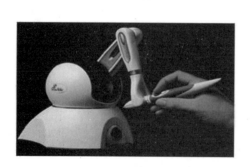

（c）力反馈手臂

（d）力反馈手套

图 1-2-27 力反馈设备

四、虚拟现实系统的生成设备

虚拟现实的生成设备主要是指创建虚拟场景、实时响应用户各种操作的计算机设备。计算机是虚拟现实系统的心脏,也称之为虚拟世界的发动机。

虚拟现实系统的性能优劣很大程度上取决于计算机设备的性能,由于虚拟世界本身的复杂性及实时性计算的要求,产生虚拟环境的计算量极为巨大,这就对计算设备的配置提出了极高的要求,最主要的要求就是计算机必须具备高速的 CPU 和强有力的图形处理能力。根据 CPU 的速度和图形处理能力,虚拟现实的生成设备可分为高性能个人计算机、图形工作站、巨型机和分布式网络计算机。

任务实施

选择一款合适的 VR 眼镜

目前市场上出现了琳琅满目的 VR 眼镜产品,它们外观类似,价格却从几十到几千元不等,价格差距这么大,到底有什么不同呢?这要先从 VR 的原理说起。VR 眼镜的原理其实很简单,把一个显示器罩在人的眼睛上,人向哪里看,就在显示器里显示对应方向的景物,从而让人感觉自己身处一个无限大的虚拟空间中。VR 的实现需要图 1-2-28 所示的几个基础结构。有了这 4 个基本结构,一个基本 VR 眼镜就成型了。这里还要再介绍 3 个概念:dof、3dof 和 6dof。

- dof:degree of freedom,也就是自由度。
- 3dof:是指 3 个转动角度的自由度。当我们说 3dof VR 眼镜时,是指该 VR 眼镜可以检测到头部的 3 个方向的转动,但是不能检测到头部的前后左右的移动。
- 6dof:是指除了 3 个转动角度外,再加上位置相关的 3 个自由度(上下、左右、前后)。可以全面的检测到头部的空间和角度信息。

VR 眼镜根据具体实现方式,一般分为三大类:

(1)手机盒子(嵌入机)。

手机盒子属于体验级 VR 眼镜产品,基本都是 3dof VR。它利用用户的手机,担任处理器+显示器+陀螺仪的角色,而 VR 眼镜本身只提供了一个凸透镜,如图 1-2-29 所示,这就使得这类眼镜的成本非常低。

图 1-2-28　VR 实现的基础结构　　　　图 1-2-29　手机盒子结构图

以 Google 的 Cardboard 为例,其整个镜身由纸板构成,配备了两个镜片,如图 1-2-30 所示,价格也因此比较便宜。市面上千元以内的 VR 眼镜,基本上都是嵌入机,如三星的 Gear VR、小米 VR 眼镜、暴风魔镜等。

（2）VR头戴显示器（PCVR）。

相对于入门体验级的手机盒子，VR头戴显示器则属于VR眼镜里的高端产品。为了达到极优秀的显示效果，它们需要连接PC（Sony的PSVR是连接PS4），使用PC的CPU和显卡来进行运算，如图1-2-31所示。跟手机盒子比，VR头戴显示器自带6dof头部检测和6dof手柄。

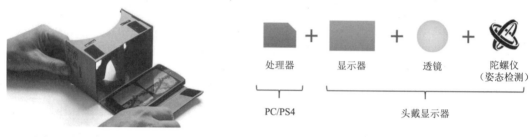

图1-2-30　Google Cardboard　　　　　图1-2-31　VR头戴显示器

当前的VR头戴显示器中比较好的产品主要有：

① HTC vive。HTC Vive是由HTC与Valve联合开发的一款VR虚拟现实头盔产品，提供身临其境体验的最佳虚拟现实头盔。由于有Valve的SteamVR提供的技术支持，因此在Steam平台上已经可以体验利用Vive功能的虚拟现实游戏。HTC Vive是PC版，需要计算机来带动才能体验，看视频和玩游戏的效果极佳，分辨率和沉浸感都很强。HTC Vive游戏很多，在Steam平台就能下载，但都是量级不大的小游戏。不过也不乏一些很有趣的VR应用程序，如音乐、绘画等。

HTC的Vive CE和Vive Pro两款旗舰VR设备让大家都看到了VR游戏的巨大潜能，HTC的第三代VR旗舰HTC Vive Cosmos，在外形方面上做了较大的变动，正面的四个角落都有三角形的散热孔设计，同时头显共有6个摄像头传感器，分别位于正面的上下左右和头显的左右两侧，如图1-2-32所示。

② Oculus。Oculus Quest 2：堪称当前市场中最好的虚拟现实头盔之一，如图1-2-33所示。它拥有更流畅、更直观的设计，更快的性能和更好的分辨率，无需强大的PC机或大量电缆即可提供最佳的虚拟现实体验。

图1-2-32　HTC Vive Cosmos　　　　　图1-2-33　OculusQuest 2

Oculus Rift S：适用于PC机的虚拟现实头盔，如图1-2-34所示。得益于Oculus Insight跟踪技术，Oculus Rift S无须在周围放置外部传感器，即可实现室内规模的虚拟现实体验。同时，Oculus Rift S还配备了令人印象深刻的Touch控制器，可以跟踪运动，并有助于虚拟现实体验，具有更多的动感和身临其境。

③ PSVR。PSVR 是索尼计算机娱乐（SCE）开发的 PS4 用 HMD，如图 1-2-35 所示。用另售的 PS Camera 追踪头部位置，输入利用 PS4 用控制器"DUALSHOCK 4"，还可以利用另售的动作控制器"PS MOVE"检测手部动作和位置。

图 1-2-34　Oculus Rift S

图 1-2-35　PSVR

以上几种眼镜最大的区别在于其 6dof 定位技术的不同。目前的 VR 6dof 检测技术主要有 3 类：

- 外置激光定位。通过外置的激光发射器对设备进行定位，特点是速度快、位置准，缺点是成本高。HTC 的 Vive CE 和 Vive Pro 使用了此种方式。
- 外置图像处理定位。通过外部放置摄像头，拍摄头盔/手柄上的光点来进行定位，Oculus（红外线）和 PSVR（可见光）都是使用这种方式。
- 内置图像处理定位（InsideOut 定位）。通过头盔上的摄像头拍摄画面的变化来估计头盔运动。HTC Vive Cosmos 眼镜使用的是这种方式。它的优势是不需要额外架设设备。但是，定位精度上比激光定位要差一些。

头戴显示器的制作成本比手机盒子要高很多。另外，使用的时候，还需要配合功能强大的 PC 或者 PS4（PSVR）。所以，一整套设备下来，总体价位很高。但是它的体验确实很好。

（3）一体机。

顾名思义，一体机就是自带显示器、陀螺仪、计算模块的机型，它不需要额外插入手机就可以运行，如图 1-2-36 所示。

一体机使用移动芯片（如高通骁龙系列）来进行图像和定位计算。脱离了 PC/PS4 等外部设备的连线束缚，即开即用，非常方便。目前，大部分一体机还都是头部 3dof+ 手柄 3dof，价格介于手机盒子和头盔显示器之间，下一代会有头部 6dof 和手柄 6dof 的一体机，例如 Pico 的 Neo CV（见图 1-2-37）使用摄像头进行 InsideOut 定位。

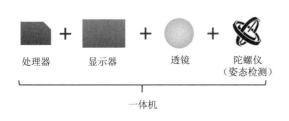

图 1-2-36　一体机

图 1-2-37　Pico Neo CV

拓展任务

实践任务：认知虚拟现实硬件设备

任务要求：

虚拟现实技术带给游乐行业一个腾飞机会，VR 线下体验店带给用户一种"过瘾"的体验。请到附近的 VR 线下体验店参观咨询虚拟现实游戏设备有哪些。

任务评价

任务评价表见表 1-2-1。

表 1-2-1 任务评价表

项目	内容		评价		
	任务目标	评价项目	3	2	1
职业能力	了解虚拟现实的硬件设备	虚拟现实输入设备			
		虚拟现实输出设备			
		虚拟现实生成设备			
	能够选择 VR 设备	掌握 VR 设备原理			
		掌握 VR 设备类型			
		根据需要选择 VR 设备			
通用能力	信息检索能力				
	团结协作能力				
	组织能力				
	解决问题能力				
	自主学习能力				
	创新能力				
	综合评价				

小结

本项目通过 2 个任务对虚拟现实技术进行了具体的介绍；详细介绍了虚拟现实的定义、虚拟现实技术基本特征、虚拟现实系统的组成与分类、虚拟现实的关键技术、虚拟现实技术的发展历程趋势与应用；并对虚拟现实系统的硬件设备——输入设备、输出设备、生成设备进行了简要介绍。通过项目任务学习，能够对虚拟现实技术有一个整体认识。

习题

一、选择题

1. 虚拟现实简称（　　）。
   A. XR B. AR C. VR D. MR
2. AR 是指（　　）。
   A. 虚拟现实 B. 混合现实
   C. 增强现实 D. 虚幻现实
3. "虚拟现实元年"（VR 元年）是（　　）年。
   A. 2008 B. 2012 C. 2016 D. 2020
4. 三维鼠标可以完成在虚拟空间中_____个自由度的操作（　　）。
   A. 3 B. 4 C. 6 D. 8
5. 被称为"虚拟现实技术"之父的是（　　）。
   A. Ivan Sutherland B. Morton Heilig
   C. Edwin A.Link D. Myron Krurger
6. HMD 是指（　　）。
   A. 虚拟工作台 B. 眼球追踪眼镜
   C. 头盔式显示器 D. 惯性跟踪器
7. 在虚拟现实领域中较为常用的交互技术主要有（　　）。
   A. 手势识别 B. 面部表情识别
   C. 眼动跟踪 D. 语音识别
8. 虚拟现实系统分为（　　）。
   A. 桌面式 VR 系统 B. 沉浸式 VR 系统
   C. 增强式 VR 系统 D. 分布式 VR 系统

二、填空题

1. 虚拟现实的本质特征：_____、_____、_____，其中_____是虚拟现实最重要的技术特征。
2. 虚拟现实是一种高端人机接口，包括通过_____、_____、_____、_____和味觉等多种感觉通道的实时模拟和实时交互。
3. _____是指在计算机系统提供的虚拟环境中，人应该可以使用眼睛、耳朵、皮肤、手势和语音等各种感觉方式直接与之发生交互的技术。
4. 虚拟现实系统的基于自然的交互设备有_____、_____、_____等设备。
5. 虚拟现实系统中硬件设备由 3 个部分组成：_____、_____和_____。
6. 虚拟现实系统的输入设备主要分为两类：_____和_____。
7. 虚拟现实的输出设备包括_____、_____、_____等。
8. 虚拟现实系统听觉感知设备有_____、_____。

三、简答题

1. 什么是虚拟现实技术？
2. 触觉反馈和力反馈有什么不同？
3. 简述虚拟现实系统中的主要技术和典型硬件组成。
4. 简要说明虚拟现实应用领域。
5. 论述典型的虚拟现实系统的工作原理。

项目二
VR 全景漫游

自 VR 和 5G 网络建设的大力推进，人们对 VR 的认知已经不再单一化。VR 技术逐渐与各个行业无缝衔接，VR 全景已经无声渗透到人们生活中的每个细节，VR 看房、VR 旅游、VR 珠宝试戴、VR 教育培训、VR 工业等等。VR 技术的无声渗透为人类带来便利的同时，也在潜移默化中改变着人们的消费模式，VR 全景制作终将助推经济提速发展。

学习目标

（1）学习全景图片的渲染制作、后期处理。
（2）学习运用 Pano2VR 完成 VR 全景制作。
（3）学习全景图片素材拍摄方法。
（4）运用 PTGui 完成全景图片的拼接合成。

任务 1　全景图片制作

任务描述

3ds Max 作为一款功能强大的三维建模、渲染软件，可以轻松制作照片级场景全景图片。本任务主要学习运用 3ds Max 软件完成全景图片的制作方法以及简单的 Photoshop 处理，任务效果如图 2-1-1 所示。

图 2-1-1　任务效果

相关知识

一、全景图

普通拍照只是取了一小块景象，称为照片，全景图就是由若干不同小块的照片拼接，最终得到一个包含所有角度景象的"照片"，这就是全景图。全景图在分类上，可分为360°全景和720°全景。360°全景就是水平一圈的景象，就相当于在一个定点上转一圈看到的景象。720°全景不仅包括水平还包括垂直的，相当于不仅能转身体还能抬头、低头看到的景象，显然720°全景更"全"。

对于很多人来说，全景图已经不是什么新鲜的事务了，全景图通过广角的表现手段以及绘画、图像、视频、三维模型等形式，尽可能多地表现出周围的环境。多家网站推出的虚拟看车、看房以全景方式展现实际场景，受到了广大用户的喜爱。作为一种全新的展示形式，全景图打开了人们的新视野，为各行各业提供了更多的营销模式。

室内全景图是利用VR全景技术在房地产、酒店和餐饮等行业内的应用，包括全景虚拟样板间、全景选房、全景餐厅等。室内全景图完全复刻现实中厨房、卧室、客厅、浴室、书房等场景，用户可直观感受最真实的家居生活体验。房产、酒店和餐饮等行业或许就是在室内全景图中获益颇丰的领域。借助室内全景图，消费者能够720°无死角的观赏室内环境，无论是房产、酒店还是餐厅，都能够更高效的展示自身环境优势，从而获得消费者的青睐和信任。室内全景图合成的全景图像是源自对真实场景的拍摄捕捉，所以其真实感是非常强的，用户能够通过室内全景图观看整个场景空间所有的图像信息，没有视角死区、信息量大、沉浸感和立体感十足。

相比一般的效果图和三维动画，全景图具有如下优点：

（1）避免了一般平面效果图视角单一，不能带来全方位感受的缺憾，本机播放时画面效果与一般效果图是完全一样的。

（2）互动性强，可以由客户操纵从任意一个角度互动性地观察场景，犹如身临其境，最真实的感受最终设计的结果，这一点也不同于缺少互动性的三维动画。

（3）价格仅比一般效果图略高，相比动辄每秒几百元的三维动画来说可谓经济实惠，而且制作周期短。

（4）全：全方位，全面地展示了360°球型范围内的所有景致，可在例子中用鼠标左键按住拖动，观看场景的各个方向。

（5）景：实景，真实的场景，三维实景大多是在照片基础之上拼合得到的图像，最大限度地保留了场景的真实性。

（6）360°：360°环视的效果，虽然照片都是平面的，但是通过软件处理之后得到的360°实景，却能给人以三维立体的空间感觉，使观者犹如身在其中。

二、全景图创建

全景图不是凭空生成的，要制作一个360°全景图，需要有原始的图像素材，原始图像素材的来源可以是在现实的场景中全景拍摄得到的鱼眼图像或通过软件建模渲染得到的图像。

（1）在现实场景中拍摄得到的全景鱼眼图像。需要有一个性能好的数码照相机、一个鱼眼镜头、一个专业的全景云台和一个性能优秀的脚架，如图 2-1-2 所示。

图 2-1-2　全景拍摄设备

（2）建模渲染得到的图像。3ds Max 具有强大建模、渲染能力，结合 Vray 渲染器可以实现照片级全景效果图的制作，运用 Photoshop 软件对全景效果图进行修饰处理，以达到最佳效果。

将以上获得的图像素材，导入 Pano2VR 等全景制作软件中，通过简单几步即可完成 VR 全景制作，具体操作方法在下个任务中详细介绍。

扫一扫

全景图片制作

 任务实施

一、前期准备

（1）启动 3ds Max 软件，打开素材文件"客餐区 / 客餐区 .max"，如图 2-1-3 所示。

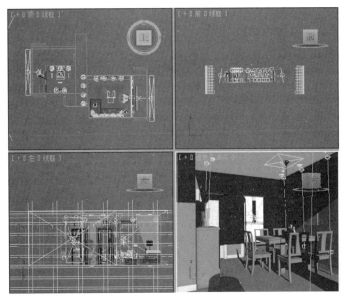

图 2-1-3　场景文件

（2）场景模型、材质、贴图、灯光是全景图片制作的基础，本任务场景灯光、材质、贴图等均已设置好，具体操作方法在此不再赘述。

二、摄影机设置

（1）全景图片是以摄影机为中心旋转一周生成的图像，因而摄影机的位置不同，会形成不同细节的全景图。摄影机需要放置在场景中间的一个"空地"，一定要确保摄影机机身图标旋转360°不会碰到任何物体。

（2）选择"创建|摄影机|目标摄影机"命令，在顶视图客厅空白区域创建一架摄影机，镜头选择35 mm，如图2-1-4所示。

（3）选择摄影机，适当调整其高度（约1 000 mm），如图2-1-5所示。

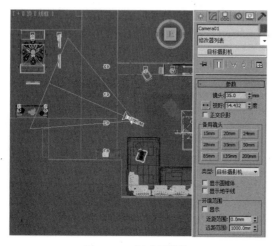
图2-1-4　创建摄影机

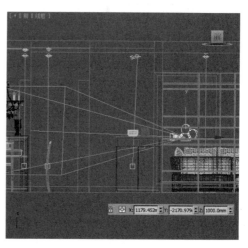
图2-1-5　整摄影机高度

（4）将透视图转换为摄像机视图。

三、渲染设置

（1）按快捷键【F10】打开"渲染设置"对话框，更改渲染器为V-Ray Adv，如图2-1-6所示。

（2）设置渲染尺寸。在公用选项卡，设置输出大小宽度、高度至少为4 000×2 000、图像纵横比为2，如图2-1-7所示。

图2-1-6　更改为V-Ray Adv渲染器

图2-1-7　设置输出大小

（3）在"VR_基项"选项卡"V-Ray::图像采样器（抗锯齿）"卷展栏中设置图像采样器类型为"自适应细分"，选择开启"Catmull-Rom"，如图2-1-8所示。

（4）为控制场景局部曝光，在"V-Ray::颜色映射"卷展栏，设置类型为"VR_指数"，如图2-1-9所示。

图2-1-8　设置图像采样器

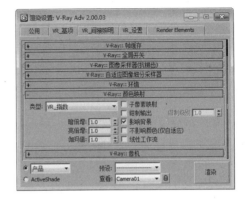

图2-1-9　设置颜色映射

（5）在"V-Ray::像机"卷展栏中设置相机类型为"球形"、勾选"覆盖视野（FOV）"复选框，视野为"360"，如图2-1-10所示。渲染全景图时需要设置该项参数，渲染常规效果图时忽略此项。

（6）在"VR_间接照明"选项卡中设置首次反弹为"发光贴图"、二次反弹为"灯光缓存"。

（7）在"V-Ray::发光贴图"卷展栏中设置当前预置为"中"，勾选"显示计算过程"和"显示直接照明"复选框，如图2-1-11所示。

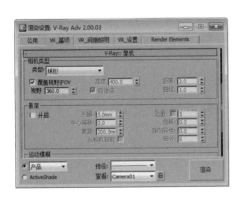

图2-1-10　设置像机

图2-1-11　设置发光贴图

（8）在"V-Ray::灯光缓存"卷展栏，设置细分为"1 000"、勾选"保存直接光"和"显示计算状态"复选框，如图2-1-12所示。

（9）参数设置完毕，选择摄像机视图。按快捷键【F9】渲染场景，最终渲染效果如图2-1-13所示。

图2-1-12 设置灯光缓存

图2-1-13 场景渲染效果

（10）保存图像文件，将文件命名为qjt.jpg。

四、PS处理

由于场景材质、灯光等原因，会造成3DS Max渲染的效果图出现诸如偏色、偏暗、偏亮、曝光等各种问题，所以渲染效果图离不开Photoshop的后期处理。下面对渲染效果图进行简单处理。

（1）启动Photoshop软件，打开渲染图片qjt.jpg。

（2）提高整体亮度。按【Ctrl+J】组合键复制图层，图层模式更改为"滤色"，不透明度为"70%"，如图2-1-14所示。

（3）提高局部亮度。图2-1-15所示箭头位置亮度明显偏暗，需要进一步提高亮度。

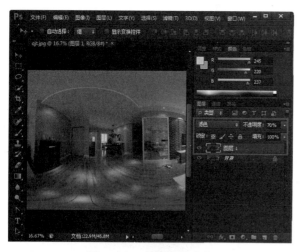

图2-1-14 提高整体亮度

图2-1-15 局部亮度偏暗

（4）运用魔棒工具选择暗部区域，如图2-1-16所示。右击，在弹出的快捷菜单中选择"羽化"命令，设置羽化值为"20"。

（5）按【Ctrl+J】组合键复制选区，将不透明度改为"100%"，提高局部亮度，效果如图2-1-17所示。

项目 二　VR 全景漫游

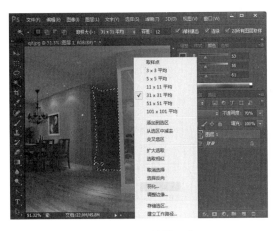

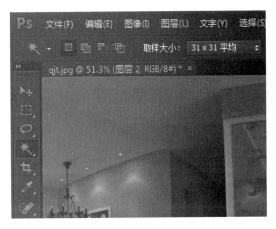

图 2-1-16　选择并羽化

图 2-1-17　提高局部亮度

（6）保存文件，将文件命名为 qjtok.jpg。

拓展任务

实践案例：制作书房全景图

案例设计：

运用 3ds Max、Photoshop 软件完成书房全景图的渲染与后期处理，任务效果如图 2-1-18 所示。

扫一扫

制作书房全景图

图 2-1-18　任务效果

参考步骤：

步骤 1 启动 3ds Max 软件，打开素材文件"书房 .max"，如图 2-1-19 所示。

步骤 2 执行"创建 | 摄影机 | 目标摄影机"命令，在顶视图客厅空白区域创建一架摄影机，镜头选择 35 mm，如图 2-1-20 所示。

步骤 3 选择摄影机，调整其距地面高度为 1 000 mm。

步骤 4 将透视图转换为摄像机视图。

步骤 5 按快捷键【F10】打开"渲染设置"对话框，更改渲染器为 V-Ray Adv。

步骤 6 在"公用"选项卡中设置输出大小宽度为"4 000"、高度为"2 000"。

49

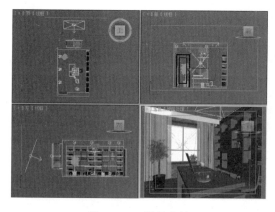

图 2-1-19 场景文件

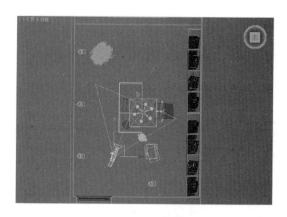

图 2-1-20 创建摄影机

步骤 7 在"VR_基项"选项卡"V-Ray::图像采样器"卷展栏中设置图像采样器类型为"自适应细分",选择开启"Catmull-Rom"。

步骤 8 为控制场景局部曝光,在"V-Ray::颜色映射"卷展栏,设置类型为"VR_指数"。

步骤 9 在"V-Ray::像机"卷展栏中设置相机类型为"球形"、覆盖视野(FOV)为"360",如图 2-1-21 所示。

步骤 10 在"VR_间接照明"选项卡中设置首次反弹为"发光贴图"、二次反弹为"灯光缓存"。

步骤 11 在"V-Ray::发光贴图"卷展栏中设置当前预置为"中",勾选"显示计算过程"和"显示直接照明"复选框。

步骤 12 在"V-Ray::灯光缓存"卷展栏中设置细分为"1 000"、勾选"保存直接光"和"显示计算状态"复选框。

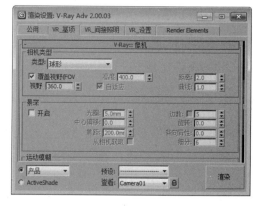

图 2-1-21 设置像机

步骤 13 按快捷键【F9】渲染场景,渲染效果如图 2-1-22 所示。

图 2-1-22 场景渲染效果

步骤 14 渲染图整体偏暗,启动 Photoshop 软件,进行后期处理。

步骤 15 按【Ctrl+J】组合键复制图层，图层模式更改为"滤色"，不透明度为"100%"，如图 2-1-23 所示。

图 2-1-23　提高整体亮度

步骤 16 进一步提高亮度，再次按【Ctrl+J】组合键复制图层 1，不透明度设为"75%"，最终效果如图 2-1-24 所示。

图 2-1-24　最终效果

步骤 17 保存文件。

任务评价

任务评价表见表 2-1-1。

表 2-1-1 任务评价表

项目	内容		评价		
	任务目标	评价项目	3	2	1
职业能力	能够认识全景图	了解全景图			
		全景图的创建方法			
	全景图片的制作	能够正确设置摄影机			
		能够渲染输出全景图			
		能够对全景图进行 PS 处理			
通用能力	信息检索能力				
	团结协作能力				
	组织能力				
	解决问题能力				
	自主学习能力				
	创新能力				
综合评价					

任务 2　VR 全景制作

任务描述

Pano2VR 是一款全景制作软件，有着良好的交互体验和便捷的操作流程。在制作好全景图片之后，将全景图片添加到 Pano2VR 中，经过简单的几步操作便可实现全景图的交互漫游。本任务通过室内 VR 全景制作学习 Pano2VR 热点、小行星飞入等效果的实现方法，任务效果如图 2-2-1 所示。

图 2-2-1　任务效果

相关知识

一、VR 全景制作软件

VR 全景是交互性比较强的虚拟现实技术,将现实图数字化处理后,通过 VR 设备进行沉浸式体验。VR 全景制作包含对目标全景进行拍摄、拼接全景图、修图和润色、功能界面设计等方面内容。在 VR 全景制作中使用的软件主要有以下几种:

1. Pano2VR

Pano2VR 是一个全景图像转换应用软件。把全景图像转换成 QuickTime 或者 HTML5 格式的文件,转换完毕就能直接在浏览器里欣赏全景图片,可定制皮肤,支持多国语言。Pano2VR 全景制作软件凭借良好的交互体验和便捷的操作流程,成为众多全景图片制作者的最佳工具。而且,目前基于 Html5 的网页技术全景漫游已成为主流,使用 Pano2VR 制作的全景具有良好的兼容性和扩展性。同时,随着版本的不断升级和产品的更新迭代,Pano2VR 也具备了很多专业公司所独有的全景制作技术,能够更好地完成全景图片的制作。

2. PanoramaStudio

PanoramaStudio 是一款专业的 360° 全景图制作工具。可以进行对 360° 的广角全景的创建,快速地将照片自动拼接,使图片完美融合。

3. KolorPanotourPro

KolorPanotourPro 是一款革命性的创建交互式虚拟全景游览图的工具。界面直观,只需几次点击即能完成所有操作,并且支持多种格式,可以添加和创建任意大小的图像(大于 360 像素 ×180 像素),支持几乎所有的图像格式(JPG、PNG、PSD/PSB、KRO、TIFF 和多数照相机中的 RAW 文件)。

4. 酷家乐全景制作

酷家乐 3D 设计软件是一款室内设计软件,10 s 出高清效果图,5 min 产出装修设计方案。覆盖全国 100 个城市,100 万标准户型图。支持模型上传、CAD 导入、导出。真正做到所想即所得。还支持产出全景俯视图,更有 720° 全景浏览,亲临现场体验设计方案。

5. 720 云全景制作

720 云全景 VR 社区,是一站式解决 360° 全景摄影、VR 全景视频拍摄、VR 空中全景航拍、3D 虚拟全景制作,全景上传、分享、展示、漫游,以及创作者互动交流的综合性社区平台。

二、Pano2VR

1. 输入全景图

Pano2VR 软件启动后,界面如图 2-2-2 所示。Pano2VR 是将全景图制作生成全景漫游,因此输入 Pano2VR 的首先是全景图片,并且通常是 2:1 的全景图片。输入全景图一般有两种途径:

(1)通过"输入"按钮。通过"输入"按钮,选择全景图片输入,如图 2-2-3 所示。在弹出的文件夹中选择要输入的全景图片,可以按住【Ctrl】键,选择多张图片同时输入,如图 2-2-4 所示。

(2)直接拖入。单击鼠标直接将全景图拖入预览窗口或导览浏览器中,如图 2-2-5 所示。

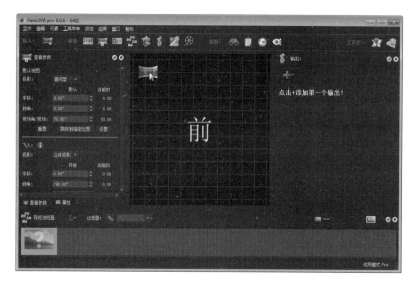

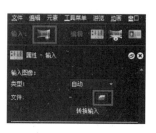

图 2-2-2　Pano2VR 界面

图 2-2-3　"输入"按钮

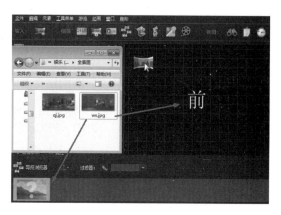

图 2-2-4　选择输入图片

图 2-2-5　直接拖入全景图

输入的全景图会在导览浏览器中显示，如图 2-2-6 所示。

在第一个全景图的左上角有一个黄圈①标志。这个标志代表该全景图为首节点，即整个全景漫游初始场景，也即打开预览时第一个看到的场景。当然这个初始场景是可以更换的，单击选中其他场景，然后右击，在弹出的快捷菜单中选择"设定初始场景全景"命令即可更换，如图 2-2-7 所示。对于不需要的场景也可以通过右键快捷菜单进行移除。

当场景很多时，可以通过导览浏览器右上角缩放滑动条，调整全景图在导览浏览器中的显示大小。

图 2-2-6　导览浏览器

图 2-2-7　设定初始场景全景

2. 输出全景漫游

（1）在主界面右边，单击"+"按钮可选择输出，会出现图2-2-8所示输出选项。需要注意，这些输出不全是全景漫游，输出为全景漫游的是"HTML5"。

（2）单击"HTML5"，输出HTML5全景漫游，如图2-2-9所示。

图2-2-8 选择"HTML5"输出

图2-2-9 输出参数

（3）输出设置暂时不做任何修改，选择输出文件夹的位置后，单击"生成输出"按钮，如图2-2-10所示。

（4）如果工程还未保存，出现图2-2-11所示提示信息。

图2-2-10 "生成输出"按钮

图2-2-11 保存提示信息

（5）单击"OK"按钮，选择保存的文件夹。

（6）保存工程文件后，输出开始，如图2-2-12所示。

（7）输出完毕自动调用浏览器打开，进行预览。也可以单击"预览"按钮进行预览。

（8）全景图保存的文件夹如图2-2-13所示。

图 2-2-12 输出全景图

图 2-2-13 全景图保存文件夹

3. 输出文件打开问题

初学者常会遇到这样一个难题,就是制作好的全景漫游自动调用浏览器能打开并正常地浏览。关闭浏览器后,尝试直接运行 index.html,浏览器打开后却发现看不到全景图。究其原因,制作的全景文件运行环境需要服务器,在浏览器中打开显示。用户输出的全景漫游文件,运行时 js 读取 xml 参数在 html 页面显示,而浏览器的安全规则是不允许本地 js 读取数据。

本地正确浏览 index.html 的几种方法如下:

(1) 使用 Firefox 火狐浏览器。

通过火狐浏览器打开 index.html 文件即可。

注意:火狐浏览器从版本 68(2019.07.18)开始,本地文件的安全性做了一些改变,默认情况下不能直接打开 .html 浏览全景了,需要做以下处理:

① 在火狐浏览器地址栏中输入 about:config,出现图 2-2-14 所示提示信息,单击"接受风险并继续"按钮。

② 在搜索框内输入"privacy.file_unique_origin"按【Enter】键进行搜索。在下方结果框中双击搜索到的选项,把值由"true"改为"false",如图 2-2-15 所示。

图 2-2-14 浏览器提示信息

图 2-2-15 设置 privacy.file_unique_origin

③ 这样,火狐浏览器就又能直接打开全景 index.html 文件进行浏览了。

(2) 使用软件内置的 Web 服务器。

全景工程在打开状态下,通过"预览"按钮▶浏览,如图 2-2-16 所示。

(3) 搭建本地服务器浏览全景文件。

4. 添加背景音乐

Pano2VR 制作的全景漫游不仅是将全景图还原成三维空间场景进行交互浏览,还能够添加图文、音视频等多媒体,丰富漫游浏览。

（1）选择场景,在"属性"的"背景声音"处选择声音文件,如图 2-2-17 所示。

图 2-2-16　预览按钮

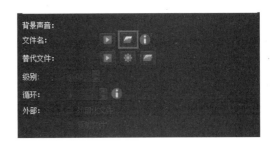

图 2-2-17　选择声音文件

① 替代文件：指当刚才设置的背景音乐无法播放时启用的替代文件,这种情况很少,这里就不做设置了。

② 级别：是设置插入音乐的音量大小,默认是 1,即原始文件的音量,可以调小,这里其实作用不大,除非个别声音文件的音量较突出,可以在这里快捷地"均衡"一下音量。

③ 循环：是设置背景音乐的播放次数,默认是 1,即播放一遍后就停止,可以设置循环播放的次数。如果想要无限循环,设置成 0 就可以了。

④ 外部：在输出 HTML5 的情况下没有意义,在此不作赘述。

（2）设置的背景音乐也可以移除,右击,在弹出的快捷菜单中选择"清空"命令即可,如图 2-2-18 所示。

注意：我们可以给每个场景都设置背景音乐,这样进入各场景就播放对应的音乐文件了。但若想整个全景漫游所有场景都播放一首音乐,我们只需在首节点设置背景音乐即可。

（3）在场景中"嵌入"背景音乐。唤起预览窗口的侧边工具栏,选择"声音",如图 2-2-19（a）所示。双击预览窗口即可嵌入声音,声音属性面板如图 2-2-19（b）所示。

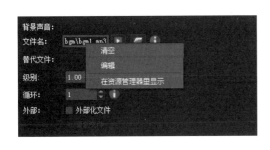

图 2-2-18　移除声音文件

（a）　　　　　　　　（b）

图 2-2-19　嵌入背景音乐

5. 插入图像

（1）在预览窗口中选择"图像"，如图2-2-20所示。

（2）在要插入图像的位置双击，在弹出的文件选择框中选择要插入的图片，如图2-2-21所示。

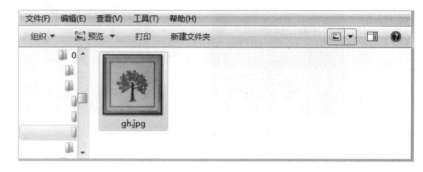

图2-2-20　选择图像工具　　　　　　　图2-2-21　选择挂画文件

（3）选择插入的图片后，一般都需要进行调整，目的是使图片更契合场景，如图2-2-22所示。

6. 插入视频

（1）在预览窗口中选择"视频"，如图2-2-23所示。

图2-2-22　调整图像　　　　　　　图2-2-23　选择视频工具

（2）在要插入视频的位置双击，在弹出的文件选择框中选择要插入的视频文件。

（3）插入视频后，对插入的视频进行调整，使其更契合场景，如图2-2-24所示。

7. 添加热点

热点在Pano2VR全景制作软件中是最为重要的功能之一，作用是连接场景。一张全景图对应一个场景，很多时候制作的一个全景可能包括很多场景，这些场景之间的切换就需要交互热点。Pano2VR可插入指定热点和多边形热点，如图2-2-25所示。

（1）插入指定热点。选择插入指定热点，在场景双击插入热点，属性如图2-2-26所示。

图 2-2-24　调整视频　　　　　　　　　　　图 2-2-25　热点工具

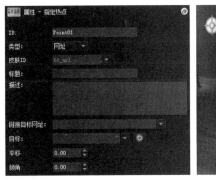 

图 2-2-26　指定热点

① 类型：设置热点类型，有网址、导览节点、图像、视频、信息 5 种类型。如果希望在场景之间切换时，选择导览节点即可。

② 皮肤 ID：设置热点外观样式。

③ 标题：设置鼠标指向热点时的提示文字。

④ 链接目标网址：设置热点链接目标网址、场景、图像视频文件及文本信息等，根据不同热点类型显示不同。

⑤ 平移：设置热点水平位移。

⑥ 倾角：设置热点纵向位移。

（2）插入多边形热点。选择插入多边形热点，在场景双击插入多边形热点，如图 2-2-27 所示。

8. 设置默认视图

默认视图，即进入场景后的第一视角景象。

将全景图输入 Pano2VR 中时，其实已经生成了一个默认视图，也就是平移 0、倾角 0，对应的就是全景图片的中心位置，视场 70，垂直 70° 的视野范围，如图 2-2-28 所示。

后续重新设置这个默认视图，手动输入平移、倾角、视场这三个参数值即可。也可以直接在预览窗口，用鼠标拖动到某一视角，此时对应的"当前的"栏下，即是手动选择的视图参数值，单击"设置"按钮，可以设置成进入场景后的默认视图。

图 2-2-27　多边形热点

如果不满意默认视图，可以单击"重置"按钮，快速回归原始默认状态，然后重新设置。单击"跳转到指定位置"按钮，即可查看默认参数对应的视图，如图 2-2-29 所示。

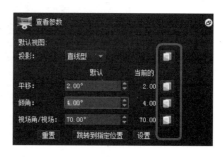

图 2-2-28　设置默认视图　　　　　　　　图 2-2-29　默认视图参数

默认视图还可以选择"投影类型"，默认为"直线型"，除此之外，还有"鱼眼效果"和"立体投影"选项。

（1）直线型：正常视角的效果。

（2）鱼眼效果：像鱼眼镜头的成像效果。

（3）立体投影：视场不大时也是正常变点圆形，比鱼眼效果的变形小。视场越大扭曲得越厉害，但当视场最大且视角垂直地面时，我们就比较熟悉了，就是风靡已久的"小行星"效果。

9. 制作小行星开场

小行星开场就是进入场景后由小行星视角转场到正常视角，小行星视角的效果如图 2-2-30 所示。设置小行星开场就是由立体投影下的顶视图视角转到直线型投影下的正常视角。

（1）首先在右侧输出设置的"自动旋转 & 动画"下勾选"飞入"复选框，如图 2-2-31 所示。下面是由小行星视角到正常视角的转场效果的速度，默认是"2"，可以根据实际情况或需求调节，值越大速度越快，转场时间越短。

（2）勾选"飞入"复选框后，不能立即输出，还需要在"查看参数"下的"飞入"中进行设置，如图 2-2-32 所示。

项目 二 VR 全景漫游

图 2-2-30 小行星效果

图 2-2-31 小行星效果参数

10. 开启自动旋转

输出的全景可以设置自动旋转，场景视角水平方向上 360°旋转。在输出的"自动旋转 & 动画"中勾选"自动旋转"复选框，然后对其中的参数进行设置，如图 2-2-33 所示。

图 2-2-32 飞入参数

图 2-2-33 开启自动旋转

（1）平均速度：也即水平方向旋转的速度，这里默认为"0.4°/ 帧率"，这个值实际较大，输出后预览时，旋转的速度较快，建议设置小一点，如 0.05、0.1 即可。当然这要根据实际情况和个人喜好设置。

（2）延迟：是指等待鼠标键盘无操作后多长时间开始旋转。

（3）返回水平线：是当用鼠标拖动浏览，改变了倾角后偏离了水平，等待"延迟"后回归到水平（倾角 0°）的速度，值是从 0 到 10，0 表示不回归水平，保持拖动后的倾角状态，10 表示立即回归到水平，0 到 10 之间的值是缓慢地回归水平，当然值越大，越接近 10，回归得越快。

11. 设置场景转换过渡效果

一般可以通过热点切换场景来进行浏览，而在场景切换的过程，也可以设置过渡效果，就像在制作视频的时候，会添加一些转场特效，以使切换画面不至于生硬。

过渡有两个选项,一个是全景/全景图,即画面的过渡,另一个是声音的过渡,如图 2-2-34 所示。

(1)过渡类型:也就是转场的效果,除了默认的"交叉淡入",还有图 2-2-35 所示的几种选择。

(2)软边:软边的意思是对"边"进行毛化模糊,单位是像素,值越大,表视毛化的边缘越多。前三种类型是没有这个参数的对应设置,因为它们不涉及"边",只有后面的虹膜、擦出等类型才有。

(3)过渡时间,是指过渡类型效果持续的时间,默认为"1 s",可以根据实际情况和个人喜好更改。

(4)效果:有之前和之后,也即过渡前和过渡后。分别对应的可供选择如图 2-2-36 所示。

图 2-2-34 场景转换过渡效果

图 2-2-35 过渡类型

图 2-2-36 过渡效果选项

(5)缩放 FoV,指放大和缩小开始的视场角值。

(6)变焦速度,指放大和缩小的速度。

12. 添加皮肤

"皮肤"是全景漫游的 UI,Pano2VR 制作全景漫游,需要手动添加"皮肤",通过"皮肤"能进行更好的交互浏览。Pano2VR 的皮肤可以自行设计,且是可视化的编辑设计,给输出的全景漫游添加皮肤很简单,只需要在输出的时候选择皮肤文件即可,如图 2-2-37 所示。

单击"皮肤编辑器"按钮 或者选择"工具菜单|皮肤编辑器"命令打开"皮肤编辑器"窗口,如图 2-2-38 所示。限于篇幅,皮肤编辑的具体使用方法在此不做过多介绍。

图 2-2-37 添加皮肤

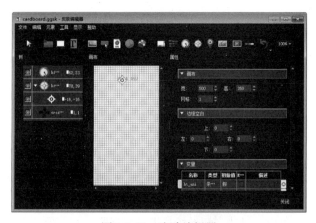
图 2-2-38 皮肤编辑器

任务实施

一、添加场景

启动 Pano2VR 软件,将素材文件(qj.jpg、ws.jpg、sf.jpg)拖动到导览浏览器,系统会自动创建基于这 3 张图片的 VR 全景,如图 2-2-39 所示。

VR全景制作

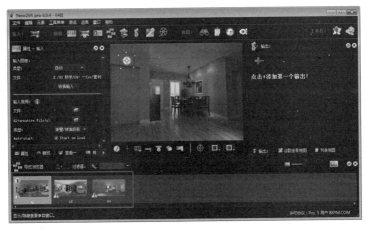

图 2-2-39 添加全景图片

二、输出全景

(1)在主界面右边,单击"+"按钮,在下拉列表中选择"HTML5",如图 2-2-40 所示。

(2)选择"HTML5"后出现输出参数,单击"输出文件夹"按钮,选择全景图输出文件夹的位置,如图 2-2-41 所示。

图 2-2-40 输出方式

图 2-2-41 输出参数

(3)单击"生成输出"按钮 ![btn], 如果工程还未保存,出现图 2-2-42 所示的提示信息。

(4)单击"OK"按钮保存工程。保存工程文件后,开始输出全景,如图 2-2-43 所示。

图 2-2-42 保存提示

图 2-2-43 输出全景

（5）输出完毕后，自动调用浏览器打开预览全景图。

三、添加图像

（1）在预览窗口中选择"图像"，在餐椅左侧门口位置双击，选择素材文件 door.png，添加图像后如图 2-2-44 所示。

（2）适当缩放、旋转图像，使其符合门框方向、大小，调整后如图 2-2-45 所示。

图 2-2-44　添加图像　　　　　　　　　图 2-2-45　调整图像

（3）添加挂画图像。在左侧桌子上方双击，加载素材图像 gh.jpg，适当调整图像大小方向使其看起来自然地挂在墙上，如图 2-2-46 所示。

（4）单击"生成输出"按钮，全景图输出完成后预览图像添加效果，如图 2-2-47 所示。

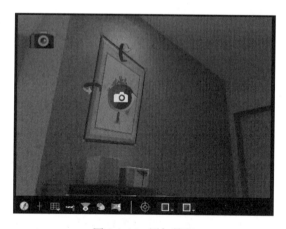 

图 2-2-46　添加挂画　　　　　　　　　图 2-2-47　添加图像效果

四、添加视频

（1）用鼠标左键拖动旋转场景，显示客厅电视区域。在预览窗口中选择"视频"，如图 2-2-48 所示。

（2）双击电视屏幕添加素材视频文件"葫芦小金刚第 1 集：妖雾重回.mp4"，如图 2-2-49 所示。

（3）为了便于调节，更改视频模式为"静态的"，如图 2-2-50 所示。

| 图 2-2-48　添加视频 | 图 2-2-49　添加视频 |

（4）调整视频矩形框的大小方向，调整时可以输出全景图，边观察边调节，使视频与电视屏幕相符，参数如图 2-2-51 所示。

图 2-2-50　设置视频模式　　　　　　　　　　图 2-2-51　调整视频

（5）输出全景图，视频播放效果如图 2-2-52 所示。

五、小行星效果

（1）在"自动旋转 & 动画"中勾选"飞入"复选框，开启小行星飞入效果，如图 2-2-53 所示。

图 2-2-52　视频添加效果　　　　　　　　　　图 2-2-53　设置小行星飞入

（2）开启小行星效果后，输出的全景图进入效果如图 2-2-54 所示。

（3）勾选"自动旋转"复选框，开启全景图自动旋转效果。

六、设置默认视图

在预览窗口拖动鼠标左键，显示客厅电视区域。选择查看参数，单击"设置"按钮，将场景当前视角设为默认视图，如图 2-2-55 所示。

图 2-2-54 小行星飞入效果

图 2-2-55 设置默认视图

七、添加热点

（1）在预览窗口中选择"指定热点"，在餐厅右侧过道处双击，添加热点，如图 2-2-56 所示。

（2）修改热点类型为"导览节点"，标题为"去书房看看"，链接目标网址为"sf"，如图 2-2-57 所示。

图 2-2-56 添加指定热点

图 2-2-57 热点参数

（3）单击导览浏览器中"sf"进入书房场景，在门口处双击，添加指定热点。热点类型为"导览节点"，标题为"回到客厅"，链接目标网址为"qj"，如图 2-2-58 所示。

（4）单击导览浏览器中"qj"回到客厅场景，选择多边形热点工具，在门口处绘制多边形热点。类型为"导览节点"，标题为"去卧室瞅瞅"，链接目标为"ws"，如图 2-2-59 所示。

（5）单击导览浏览器中"ws"进入卧室场景，在门口添加多边形热点。类型为"导览节点"，标题为"回到客厅"，链接目标为"qj"，如图 2-2-60 所示。

八、添加皮肤

(1) 在输出窗口,皮肤下拉列表中选择 simplex_v6.ggsk,为全景图添加皮肤,如图 2-2-61 所示。

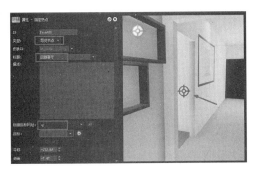

图 2-2-58　书房热点参数

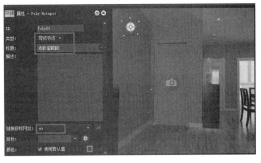

图 2-2-59　添加多边形热点

图 2-2-60　多边形热点参数

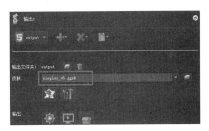

图 2-2-61　添加皮肤

(2) 输出全景图,皮肤界面效果如图 2-2-62 所示。单击场景导航图标进入对应场景,下方按钮实现镜头远近切换、自动旋转、全屏等功能。

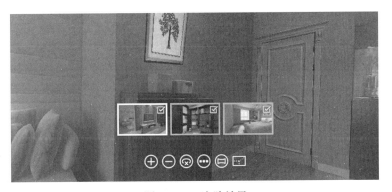

图 2-2-62　皮肤效果

拓展任务

实践案例:室内全景漫游

案例设计:

利用给定的室内全景图片素材,运用 Pano2VR 生成卧室、客厅、卫生间等场景的室内全景漫游,可参照任务实施中相关方法，素材如图 2-2-63 所示。

chuf.jpg

ket.jpg

wos.jpg

wsj.jpg

图 2-2-63　全景图片素材

任务具体要求如下：

（1）素材（chu.jpg、ket.jpg、wos.jpg、wsj.jpg）。

（2）添加全景图到 Pano2VR。

（3）为场景添加图像、视频、背景音乐。

（4）添加热点实现恰当场景切换。

（5）添加一种皮肤。

任务评价

任务评价表见表 2-2-1。

表 2-2-1　任务评价表

项目	内容		评价		
	任务目标	评价项目	3	2	1
职业能力	掌握 VR 全景的制作方法	掌握全景制作软件			
		掌握 Pano2VR 的使用方法			
	能够完成室内全景制作	能够运用 Pano2VR 生成 VR 全景			
		掌握全景素材添加处理方法			
		掌握小行星等效果设置方法			
		掌握热点的添加设置方法			
		能够正确添加皮肤			
通用能力	信息检索能力				
	团结协作能力				
	组织能力				
	解决问题能力				
	自主学习能力				
	创新能力				
综合评价					

| 任务 3 | 全景图片合成 |

任务描述

制作实景全景图时，常常需要拍摄多张照片，然后将这些照片拼接到一起，形成一张完整的全景图。PTGui 通过简单操作便可完成对图像的拼接，创建高质量的全景照片。本任务主要学习 PTGui 全景拼接、Photoshop 全景补天补地的方法，任务效果如图 2-3-1 所示。

图 2-3-1　任务效果

相关知识

一、全景图片拍摄

想要制作一张完美全景图，仅有一个 PTGui 工具还是远远不够的，对于拼接所使用的照片素材也是有一定的要求的。一张全景图的好坏往往在取材的时候就已经决定了。PTGui 即使再强大，也不能把一个瑕疵明显的素材拼接到完美，所以在摄影取材的时候，也要做好充足的准备。

1. 拍摄器材

作为全景摄影中重要的一部分，全景摄影器材也十分重要，除了单反相机外，在全景摄影的过程中还需要准备鱼眼镜头、全景云台和三脚架 3 个设备，缺一不可。

（1）一个鱼眼镜头，要求是焦距为 10.5 mm 或更小的鱼眼镜头，如图 2-3-2 所示。

全景摄影一定要选择鱼眼镜头进行拍摄，其主要原因为了单张照片拍摄到较大的视角范围，从而以较少的照片拼接成一个 360° 全景图。全景摄影时，摄影师通常使用 8～15 mm 鱼眼镜头。使用 8 mm 鱼眼镜头，360° 全景摄影少则拍摄 4 张即可；使用 15 mm 鱼眼镜头，360° 全景摄影全幅机上至多拍摄 10 张。

拍摄张数可以根据自身情况进行调整，但每两张照片之间需要重叠至少 20%～25%，确保第一张照片有 1/4 出现在第二张照片里，这样利用后期的合成软件就能轻松地把多张照片拼成全景图片。

图 2-3-2　佳能 EF 8-15 mm f/4L USM F4 L 鱼眼单反相机镜头

简而言之：使用短焦距获得大视角，以较少的拍摄张数拼接全景图，减少拍摄工作量及后期拼接时间。鱼眼镜头之所以被认为是全景摄影的利器，是因为它视角广、拍摄高效，且画质也基本满足网络浏览的需求。

（2）全景摄影平台与普通三脚架平台不同，必须专门用于全景摄影。

云台是承载照相机等拍摄设备的一个装置，全景云台则是专门为拍摄全景而用的云台，它可以确保拍摄时相机节点始终处于同一位置，如图2-3-3所示。全景云台的关键作用就在于将镜头节点固定在了云台的旋转轴心上，并且既可以调节相机节点在一个纵轴线上转动，也可以让相机在水平面上进行水平转动拍摄，这样就可以保证在旋转相机拍摄的时候每张图像都是在一个节点上拍摄，从而确保全景图在拼接的过程中更加的完美。目前市面上比较流行的全景云台包括节点云台、球形云台和悬臂云台，三种全景云台各有各的优势，在全景摄影时，我们可以根据自身需求选择适合自己的全景云台。

（3）确保拍摄稳定性的三脚架需要笨重、稳定、短或可拆的手柄，而且大多数品牌都有合适的型号。

一般人们在使用数码相机拍照的时候往往忽视了三脚架的重要性，实际上照片拍摄往往都离不开三脚架的帮助，尤其是全景摄影，更是离不开三脚架的帮助。三脚架可以稳定住照相机，让全景摄影过程中拍摄出的照片更稳定。三脚架按照材质分类可以分为木质、高强塑料材质、合金材料、钢铁材料、火山石、碳纤维等多种。最常见的材质是铝合金，铝合金材质的脚架的优点是重量轻，坚固。最新式的脚架则使用碳纤维材质制造，它具有比铝合金更好的韧性及重量更轻等优点，现如今已经成为三脚架的主要材质，如图2-3-4所示。

图2-3-3　全景云台　　　　　　　　图2-3-4　三脚架

2. 相机设置

调整好相机的感光度、曝光补偿/AEB、焦段、光圈值，架设相机、三脚架，以佳能8～15mm鱼眼镜头为例，水平拍摄每隔60°拍3张，刻度分别为：0°、60°、120°、180°、240°、300°，每组全景图共拍摄18张图片。相机调试参考数值：ISO感光度：室内500，室外100；光圈：室内/外均是F8.0，曝光补偿/AEB：-2,0,+2；焦段：全画幅镜头为8mm，半画幅镜头为12mm。当然，此数值仅限参考，具体数值还要以实际拍摄情况为准。

二、初识PTGui

PTGui（Panorama Tools Graphical User Interface）是著名多功能全景制作工具Panorama Tools的一个用户界面软件。Panorama Tools是目前功能最为强大的全景制作工具之一，但是它需要用户编写脚本命令才能工作。而PTGui通过为全景制作工具（Panorama Tools）提供可视化界面来实现对图像的拼接，从而创造出高质量的全景图像。

PTGui 操作简单、应用广泛。通过鼠标的简单操作即可实现对图片的拼接，创建高质量的全景照片，图像拼接与混合，支持长焦、普通、广角及鱼眼镜头照片，创建普通、圆柱以及球形全景照片。

PTGui 广泛应用的全流程 GUI 前端程序，从原始照片的输入到全景照片的完成，主要包括：原照片的输入、参数设置、控制点的采集和优化、全景的粘贴、输出完成全景。相对其他全景接图软件来说，PTGui 可做很细致的操控，例如可手动定位、矫正变形等。使用 PTGui 可以直接在 Panorama Editor 中直观调整水平、垂直、中心点，非常方便。PTGui 几乎可以对付任何情况，在其他全景软件不能正确拼图的情况下，也可以给出非常完美的效果。

启动 PTGui 软件后，操作界面如图 2-3-5 所示。

使用 PTGui 制作全景图片，其工作流程非常简便：

（1）加载图像。

（2）对准图像。

（3）创建全景图。

三、全景图的不同形式

不同的行业和不同的需要都有不同的全景图片展示形式，了解全景图片的主要分类，可以让人们在运用全景图片的时候更加得心应手，以下是不同形式的几种全景图。

1. 柱形全景图

柱形全景图是最简单的全景摄影，可以环水平 360°观看四周的景色，但是如果用鼠标上下拖动时，上下的视野将受到限制，看不到天顶，也看不到地底。这是因为用普通相机拍摄照片的视角小于 180°。显然这种照片的真实感不理想，柱形全景图如图 2-3-6 所示。

图 2-3-5　PTGui 界面

图 2-3-6　柱形全景图

2. 球形全景图

球形全景图可以环水平 360°观看四周的景色，也能观看上下 180°的效果，在观察球形全景时，观察者位于球的中心，通过鼠标、键盘的操作，可以观察到任何一个角度，完全融入虚拟环境之中。目前市场主流的就是球形全景图片，因为其震撼的沉浸式体验深受人们的喜爱。PTGui 输出的全景图是球形全景图，球形全景图如图 2-3-7 所示。

3. 立方体全景

立方体全景是将全景图分成了前后左右上下六个面，浏览的时候将六个面结合成一个密闭空间来显示整个水平和竖直的 360° 全景，立方体水平十字全景如图 2-3-8 所示，立方体水平条形全景如图 2-3-9 所示。

图 2-3-7　球形全景　　　　　　　　　图 2-3-8　立方体水平十字全景

图 2-3-9　立方体水平条形全景

四、不同形式全景图转换

在完成全景图的补天、补地时，为了便于操作，常常需要将 PTGui 拼接的球形全景图转换为立方体全景图，再用 Photoshop 进行相应处理。

1. 球形全景转立方体全景

PTGui 将全景素材拼接并保存为球形全景后，可以将球形全景转换为立方体全景。

（1）选择"工具 | 转换到 QTVR/ 立方体"命令，如图 2-3-10 所示。

（2）在打开的"转换到 QTVR/ 立方体"窗口，添加需要转换的球形全景，转换到"立方体表面，6 个单独的文件"，单击"转换"按钮，如图 2-3-11 所示。

（3）稍等片刻，球形全景图被转换为立方体 6 个面图像（前、后、左、右、顶、底各一张），如图 2-3-12 所示。

（4）补天补地后的立方体全景 6 个单独文件无须转换，可以直接加载到 Pano2VR 中生成 VR 全景。

2. 立方体全景转球形全景

PTGui 早期版本只能将球形全景转为立方体全景，版本 11 之后增加了将立方体全景转为球形全景的功能。Pano2VR 可以实现各种全景图的转换，这里介绍 Pano2VR 立方体全景转球形全景的方法。

（1）将补天补地后的立方体全景 6 个单独文件一起拖动到 Pano2VR 导览浏览器。

（2）在输出窗口中，单击"+"按钮，选择"变换 / 转换 / 变形"选项，如图 2-3-13 所示。

（3）在类型下拉列表框中选择"矩形球面投影"，可将全景图输出为球形全景，如图 2-3-14 所示。

项目二　VR全景漫游

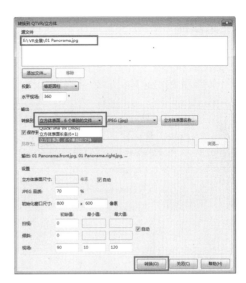

图 2-3-10　转换全景图　　　　　　　　　　　图 2-3-11　转换参数

图 2-3-12　全景图 6 个面图像

图 2-3-13　输出选择变换/转换/变形

图 2-3-14　设置输出类型

73

任务实施

一、加载图像

(1) 启动 PTGui 软件,软件界面如图 2-3-15 所示。

扫一扫
全景图片合成

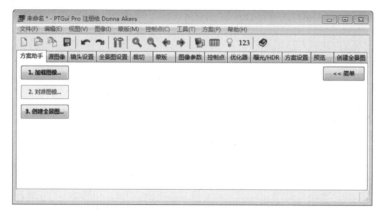

图 2-3-15　PTGui 界面

(2) 单击"加载图像"按钮,将案例素材文件夹中"01.jpg"~"34.jpg"共 34 张图片添加进来,相机/镜头参数设置为自动,如图 2-3-16 所示。

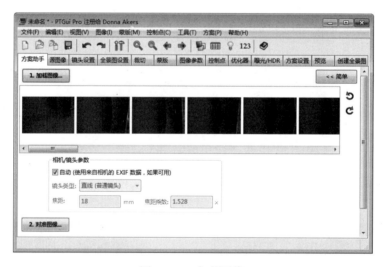

图 2-3-16　加载图像

二、对准图像

(1) 单击"对准图像"按钮,弹出一个进度条,如图 2-3-17 所示。

(2) 进度条加载完成后出现"全景图编辑器"窗口,可得到一张不包含地面的全景照片,再单击"显示图像编号"按钮可看到每张照片拼接的编号,如图 2-3-18 所示。

图 2-3-17　对准图像进度条

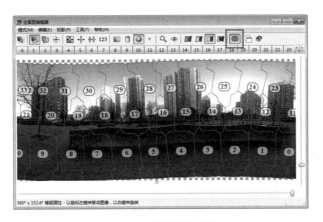

图 2-3-18 "全景图编辑器"窗口

(3)根据实际情况,单击"设置居中点"按钮,设置全景图中心。如果发现场景有些歪,可通过简单拖动调整为水平对齐,如图 2-3-19 所示。

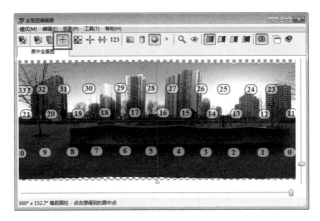

图 2-3-19 调整图像

(4)水平调整完成后,单击"拉直全景图"按钮,拉直全景图,如图 2-3-20 所示。

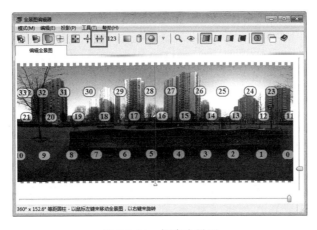

图 2-3-20 拉直全景图

（5）全景图编辑完成后，关闭"全景图编辑器"窗口。

三、创建全景图

（1）单击"创建全景图"按钮，进入"创建全景图"选项卡。

（2）选择全景图输出文件，单击"创建全景图"按钮，如图 2-3-21 所示。

（3）稍等片刻，全景图创建完成，全景图效果如图 2-3-22 所示。

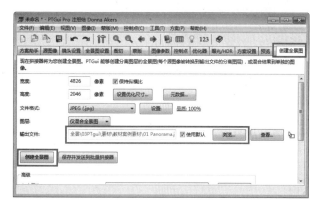

图 2-3-21　创建全景图

图 2-3-22　全景图效果

（4）不难发现，全景图上下两侧有黑边，是由于缺少天空和地面图像造成的。需借助 Photoshop 完成全景图补天、补地操作。为了便于操作，将全景图转换为立方体表面图像。

（5）选择"工具 | 转换到 QTVR/ 立方体"命令，如图 2-3-23 所示。

（6）在"转换到 QTVR/ 立方体"窗口中，添加上面保存的全景图"01 Panorama.jpg"，转换到"立方体表面，6 个单独的文件"，单击"转换"按钮，如图 2-3-24 所示。

图 2-3-23　转换全景图

图 2-3-24　转换参数

（7）稍等片刻，全景图被转换为 6 张图像（前、后、左、右、顶、底），如图 2-3-25 所示。

（8）地面（01 Panorama.bottom.jpg）、天空（01 Panorama.top.jpg）图像中间黑洞需要到 Photoshop 中完成补天、补地。

四、Photoshop 补地

1. 使用"地补丁"

（1）启动 Photoshop 软件，打开"01 Panorama. bottom.jpg"和"地补丁.jpg"，如图 2-3-26 所示。

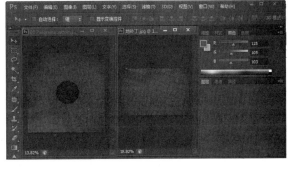

图 2-3-25　全景图转换文件　　　　　　　　　图 2-3-26　补地图像

（2）复制"地补丁"图像到"01 Panorama. bottom.jpg"。按【Ctrl+T】组合键适当旋转、缩放地补丁，使其与地面纹理相吻合，如图 2-3-27 所示。

（3）按【Enter】键确认变换。修改图层模式为变亮，如图 2-3-28 所示。

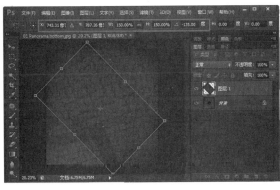
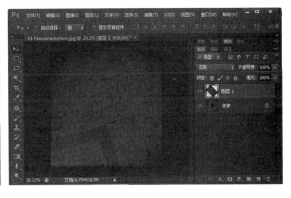

图 2-3-27　调整地补丁　　　　　　　　　　图 2-3-28　修改图层模式

2. 使用套索工具及"填充"命令

（1）复制背景图层，使用套索等工具，选择黑色区域，如图 2-3-29 所示。

（2）选择"编辑|填充"（【Shift+F5】）命令，打开"填充"对话框，填充内容选择"内容识别"，如 2-3-30 所示。

（3）单击"确定"按钮完成填充，效果如图 2-3-31 所示。

五、Photoshop 补天

(1)打开"01 Panorama.top.jpg"和"天补丁.jpg",如图 2-3-32 所示。

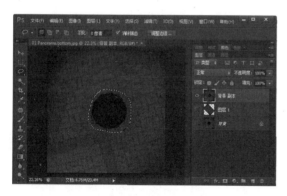

图 2-3-29　选择区域

图 2-3-30　填充内容识别

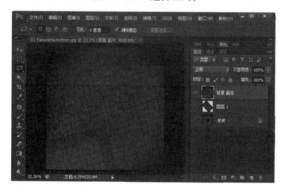

图 2-3-31　填充效果

图 2-3-32　补天素材

(2)不难发现,01 Panorama.top.jpg 图像中黑色区域缺少的图像只是天空中的树枝。先考虑使用内容识别填充。

(3)用套索工具选择黑色区域,按【Shift+F5】组合键打开填充窗口,填充内容使用内容识别,如 2-3-33 所示。

(4)单击"确定"按钮完成填充,黑色区域填充效果如图 2-3-34 所示。

图 2-3-33　填充内容识别

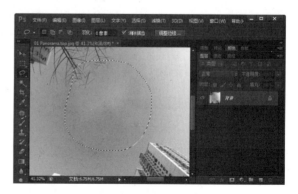

图 2-3-34　填充效果

（5）将"天补丁.jpg"图像复制进来，按【Ctrl+T】组合键旋转、缩放图像，效果如图 2-3-35 所示。按【Enter】键确认变换。

（6）用橡皮擦工具擦除不需要的图像，保留树梢部分，处理效果如图 2-3-36 所示。

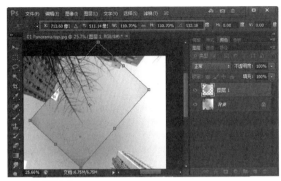

图 2-3-35　调整天补丁　　　　　　　　　图 2-3-36　补天效果

六、生成 VR 全景

（1）启动 Pano2VR 软件，将完成补天、补地的 6 张立方体六面图像一起拖动到导览浏览器，稍等片刻系统自动将 6 张图像合并为一张盒型全景图，如图 2-3-37 所示。

图 2-3-37　加载图像

（2）参照前面所述方法，输出全景图，在此不再赘述。

拓展任务

实践案例：手机拍摄全景图

案例设计：

当今社会，智能拍照手机几乎成为人们必备的装备。人人都知道智能手机有拍摄功能，或许不少人还没这样玩过——全景拍摄。请运用手机全景拍摄功能完成一个全景拍摄吧，任务效果参考图 2-3-38。

图 2-3-38　任务效果

任务评价

任务评价表见表 2-3-1。

表 2-3-1　任务评价表

项目	内容		评价		
	任务目标	评价项目	3	2	1
职业能力	掌握 VR 全景的制作方法	掌握全景制作软件			
		掌握 Pano2VR 的使用方法			
	能够完成室内全景制作	能够运用 Pano2VR 生成 VR 全景			
		掌握全景素材添加处理方法			
		掌握小行星等效果设置方法			
		掌握热点的添加设置方法			
		能够正确添加皮肤			
通用能力	信息检索能力				
	团结协作能力				
	组织能力				
	解决问题能力				
	自主学习能力				
	创新能力				
综合评价					

小结

本项目通过 3 个任务对 VR 全景制作过程中的相关技术及具体操作进行了全面介绍；详细介绍了 3ds Max 全景图片的渲染、Photoshop 全景图的后期处理；运用 Pano2VR 实现 VR 全景图的合成、输出、不同形式全景图的转换；全景图的拍摄器材、拍摄方法；PTGui 对全景素材的拼接、Photoshop 全景图补天补地方法等。通过项目任务学习，能够从全景素材的获取、制作到 VR 全景的生成实现有明确而清晰的认识，为进一步的 VR 全景项目开发打下坚实基础。

习题

一、选择题

1. 3ds Max 渲染全景图时摄像机的高度一般为（　　）。
   A. 200 mm　　　B. 600 mm　　　C. 1 000 mm　　　D. 2 000 mm
2. 拍摄全景图时照相机镜头应该选择（　　）。
   A. 人像镜头　　B. 微距镜头　　C. 鱼眼镜头　　D. 长焦镜头
3. 拍摄全景图用不到的器材是（　　）。
   A. 单反相机　　B. 全景云台　　C. 望远镜　　　D. 三脚架
4. Pano2VR 输入全景图时可以将素材拖动到（　　）。
   A. 输出窗口　　B. 导览浏览器　　C. 属性窗口　　D. 查看参数窗口
5. Pano2VR 可以添加的素材是（　　）。
   A. 视频　　　　B. 音频　　　　C. 图像　　　　D. 热点
6. Pano2VR 开启小行星效果时需要勾选以下（　　）。
   A. 飞入　　　　B. 自动旋转　　C. 动画　　　　D. 皮肤
7. PTGui 的全景拼接流程包括（　　）。
   A. 加载图像　　B. 对准图像　　C. 创建全景图　D. 补天补地
8. 全景图的形式包括以下（　　）。
   A. 柱形全景　　B. 球形全景　　C. 立方体全景　D. 椭圆全景

二、填空题

1. 从版本 11 开始，PTGui 增加的一项全景图转换功能为_____。
2. 全景图素材可以从两种途径获取，分别为_____、_____。
3. 现实场景中拍摄全景图用到的器材有_____、_____、_____、_____。
4. _____是一个全景图像转换应用软件。把全景图像转换成的 QuickTime 或者 Html5 格式文件，转换完毕就能直接在浏览器里欣赏全景图片。
5. Pano2VR 可以添加的热点包括_____和_____。
6. _____是著名多功能全景制作工具 Panorama Tools 的一个用户界面软件。
7. Pano2VR 将输入的立方体全景输出为球形全景时，输出类型应设置为_____。
8. PTGui 拼接后的全景图常常需要在 Photoshop 中完成_____、_____。

三、简答题

1. VR 全景制作用到了哪些软件？
2. 拍摄全景图需要用到哪些器材？
3. 3ds Max 渲染全景图摄像机需要进行哪些设置？
4. 简要说明 Photoshop 全景图补天、补地的实现方法。
5. 采用哪些方法可以实现不同形式全景图的转换？

项目三
Unity3D 交互基础

Unity3D 是一款专业 3D 游戏引擎，其具备跨平台发布、高效能优化、高性价比，AAA 级游戏画面渲染效果等特点。目前 Unity3D 应用范围广泛，从手机游戏到联网的大型游戏，从严肃游戏到电子商务，再到 VR 虚拟现实均可完美呈现。

学习目标
（1）学习 Unity3D 安装、汉化，软件基本操作。
（2）学习 C# 脚本创建、编辑与调试。
（3）学习能编写脚本实现场景对象的移动、旋转交互控制。
（4）学习材质的创建与运用。
（5）能够动态获取与设置场景材质。

任务 1　初识 Unity3D

任务描述

Unity3D 在虚拟现实 VR/AR 领域有着广泛的应用，Unity3D 基本运用是 VR/AR 开发的前提和基础。本任务主要学习 Unity3D 软件的安装、项目的创建、发布，软件的操作界面、对象操作、视图控制、场景视角控制、资源目录管理器等内容。

相关知识

一、安装软件

1. 安装

（1）运行素材文件夹中"UnitySetup64-2018.3.0f2.exe"，勾选"I accept the terms of the License Agreement"复选框，单击"Next"按钮，如图 3-1-1 所示。

（2）保持默认选项，单击"Next"按钮两次完成安装，如图 3-1-2 所示。

项目 三　Unity3D 交互基础

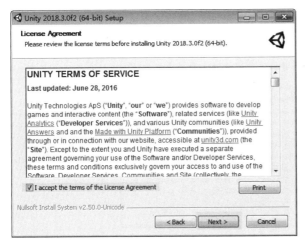

图 3-1-1　安装 Unity3D

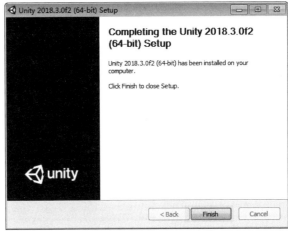

图 3-1-2　完成安装

2. 语言包设置

Unity3D 在 2018.2 版本以后增加了对中文语言的支持。将语言包"zh-cn.po"复制到"Editor\Data\Localization"目录，如图 3-1-3 所示。如果没有 Localization 目录，就先创建一个。

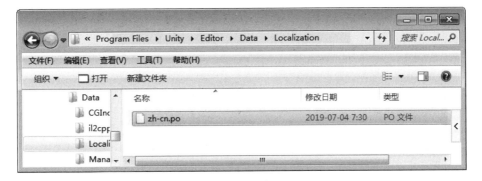

图 3-1-3　Unity3D 语言包设置

二、启动软件

（1）软件安装后，首次启动 Unity3D，显示如图 3-1-4 所示界面。

（2）如果没有账号、密码，单击"Work offline"按钮即可。如果已经申请了 Unity3D 账号、密码，输入到文本框，单击"Sign in"按钮，出现图 3-1-5 所示界面。

说明：

① 单击"New"按钮，新建 Unity3D 项目。

② 单击"Open"按钮，打开现有 Unity3D 项目。

③ 编辑、使用过的项目会在窗口中间以列表方式呈现。

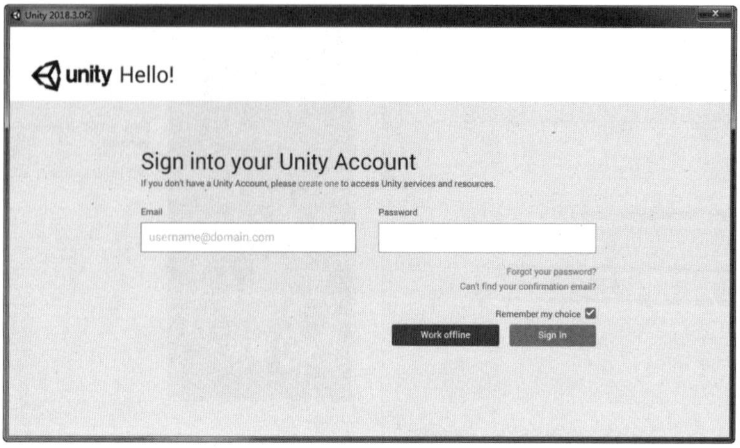

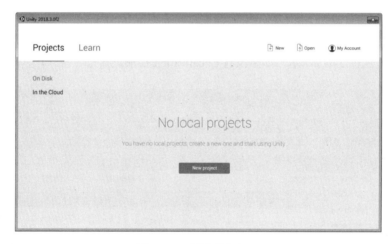

图 3-1-4　首次启动 Unity3D

图 3-1-5　项目列表窗口

（3）设置语言。

选择"编辑|首选项|Languages|编辑器语言"命令，选择"Chinese(Experimental)"设置语言为中文，如图 3-1-6 所示。选择"English"可将语言改回英文。

图 3-1-6　设置语言

三、创建项目

（1）启动 Unity3D，单击"New"按钮，进入项目创建界面，如图 3-1-7 所示。

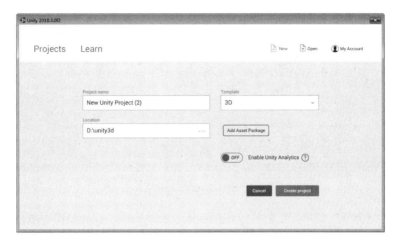

图 3-1-7　项目创建窗口

（2）在 Project name（项目名称）中输入项目名称，然后在 Location（项目路径）文本框选择项目保存路径。在 Template（项目模板）列表框选择项目模板，如图 3-1-8 所示。最后单击"Add Assets Package"按钮，选择需要加载的系统资源包，如图 3-1-9 所示。单击"Create project"（创建项目）按钮完成项目创建，进入 Unity3D 主界面。

图 3-1-8　项目模板

图 3-1-9　选择资源包

四、软件界面

在 Windows 等图形化操作系统上，熟练地使用菜单、图标、快捷键将会极大提升工作效率。因此，要认识一个软件，学会并熟练地使用，就必须先认识软件的界面。

选择"窗口 | 布局 |2X3"命令，将窗口设置成如图 3-1-10 所示的界面，以方便了解各个窗口。

图 3-1-10　Unity3D 主窗口

Unity3D 窗口可分为导航菜单、工具栏、场景视图、游戏视图、层级视图、项目视图、检查器视图几个部分。通过视图左上角的名称可以迅速地分辨这些视图。

（1）导航菜单。Unity3D 导航菜单如图 3-1-11 所示。

图 3-1-11　导航菜单

① 文件：包含场景的创建和保存、工程的创建和保存、程序的打包发布等功能。

② 编辑：包含复制、粘贴、删除、查找等基本编辑操作，还包含软件偏好设置等。

③ 资源：创建、导入、导出素材等功能，Unity3D 的外部插件通常会通过导入 unitypackage 的方式来完成。

④ 游戏对象：创建游戏对象以及一些对象属性的设置。

⑤ 组件：为游戏对象添加各种组件。组件可以理解为一个个的小功能，对于一个游戏对象，如果添加了某个组件，它就具备了某种属性或者功能。

⑥ 窗口：顾名思义，它是对界面的一些设置。

（2）工具栏。Unity3D 工具栏如图 3-1-12 所示，由以下几个基本控制区组成，每一个涉及不同部分的编辑。

图 3-1-12　工具栏

：Transform Tools，即变换工具，用于场景视图控制。

：Transform Gizmo Toggles，即变换线框开关，可影响场景视图显示。

：Play/Pause/Step Buttons，即播放 / 暂停 / 下一步按钮，可用于游戏视图。

：协作 /Cloud/Account Button，即协作 / 云 / 账户按钮，可访问 Unity 团队、云和账户。

：Layers Drop-down，即层下拉菜单，控制场景视图中选中对象的显示。

：Layout Drop-down，即布局下拉菜单，控制所有视图的排列。

（3）场景视图：场景视图是用来创建和操作对象的工作空间。任何游戏物体都存在于场景中。场景视图是为开发者提供便利而设置的，开发者可以从各个角度观看游戏对象设置是否达到预期。场景视图中有很多可以设置的选项，例如 2D-3D 显示切换、灯光开关等。

（4）游戏视图：游戏视图是最终程序运行时所显示的画面，也是直接为用户呈现的画面。在开发过程中，它显示的是位于最高层级的 camera 拍摄到的场景画面。

（5）层级视图：场景中的任何对象名称都会显示在这个区域，这里可以清楚地看出各个物体之间的联系，是分立关系还是父子关系（父物体可以影响子物体的运动），也可以方便人们索引到场景中的任何对象。

（6）项目视图：资源文件保存在这里。也可以直接拖动一些外部的资源（如图片等）到该区域中。这些资源文件都是保存在本地磁盘上的。

（7）检查器视图：当选中某个游戏对象时，检查器视图会显示它的组件，如转换（Transform）等。

除上述几个视图外，Unity3D 还有控制台、资源商店等常用窗口。单击"窗口"菜单，如图 3-1-13 所示，可以选择或按相应快捷键显示这些窗口。

（1）控制台：用来查看错误、警告、调试输出等各种信息，如图 3-1-14 所示。在编写 Unity3D 脚本时，常常通过 Console.Log、print 命令向控制台发送调试信息。

图 3-1-13 窗口菜单

图 3-1-14 控制台窗口

（2）资源商店：资源商店（Asset Store）存放了各种各样的免费和商用资源，如图 3-1-15 所示。从纹理、模型和动画到完整的工程实例、教程和编辑器一应俱全，通过 Unity 内置的简单界面访问和下载资源，并将其直接导入到工程。资源下载完成后，文件一般保存在"C:\Users\Administrator\AppData\Roaming\Unity\Asset Store-5.x"。

图 3-1-15 资源商店

五、基本操作

创建工程并建立场景后，就可以开始进行项目开发了。默认情况下，场景中已经有 Main-Camera 和 Directional Light 等对象。现在以一个立方体为例来学习旋转、平移、缩放等基本操作。

Unity3D基础

1. 创建对象：立方体

通过以下方法在场景中创建立方体对象，场景如图 3-1-16 所示。

（1）在主菜单栏选择"游戏对象|3D 对象|立方体"命令。

（2）在层级视图右键菜单中选择"3D 对象|立方体"命令。

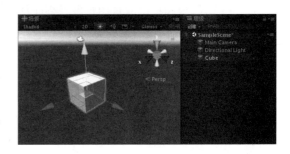

图 3-1-16　创建立方体对象

2. 变换工具

立方体变换操作，如图 3-1-17 所示。

手型平移

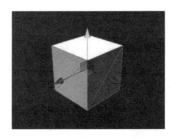
移动

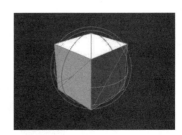
旋转

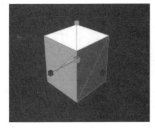
缩放

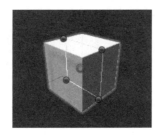
矩形工具

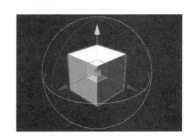
移动旋转或缩放

图 3-1-17　变换工具

（1）手型：整体平移场景视图，快捷键【Q】。

（2）移动：在三维坐标内任意平移选择的对象，快捷键【W】。按下【V】键，以鼠标最近顶点为轴心，吸附式对齐移动。

（3）旋转：绕三个轴向任意旋转对象，快捷键【E】。

（4）缩放：可以以任意轴向缩放对象，快捷键【R】。

（5）矩形工具：可以移动、重设大小、旋转 UI 元素，快捷键【T】。

（6）移动旋转或缩放：可以移动、旋转或者缩放对象，快捷键【Y】。

（7）轴心：使用选择的每个对象的实际轴心，旋转两个对象，效果如图 3-1-18 所示。

（8）中心：使用选择的对象共同的中心，旋转两个对象，效果如图 3-1-19 所示。

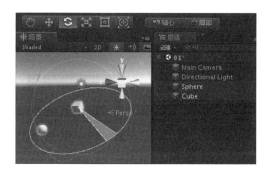
图 3-1-18　旋转轴心

图 3-1-19　旋转中心

3. 对象检查器

选择立方体，检查器视图显示立方体对象的组件，如图 3-1-20 所示。转换组件是所有物体（即使是空物体）都绑定的组件，这个组件有三个属性：位置、旋转、缩放，它们分别用于控制物体的平移、旋转和缩放三种变化。通过单击 按钮，在弹出的菜单中选择"重置"命令，可将对象恢复到初始状态。

图 3-1-20　对象检查器

（1）添加组件。单击"添加组件 | 效果 | 光晕"，为选择对象添加光晕组件，如图 3-1-21 所示。

图 3-1-21　添加光晕组件

（2）移除组件。在组件右键快捷菜单中选择"移除组件"命令，可以移除该组件。

（3）复制组件。在组件右键快捷菜单中选择"复制组件"命令，切换到其他对象检查器后，右键快捷菜单中选择"粘贴为新组件"命令，可将组件复制到该对象。

4. 添加刚体组件

除了检查器视图，通过菜单命令也能够为游戏物体添加组件。例如要为立方体添加"刚体"组件，选中立方体对象，选择"组件→物理→刚体"命令，为立方体对象添加"刚体"组件，如图 3-1-22 所示。

图 3-1-22　添加刚体组件

单击播放按钮▶进行测试，发现 Cube 会做自由落体运动，与地面发生碰撞，最后停在地面，如图 3-1-23 所示。

图 3-1-23　测试刚体组件

5. 对象管理

（1）重命名：在层级视图选择对象，再次单击或者按【F2】键可以重命名对象。在检查器视图也可以重命名对象。

（2）删除：选择对象按【Delete】键删除。

（3）对象层级关系：建立父子关系。在层级视图，拖动对象 A 到对象 B，将会看到一个三角显示在新的父对象（对象 B）的左边，如图 3-1-24 所示。现在就可以展开或折叠父对象了。

图 3-1-24　建立对象层级关系

六、视图控制

（1）缩放视图：滚动鼠标中键能够实现视图缩放。

（2）切换视图：在场景视图，右击（单击）坐标轴，可选择并切换到相应视图。

（3）平移视图：拖动鼠标中键或者选择手型工具，单击拖动鼠标可平移场景视图。

（4）旋转视图（坐标轴为中心）：拖动鼠标右键以坐标轴为中心旋转场景视图，如图 3-1-25 所示。

（5）旋转视图（视图中心为中心）：按下【Alt】键，拖动鼠标左键以视图中心为中心旋转场景视图，如图 3-1-26 所示。

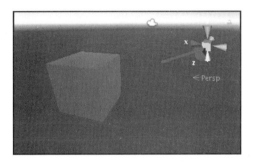
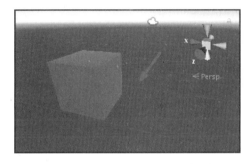

图 3-1-25　以坐标轴为中心旋转视图　　　　图 3-1-26　以视图中心为中心旋转视图

（6）Persp 模式：相当于是透视视野。在 Persp 模式下，物体在场景视图所呈现的画面给人的感觉是距离摄像头越近的物体显示得越大，距离摄像头越远的物体显示得越小，如图 3-1-27 所示。

（7）ISO 模式：相当于平行视野。在 ISO 模式下，无论物体距离摄像头远近给人的感觉都是一样大的，如图 3-1-28 所示。

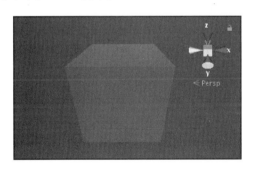
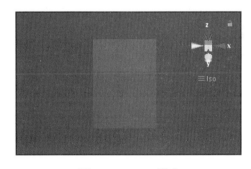

图 3-1-27　Persp 模式　　　　　　　　　　图 3-1-28　ISO 模式

（8）选定对象居中显示：选择对象后，鼠标处于场景视图时按【F】键，可实现选择对象的视图居中显示，如图 3-1-29（b）所示。

（9）移到视图中心：选择对象后，选择"游戏对象|移到视图中心"命令（快捷键【Ctrl+Alt+F】），所选对象移动到场景视图中心位置，如图 3-1-29（c）所示。

（10）根据场景视角调整游戏视图：选中场景中摄像机，然后选择"游戏对象|对齐视图中心"命令（快捷键【Ctrl+Shift+F】），使摄像机视角和当前场景视角一致，从而控制游戏视图显示，如图 3-1-30 所示。

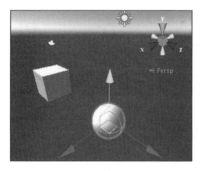 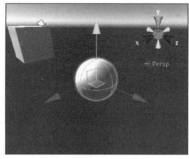 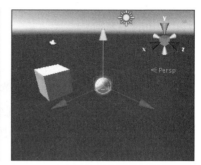

（a）场景对象　　　　　　　　（b）对象居中显示　　　　　　　（c）移到视图中心

图 3-1-29　居中显示与移到视图中心

七、资源管理

项目开发前，首先需要制定策划案，然后准备项目资源，在一个 Unity3D 项目中，通常会有大量的模型、材质以及其他游戏资源，所以需要将游戏资源归类到不同文件夹做分类管理。资源管理最直观的体现在于对文件的归类与命名。在 Unity3D 中，所有项目相关文件都被放置在 Assets 文件夹下，常见文件夹见表 3-1-1。

要创建一个文件夹，可以选择"资源|创建|文件夹"命令，如图 3-1-31 所示。或者直接在项目视图中右击 Assets，在弹出的快捷菜单中选择"创建|文件夹"命令。

图 3-1-30　对齐到视图中心

表 3-1-1　资源文件夹

文件夹	内容
Models	模型文件，其中包括自动生成的材质球文件
Prefabs	预制体文件
Scenes	场景文件
Scripts	脚本代码文件
Sounds	音效文件
Textures	贴图文件

直接在项目视图中 Assets 目录上右击，在弹出的快捷菜单中选择"在资源管理器中显示"命令，如图 3-1-32 所示。这样可以直接将文件复制到游戏项目所在的文件夹中。

项目 三 Unity3D 交互基础

图 3-1-31 创建文件夹

图 3-1-32 在资源管理器中显示

八、游戏发布

游戏场景制作完成后，按【Ctrl+S】组合键保存并命名场景，把场景放在自己创建的 Scenes 文件夹下，如图 3-1-33 所示。

选择"文件|编译设置"命令，打开编译设置窗口，如图 3-1-34 所示。单击"添加已打开场景"按钮，加载当前场景到编译场景列表。平台列表显示所有项目编译发布平台，如果想发布到"PC,MAC&Linux Standalone"之外其他平台，需要相应环境配置和搭建过程。

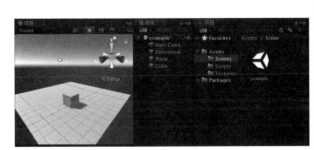

图 3-1-33 保存场景文件

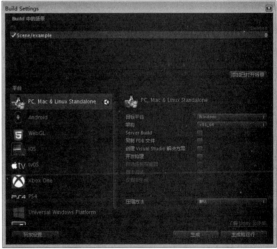

图 3-1-34 编译设置窗口

1. 发布到 PC 端

选中"PC,MAC&Linux Standalone"，单击"生成"按钮，在弹出窗口中选择目标文件夹，稍等片刻编译完成，编译后的文件夹如图 3-1-35 所示。

2. 发布到 Android

要将项目发布到 Android，必须正确安装 Android 加载模块和 Android SDK。选中"Android"，如果显示"无 Android 模块加载"，如图 3-1-36 所示，表明 Android 加载模块没有被正确安装，请先完成 Android 安装配置，然后再发布项目。

图 3-1-35　项目编译文件夹　　　　　　图 3-1-36　没有安装 Android 加载模块

（1）安装 Android 加载模块。单击"打开下载页面"按钮，从互联网下载 Android 加载模块文件"UnitySetup-Android-Support-for-Editor-2018.3.0f2.exe"，运行安装后如图 3-1-37 所示。

（2）安装 JDK。解压素材文件夹中"jdk-8u171-windows-i586.rar"，运行 jdk-8u171-windows-i586.exe，根据提示安装 JDK。

（3）安装 Android SDK。打开素材文件夹中"android-sdk_r24.4.1-windows.zip"解压到"D:\Program Files\android-sdk_r24.4.1-windows"，如图 3-1-38 所示。

图 3-1-37　已安装 Android 加载模块　　　　图 3-1-38　Android SDK 文件

运行 SDK Manager.exe，选择并安装以下组件，如图 3-1-39 所示。

项目 三　Unity3D 交互基础

图 3-1-39　安装 Android SDK

（4）配置 Android 环境。选择"编辑 | 首选项"命令，选择"外部工具"，浏览 SDK 目录，选择"android-sdk_r24.4.1-windows"的解压目录，勾选"USE embedded JDK"复选框，如图 3-1-40 所示。

图 3-1-40　配置 Android 环境

切换到 Android 平台后，右边出现"生成"按钮，如图 3-1-41 所示。

图 3-1-41　设置 Android 选项

（5）发布 Android。单击编译设置窗口"玩家设置"按钮，在 Unity3D 检查器视图中显示了玩家设置可配置项，这里需要填入的有"公司名称"（可自定义）、"产品名称"。

在"其他设置"下有一个"包名"，包名格式为 com.AA.BB（AA: 公司名称；BB：产品名称），如图 3-1-42 所示。注意"公司名称""产品名称"一定要修改。

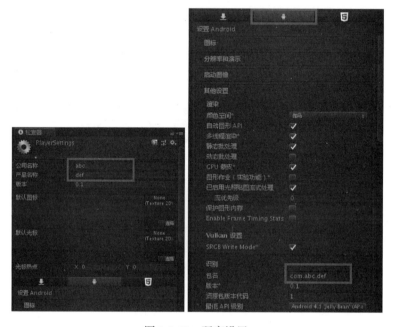

图 3-1-42　玩家设置

在编译设置窗口单击"生成"按钮，将项目打包为 Android APK 格式文件，如图 3-1-43 所示。如果该按钮显示为"切换平台"，单击按钮后稍等片刻则显示为"生成"按钮。

3. 发布到 Web

要将项目发布到 Web，可以选择"WebGL"，安装组件后，如图 3-1-44 所示，单击"生成"按钮，编译完成后可以支持 Web 端运行。

图 3-1-43　生成 APK 文件

图 3-1-44　发布到 Web

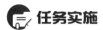 **任务实施**

一、新建项目

（1）启动 Unity3D，单击"New"按钮，进入项目创建界面。

（2）在"Project name"（项目名称）中输入项目名称：myfirst，如图 3-1-45 所示。

扫一扫

入门案例

图 3-1-45　创建项目

（3）单击"Create project"按钮完成项目创建，进入 Unity3D 主界面。

（4）在项目视图单击"Scenes"，将场景"rollball"重命名为"rollball"，如图 3-1-46 所示。

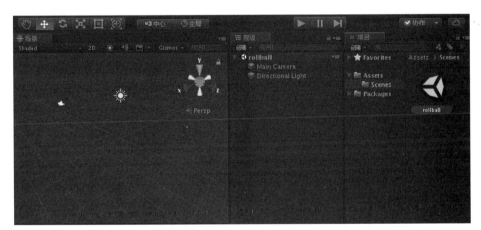

图 3-1-46　重命名场景

二、布置场景

（1）在层级视图右击，在弹出的快捷菜单中选择"3D 对象 | 平面"命令，创建一个平面对象，如图 3-1-47 所示。

（2）创建一个立方体对象，适当缩放、旋转立方体，使其成为一个斜面。

（3）创建一个球体对象，使其在立方体的上方，位置如图 3-1-48 所示。

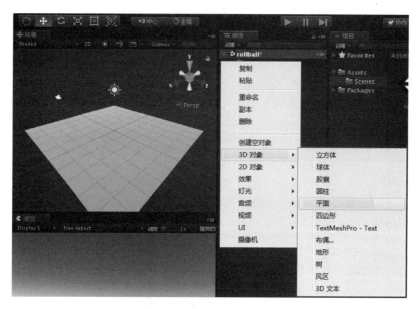

图 3-1-47　创建平面对象

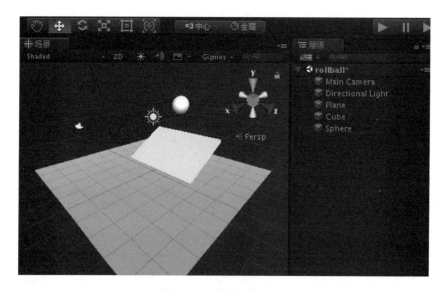

图 3-1-48　场景对象位置

（4）选中球体对象，选择"组件→物理→刚体"命令，为球体对象添加"刚体"组件，如图 3-1-49 所示。

（5）按【Ctrl+P】组合键运行游戏，观察球体下落后的滚动效果。

（6）按【Ctrl+S】组合键保存场景。

三、游戏发布

（1）选择"文件|编译设置"命令，打开编译设置窗口。单击"添加已打开场景"按钮加载当前场景到编译场景列表，如图 3-1-50 所示。

项目 三　Unity3D 交互基础

图 3-1-49　添加刚体组件

图 3-1-50　编译设置

（2）单击"生成"按钮，在弹出的窗口中选择目标文件夹，稍等片刻编译完成，编译后的文件夹如图 3-1-51 所示。

名称	修改日期	类型	大小
MonoBleedingEdge	2022-02-2...	文件夹	
myfirst_Data	2022-02-2...	文件夹	
myfirst.exe	2018-12-1...	应用程序	636 KB
UnityCrashHandler64.exe	2018-12-1...	应用程序	1,424 KB
UnityPlayer.dll	2018-12-1...	应用程序扩展	22,337 KB
WinPixEventRuntime.dll	2018-12-1...	应用程序扩展	42 KB

图 3-1-51　编译文件夹

（3）双击运行"myfirst.exe"文件，查看运行效果。

拓展任务

实践案例：制作休闲桌凳

案例设计：

基本几何体主要是指立方体、球体、胶囊体、圆柱体、平面等。在 Unity3D 中，可以通过菜单命令创建基本几何体。请适当运用这些对象完成场景搭建，参考效果如图 3-1-52 所示。

参考步骤：

步骤1 启动 Unity3D 软件，新建项目。

步骤2 选择"游戏对象|3D 对象|平面"命令，创建平面对象，重命名为"地面"，如图 3-1-53 所示。

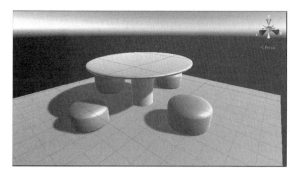 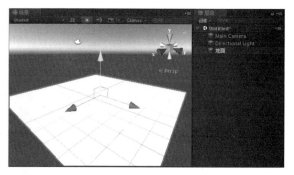

图 3-1-52　任务效果　　　　　　　　图 3-1-53　创建"地面"对象

步骤3 选择"游戏对象|3D 对象|圆柱"命令，创建圆柱对象，重命名为"桌腿"。

步骤4 选择"游戏对象|3D 对象|胶囊"命令，创建胶囊对象，重命名为"桌面"。使用缩放工具调整桌面对象，移动到桌腿上面，如图 3-1-54 所示。

步骤5 选择"游戏对象|创建空对象"命令，创建一个空对象，重命名为"桌子"。

步骤6 在层级视图，拖动"桌面""桌腿"到"桌子"，使其成为桌子的子对象，如图 3-1-55 所示。

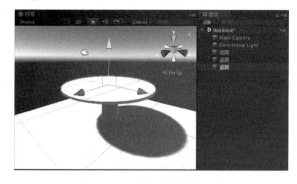 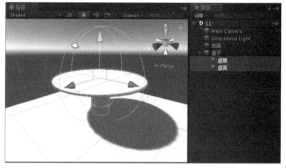

图 3-1-54　创建"桌面"对象　　　　　图 3-1-55　创建"桌子"对象

步骤7 创建胶囊对象，重命名为"凳子1"，使用缩放工具调整大小。选择"凳子1"复制粘贴，生成其他3个凳子，即凳子2、凳子3、凳子4，调整凳子位置后，如图 3-1-56 所示。

项目 三 Unity3D 交互基础

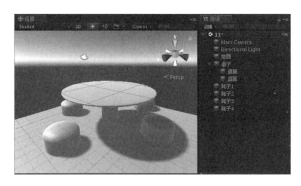

图 3-1-56 场景对象效果

任务评价

任务评价表见表 3-1-2。

表 3-1-2 任务评价表

项 目	内 容		评 价		
	任 务 目 标	评 价 项 目	3	2	1
职业能力	掌握 Unity3D 安装设置	能够完成 Unity3D 安装			
		能够完成 Unity3D 项目创建			
	掌握 Unity3D 基本操作	掌握 Unity3D 界面布局调整方法			
		能够创建调整场景对象			
		掌握视图控制方法			
		能够完成游戏项目的编译发布			
通用能力	信息检索能力				
	团结协作能力				
	组织能力				
	解决问题能力				
	自主学习能力				
	创新能力				
综 合 评 价					

任务 2　Unity3D 移动交互

任务描述

Unity3D 实现各种常见功能都要用到脚本，场景对象的控制也离不开脚本。本任务主要学习 Unity3D 脚本的编写、调试与使用的一般方法，通过 C# 脚本实现场景对象的移动控制，包括移动到指定目标点、控制物体移动、控制物体自动旋转、拖动鼠标旋转物体,其中移动到指定目标点任务效果如图 3-2-1 所示。

图 3-2-1　任务效果

相关知识

一、脚本入门

在 Unity3D 中,游戏对象(GameObject)的行为是由附加其上的脚本来控制的,游戏开发人员通过编写脚本来控制游戏中的全部对象,如移动 cube 等。GameObject 能够被附加不同类型的组件,脚本也是一种组件。

选择 Assets,在右键快捷菜单中选择"创建|文件夹"命令,建立 scripts 文件夹。在 scripts 文件夹中建立 C# 脚本,默认建立一个名为"NewBehaviourScript.cs"的脚本文件,如图 3-2-2 所示。

图 3-2-2　创建脚本文件

使用任意一款文本编辑软件均可打开编辑脚本文件,选择"编辑|首选项"命令,选择"外部工具",在"外部脚本编辑器"设置 Unity3D 脚本编辑器,如图 3-2-3 所示。Visual Studio Code(VS Code)是一个轻量级的源代码编辑器,可用于查看、编辑、运行和调试应用程序的源代码。默认情况下,Visual Studio Code 编辑 Unity C# 脚本没有代码自动提示功能,除非安装 C# for Visual Studio Code、Debugger for Unity 等插件。

图 3-2-3　设置脚本编辑器

在 Unity3D 中,默认 NewBehaviourScript.cs 脚本代码如下:

```
using System.Collections;
using System.Collections.Generic;
using UnityEngine;

public class NewBehaviourScript : MonoBehaviour {
    // Start is called before the first frame update
    void Start() {

    }

    // Update is called once per frame
    void Update() {

    }
}
```

MonoBehaviour 是全部脚本的基类，Unity 中的脚本都是继承自 MonoBehaviour。Unity 会自动为每个新建的 C# 脚本生成 Start() 和 Update() 两个方法，此外还有 Awake、FixUpdate、LateUpdate、OnGUI、Reset、OnDisable、OnDestroy 等方法。

（1）Start：在第一帧，也就是游戏刚开始时调用，一般用于游戏对象的初始化。

（2）Update：每帧调用，一般用于更新场景和状态，物理状态相关不建议在此处处理。

（3）Awake：脚本实例对象被创建时调用，也可以用于游戏对象的初始化，但是 Awake 是在所有脚本的 Start 之前执行。

（4）FixedUpdate：固定间隔执行，一般用于物理状态更新。

（5）LateUpdate：每帧执行，在 Update 之后。一般和摄像机有关的状态放在这里处理。

（6）OnGUI：在渲染和处理 GUI 事件时调用。例如，画一个 button 或 label 时常常用到它。这意味着 OnGUI 也是每帧执行一次。

（7）Reset：在用户单击检查器面板的 Reset 按钮或者首次添加组件时被调用。此函数只在编辑模式下被调用。Reset 最常用于在检查器面板中给定一个默认值。

（8）OnDisable：当物体被销毁时 OnDisable 将被调用，并且可用于任意代码清理。脚本被卸载时，OnDisable 将被调用，OnEnable 在脚本载入后调用。

（9）OnDestroy：MonoBehaviour 将被销毁时，这个函数被调用。OnDestroy 只会在预先已经被激活的游戏物体上被调用。

以上脚本自带函数的执行顺序为：Awake → OnEnable → Start → FixUpdate → LateUpdate → OnGUI → OnDisable → OnDestroy。

二、变量

变量主要用于在计算机的内存中存储数据，如运动速度、经验值、分数等。使用变量前，要先声明、后赋值、再使用。

1. 声明变量

```
数据类型   变量名;
String stra;
```

2. 赋值变量

```
变量名 = 值；
stra="Hello Unity3D!";
string stra="Hello Unity3D!";
```

3. 使用变量

```
Unity3D使用控制台调试输出：Debug.Log(stra);
```

输出结果如图 3-2-4 所示。

4. 变量命名规则

（1）必须以字母、_ 或 @ 符号开头，不能以数字开头。后面可以跟任何数字、字母、下画线。

（2）在 C# 中，大小写敏感。

（3）同一个变量名不允许重复定义。

5. 公有变量

在 Unity3D 中将成员变量设为公有的时候，当把它附加到游戏对象后，能够在游戏对象的检查器视图中脚本组件那栏里面看到该"公有变量"，如图 3-2-5 所示。在脚本编辑器中直接对该公有变量进行赋值，在面板中也能够看到它的值。

```
public int a=100;
```

图 3-2-4　控制台调试

图 3-2-5　公有变量

三、基本数据类型

（1）int：整数类型

```
int a=100;
```

（2）float：单精度小数类型，能存储整数和小数，当值为小数时，后面必须加上 f。范围：小数点后 7 位。

```
float a=100;
float b=5.8f;
```

（3）double：双精度小数类型，能存储整数和小数。范围：小数点后 15~16 位。

（4）bool：用来描述对错，bool 类型的值只有两个：true、false。

```
bool flag=true;
bool flag=false;
```

（5）string：字符串类型，储存文本和空，字符串类型的值需要用双引号引起来。

```
string name="";                              // 空字符串.
string name="bird";
```

（6）char：字符类型，用来存储单个字符，不能存储空，字符类型的值需要用单引号引起来。

```
char ch_1='A';
char ch_2='国';
char ch_3='4';
```

四、GameObject 与 gameObject

（1）GameObject：是一个类型，所有的游戏物体都是这个类型的对象。

（2）gameObject：是一个对象，和 Java 里面的 this 一样，是指脚本所附着的游戏组件。

```
public class test : MonoBehaviour
{
    GameObject mycube;                       // 定义 GameObject 类型的指针
    void Start(){
        // 通过 gameObject 获取 Text 组件
        Text lal=gameObject.GetComponent<Text> ();
        // 打印获取组件中 text 的属性
        Debug.Log ( "Text" + lal.text);
    }
}
```

需要注意的是，Text lal =gameObject.GetComponent<Text> () 中不使用 GameObject，直接通过 GetComponent<Text> () 也可。

五、Transform 与 transform

（1）Transform 是一个类，用来描述物体的位置、大小、旋转等信息。

（2）transform 是 Transform 类的对象，依附于每一个物体。也是当前游戏对象的一个组件（每个对象都会有这个组件）。

六、transform 与 gameObject

（1）二者的含义

① transform：当前游戏对象的 transform 组件。

② gameObject：当前游戏对象的实例。

（2）两者的联系和区别

① 在 Unity3D 中每个游戏对象都是一个 gameObject。脚本中的 gameObject 代表着脚本所依附的对象。每个 gameObject 都包含各种各样的组件，但从这点可以看出 transform 是 gameObject 的一个组件，控制着 gameObject 的位置、缩放和旋转，而且每个 gameObject 都有而且必有一个 transform 组件。

② transform.find 用来获取场景中需要查找的对象（object）。而 gameObject.find 方法则是获取当前对象的子对象下需要获取的目标对象位置信息。

注意：在 update () 中尽量不使用 find () 方法，会影响性能。

（3）gameObject.transform 与 transform.gameObject

① gameObject.transform，是获取当前游戏对象的 transform 组件。

所以在 start 函数中 gameObject.transform 和 this.transform 指向的是同一个对象。即：gameObject.transform == this.transform == transform。

② transform.gameObject：获取当前 transform 组件所在的 gameObject。

所以在 start 函数中，transform.gameObject == this.gameObject == gameObject。

```
public class test : MonoBehaviour
{
    private GameObject obje;            // 定义 GameObject 类型的指针
    private Transform trans;            // 定义 Transform 类型的指针

    void Start(){
        Debug.Log("gameObject.name:" + gameObject.name);
        Debug.Log("gameObject.transform.gameObject.name:" + gameObject.transform.gameObject.name);
        Debug.Log("ThisGame.name:" + this.gameObject.name);
    }
}
```

控制台输出如图 3-2-6 所示。

七、Unity3D 导入 3ds Max 模型

Unity3D 是一款能够轻松创建诸如三维视频游戏、建筑可视化、实时三维动画等类型互动内容的综合型游戏开发创作工具，场景对象常常需要用 3ds Max、Maya 等三维软件制作。Unity3D 不能直接导入 3ds Max 模型，需要 3ds Max 将模型导出为 .fbx 格式文件，然后再导入。

1. 准备 3ds Max 模型

（1）在 3ds Max 中建立茶壶对象，指定漫反射贴图，如图 3-2-7 所示。

图 3-2-6 调试结果

图 3-2-7 设置材质贴图

（2）建立"textures"贴图文件夹，将模型贴图放入文件夹中，如图 3-2-8 所示。

（3）保存 3ds Max 文件，目录结构如图 3-2-9 所示。

项目 三 Unity3D 交互基础

图 3-2-8 建立贴图文件夹　　　　　　　　　图 3-2-9 文件目录结构

2. 导出文件

（1）选择"文件 | 导出 | 导出"命令，保存类型选择 Autodesk（*.FBX），如图 3-2-10 所示。

图 3-2-10 导出 FBX 格式文件

（2）在"FBX 导出"对话框，勾选"嵌入的媒体"复选框，如图 3-2-11 所示。

3. Unity3D 使用 FBX 文件

（1）打开 Unity3D，在项目窗口 Scenes 上右击，在弹出的快捷菜单中选择"在资源管理器中显示"命令，将 teaport.FBX、textures 文件夹复制到 Unity3D 项目文件夹中，如图 3-2-12 所示。

图 3-2-11 设置导出选项　　　　　　　　　图 3-2-12 复制文件到 Unity3D 文件夹

（2）单击 Assets，即可看到带有材质贴图的对象，如图 3-2-13 所示。

4. Unity3D 使用 3ds Max 动画模型

（1）在 3ds Max 中，右击播放动画按钮，设置动画的长度，结束时间为 25，如图 3-2-14 所示。

（2）单击"自动关键点"按钮，在 13 帧处缩放茶壶，建立关键帧，为茶壶对象创建关键帧动画，如图 3-2-15 所示。

图 3-2-13　模型贴图效果

图 3-2-14　设置动画时间

图 3-2-15　设置关键点

（3）导出带动画的模型时，在"FBX 导出"对话框中勾选"动画"复选框，如图 3-2-16 所示。

（4）导入 Unity3D 之后，模型就有了一个动画，单击"Take 001"下方播放按钮预览动画，如图 3-2-17 所示。

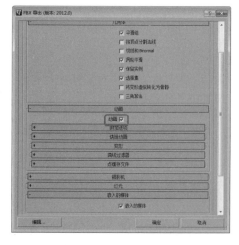

图 3-2-16　设置导出选项

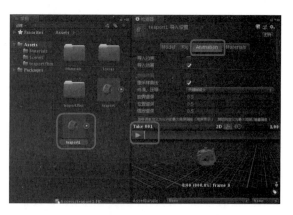

图 3-2-17　预览模型动画

（5）编辑动画。调节 Take 001 起始、结束位置，可以编辑动画，如图 3-2-18 所示。

5. 3ds Max 与 Unity3D 中的单位

Unity3D 默认单位为米，3ds Max 中单位同样设为米，如图 3-2-19 所示。导入到 Unity3D 后，适当调整"缩放系数"，模型大小才能差不多，如图 3-2-20 所示。

图 3-2-18 编辑动画

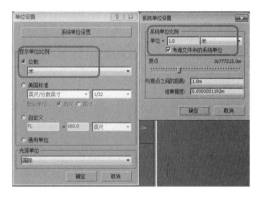

图 3-2-19 单位设置

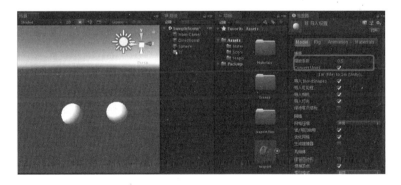

图 3-2-20 调整缩放系数

任务实施

一、移动到指定目标点

案例设计 A

游戏运行时，物体自动移动到指定位置，场景效果如图 3-2-21 所示。

扫一扫

物体移动到指定位置

 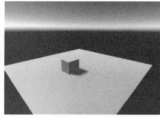 

图 3-2-21　场景对象移动效果

设计实现

1. 新建项目

（1）启动 Unity3D，单击"New"按钮，进入项目创建界面，输入 Project name（项目名称）：move，单击"Create project"（创建项目）按钮创建项目。

（2）进入 Unity3D，修改场景名称为"move_auto"，如图 3-2-22 所示。

2. 创建对象

首先，在 Unity3D 场景中创建一个立方体和平面对象，如图 3-2-23 所示。

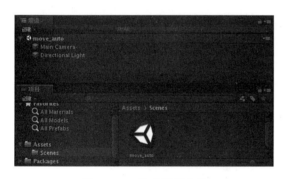 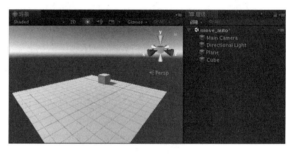

图 3-2-22　修改场景名称　　　　　　　图 3-2-23　创建场景对象

3. 建立脚本

（1）在项目视图右击"Assets"，选择"创建 |C# 脚本"命令，如图 3-2-24 所示。创建一个 C# 脚本文件，重命名为 move。

（2）打开"move.cs"。根据个人爱好，选择记事本、Code 等编辑器打开"move.cs"。

图 3-2-24　创建脚本文件

（3）编写 move.cs 脚本代码。

```
using System.Collections;
using System.Collections.Generic;
using UnityEngine;

public class move : MonoBehaviour
{
    // Start is called before the first frame update
```

```
    void Start()
    {

    }

    // Update is called once per frame
    void Update()
    {

    }
}
```

说明：

C# 脚本建立后，默认创建了一个和文件名相同的类 move，还有两个默认方法：Start（）和 Update（）。Start（）表示初始方法，仅在游戏初始化时加载一次，Update（）表示持续性执行的方法，会按照 FPS 的频率来执行其中的代码。

（4）添加控制对象移动代码。

```
using System.Collections;
using System.Collections.Generic;
using UnityEngine;

public class move : MonoBehaviour
{
    // Start is called before the first frame update
    void Start()
    {
        }
    // Update is called once per frame
    //speed:移动速度
    float speed=1f;
    void Update()
    {
        float step=speed * Time.deltaTime;
        gameObject.transform.localPosition=Vector3.MoveTowards (gameObject.transform.localPosition, new Vector3(80f, -2.5f, -1.5f), step);
    }
}
```

说明：

Time.deltaTime：一般会在设置速度的时候看到这个函数。Time.deltaTime 是每秒物体移动的速度。注意，不是每帧物体移动的速度，如果是每帧的话，就会跑得太快。

4. 附加脚本

选择"cube"，将写好的脚本 move.cs 拖动到 cube 检查器视图或者 cube 对象，附加脚本到立方体，如图 3-2-25 所示。

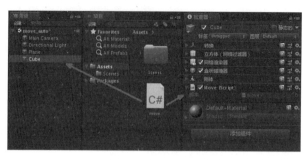

图 3-2-25 附加脚本文件

5. 运行游戏

按播放按钮运行游戏后,立方体平滑移动到指定位置。更改 speed 大小,再次运行游戏,观察物体移动速度变化。

创建球体对象,调整位置使其远离立方体对象。运行游戏时,立方体自动向球体移动,该如何实现呢?

案例设计 B

游戏运行时,立方体自动向球体移动,场景效果如图 3-2-26 所示。

扫一扫

物体移动到指定对象

 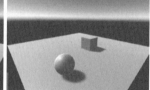 

图 3-2-26 移向指定对象

设计实现

1. 新建场景

(1)选择"文件 | 新建场景"(或按【Ctrl+N】组合键)命令,创建新场景。

(2)保存场景,场景名称为"move_target",如图 3-2-27 所示。

2. 创建对象

首先,在 Unity3D 场景中创建一个立方体、球体和平面对象,如图 3-2-28 所示。

图 3-2-27 保存场景文件

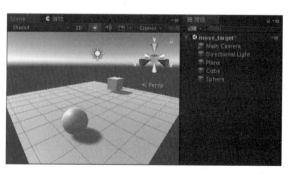

图 3-2-28 创建场景对象

项目 三　Unity3D 交互基础

3. 建立脚本

（1）创建一个 C# 脚本文件，重命名为 move_target，如图 3-2-29 所示。

（2）打开"move_target.cs"，添加运动控制代码。

图 3-2-29　创建脚本文件

```
using System.Collections;
using System.Collections.Generic;
using UnityEngine;

public class move_target : MonoBehaviour
{
    Transform target;
    // Start is called before the first frame update
    void Start()
    {
        target=GameObject.Find("Sphere").transform;
    }

    // Update is called once per frame
    //speed:移动速度
    float speed=1f;
    void Update()
    {
        float step=speed * Time.deltaTime;
        gameObject.transform.localPosition=Vector3.MoveTowards(gameObject.transform.localPosition, target.position, step);
    }
}
```

4. 附加脚本

选择"cube"，将写好的脚本 move.cs 拖动到 cube 对象，附加到立方体。

5. 运行游戏

按【Ctrl+P】组合键运行游戏，立方体平滑移动到球体位置。

二、键盘控制物体移动

案例设计

游戏运行时，通过键盘按键（【W】、【A】、【S】、【D】）控制场景游戏对象移动，效果如图 3-2-30 所示。

键盘控制物体移动

图 3-2-30　案例运行效果

设计实现

1. 创建对象

（1）新建 Unity3D 场景，命名为 move_key。

（2）创建平面、立方体、球体对象，调整立方体、球体位置，将立方体移到平面上方，如图 3-2-31 所示。

2. 添加刚体组件

（1）选中立方体，选择"组件|物理|刚体"命令，给立方体添加"刚体"组件，检查器视图如图 3-2-32 所示。

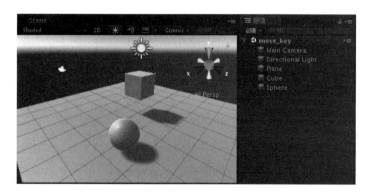

图 3-2-31　创建场景对象

图 3-2-32　添加刚体组件

（2）添加刚体后，立方体具有了重力、摩擦力等物理特性。按【Ctrl+P】组合键运行游戏，在重力作用下，立方体下落到平面。

3. 建立脚本

（1）在项目视图右击"Assets"，选择"创建 |C# 脚本"命令，创建一个 C# 脚本文件，重命名为 moveA，如图 3-2-33 所示。

（2）打开"moveA.cs"，编写相关控制代码。

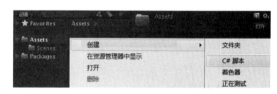

图 3-2-33　创建脚本文件

```
using System.Collections;
using System.Collections.Generic;
using UnityEngine;

public class moveA : MonoBehaviour
{
    // Start is called before the first frame update
    void Start()
    {

    }

    //Update is called once per frame
    //speed:移动速度
```

```
    float Speed=1f;
    void Update()
{
    //检测到按【W】键,向前移动
    if(Input.GetKey(KeyCode.W)){
        this.transform.Translate(Vector3.forward*Time.deltaTime*Speed);
    }
    //检测到按【A】键,向左移动
    if(Input.GetKey(KeyCode.A)){
        this.transform.Translate(Vector3.left*Time.deltaTime*Speed);
    }
    //检测到按【S】键,向后移动
    if(Input.GetKey(KeyCode.S)){
        this.transform.Translate(Vector3.back*Time.deltaTime*Speed);
    }
    //检测到按【D】键,向右移动
    if(Input.GetKey(KeyCode.D)){
        this.transform.Translate(Vector3.right*Time.deltaTime*Speed);
    }
  }
}
```

说明：

脚本里定义一个变量 Speed 作为速度调节变量；通过 input 来监听按键【W】、【A】、【S】、【D】；通过 transform.Translate 设置更新物体位置；Vector3.forward 是前进、back 后退、left 是左移、right 是右移。

4. 附加脚本

将脚本 moveA 附加到立方体，如图 3-2-34 所示。

图 3-2-34 附加脚本文件

5. 运行游戏

按【Ctrl+P】组合键运行游戏，控制立方体的移动。

例如，实现物体向上移动：

```
//检测到按【Space】键,向上移动
if(Input.GetKey(KeyCode.Space)){
```

```
            this.transform.Translate(Vector3.up*Time.deltaTime*Speed);
    }
```

实现通过按方向键控制物体移动:

```
//UpArrow、RightArrow、DownArrow、LeftArrow
if(Input.GetKey(KeyCode.UpArrow)){
      this.transform.Translate(Vector3.forward*Time.deltaTime*Speed);
}
```

实现通过按方向键,【W】、【A】、【S】、【D】键都能控制物体移动:

```
if(Input.GetKey(KeyCode.W)|| Input.GetKey(KeyCode.UpArrow)){
      this.transform.Translate(Vector3.forward*Time.deltaTime*Speed);
}
```

实现弹跳:

```
// 按空格键物体弹跳
if(Input.GetButton("Jump")){
    Rigidbody r=GetComponent<Rigidbody>();
    r.AddForce(new Vector3(0,0.5f,0),ForceMode.Impulse);
}
```

请思考如何实现单独控制两个物体的移动。

三、控制物体自动旋转

案例设计

游戏运行时,物体沿某一轴向自动旋转,效果如图 3-2-35 所示。

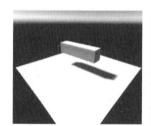

图 3-2-35　案例运行效果

设计实现

1. 创建对象

新建 Unity3D 场景,创建平面、立方体对象,调整立方体大小、位置,将立方体移到平面上方,如图 3-2-36 所示。

2. 建立脚本

(1)右击"Assets",选择"创建 |C# 脚本"命令,创建一个 C# 脚本文件,重命名为 rotate。
(2)打开"rotate.cs",编写旋转控制代码。

```
using System.Collections;
using System.Collections.Generic;
```

```
using UnityEngine;

public class rotate: MonoBehaviour
{
    // Start is called before the first frame update
    void Start()
    {
        
    }
    
    // Update is called once per frame
    //speed:旋转速度
    float Speed=20f;
    void Update()
    {
        // 物体沿Y轴旋转
        this.transform.Rotate(Vector3.up* Time.deltaTime *Speed);
    }
}
```

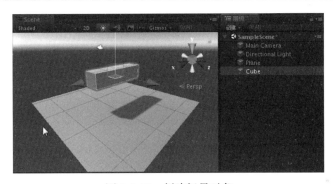

图 3-2-36 创建场景对象

说明：

脚本里定义一个变量 Speed 作为速度调节变量；通过 transform.Rotate 控制物体旋转；Vector3.up 沿 Y 轴顺时针旋转。

参　数	说　明
Speed	控制旋转速度
transform.Rotate	控制物体旋转
Vector3.up	沿 Y 轴顺时针旋转
Vector3.down	沿 Y 轴逆时针旋转
Vector3.left	沿 X 轴顺时针旋转
Vector3.right	沿 X 轴逆时针旋转
Vector3.forward	沿 Z 轴顺时针旋转
Vector3.back	沿 Z 轴逆时针旋转

3. 附加脚本

将脚本 rotate 附加到立方体。

4. 运行游戏

按【Ctrl+P】组合键运行游戏，物体按指定轴向自动旋转。

四、拖动鼠标旋转物体

扫一扫
拖动鼠标旋转物体

案例设计

游戏运行，拖动鼠标时，物体沿某一轴向旋转，效果如图 3-2-37 所示。

设计实现

1. 创建对象

新建 Unity3D 场景，创建平面、立方体对象，调整立方体大小、位置，将立方体移到平面上方，如图 3-2-37 所示。

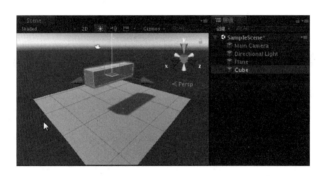

图 3-2-37 创建场景对象

2. 建立脚本

（1）右击"Assets"，选择"创建 |C# 脚本"命令，创建一个 C# 脚本文件，重命名为 mousedrag。

（2）打开"mousedrag.cs"，编写旋转控制代码。

```csharp
using System.Collections;
using System.Collections.Generic;
using UnityEngine;

public class mousedrag: MonoBehaviour
{
    //speed:旋转速度；_mouseDown:鼠标按下状态
    public float speed=2;
    private bool _mouseDown=false;
    //Update is called once per frame
    void Update()
    {
        //Input:监听
        //GetMouseButtonDown(0):鼠标左键按下
        if(Input.GetMouseButtonDown(0))
            _mouseDown=true;
```

```
            //松开鼠标左键
            else if(Input.GetMouseButtonUp(0))
                _mouseDown=false;

        if(_mouseDown){
            //获得鼠标沿屏幕X方向移动
            float fMouseX=Input.GetAxis("Mouse X");
            //获得鼠标沿屏幕Y方向移动
            float fMouseY=Input.GetAxis("Mouse Y");
            //相对于世界坐标沿着Y/X轴旋转
            this.transform.Rotate(Vector3.up, -fMouseX * speed, Space.World);
            this.transform.Rotate(Vector3.right, fMouseY * speed, Space.World);
        }
    }
}
```

说明：

脚本里定义一个全局变量 Speed 作为旋转速度调节变量；通过 input 来监听鼠标动作；通过 GetMouseButtonDown(0) 获取鼠标左键按键状态；Input.GetAxis("Mouse X/Y") 获取鼠标偏移位置。

拓展任务

实践案例：商品展台展示

案例设计：

在展台商品展示过程中，运用脚本能够实现物体展示状态的改变，将 3ds Max 格式笔记本导入到 Unity3D，场景参考效果如图 3-2-38 所示，请合理编写脚本完成如下任务。

（1）物体静止展示，鼠标指向时物体自动旋转；

（2）物体旋转展示，鼠标指向时物体停止旋转。

商品展台展示

参考步骤：

步骤 1 启动 3ds Max 软件，打开素材文件"红色笔记本电脑 .max"。

步骤 2 选择"文件 | 导出 | 导出"命令，文件名为"笔记本"，文件类型为"*.FBX"。

步骤 3 在"FBX 导出"对话框中勾选"嵌入的媒体"复选框，导出后文件夹如图 3-2-39 所示。

图 3-2-38 场景效果

图 3-2-39 场景导出文件夹

步骤 4 复制"贴图""笔记本 .FBX"到 Unity3D 场景 Assets 文件夹下，搭建场景如图 3-2-40 所示。

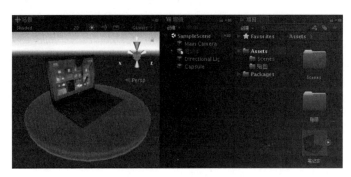

图 3-2-40 搭建场景

步骤 5 在项目视图单击"Scenes",将场景"SampleScene"重命名为"zhantaiA"。然后按【Ctrl】键,拖动复制"zhantaiA",重命名为"zhantaiB",如图 3-2-41 所示。

步骤 6 建立 Scripts 脚本文件夹。

步骤 7 在 Scripts 文件夹中建立 C# 脚本,"zhantaiA.cs"和"zhantaiB.cs",如图 3-2-42 所示。

图 3-2-41 保存场景　　　　　　　　　图 3-2-42 建立场景脚本

步骤 8 将脚本"zhantaiA.cs"和"zhantaiB.cs"分别附加到场景"zhantaiA""zhantaiB"中 Capsule 对象。

步骤 9 在层级视图中,将笔记本拖动到 Capsule,使笔记本成为 Capsule 的子对象。

步骤 10 任务 A 脚本"zhantaiA.cs"参考代码如下:

```csharp
// 物体静止展示,鼠标指向时物体自动旋转
public class zhantaiA: MonoBehaviour
{
    // Start is called before the first frame update
    void Start()
    {
    }
    // Update is called once per frame
    void Update()
    {
    }
    float speed=1f;                            // 定义旋转速度
    void OnMouseOver(){
        // 鼠标指向时,对象沿垂直轴旋转
        this.transform.Rotate(Vector3.up*speed);
    }
}
```

步骤 11 任务 B 脚本 "zhantaiB.cs" 参考代码如下：

```csharp
// 物体旋转展示，鼠标指向时物体停止旋转
public class zhantaiB: MonoBehaviour
{
    // Start is called before the first frame update
    void Start()
    {
    }
    // Update is called once per frame
    void Update()
    {
        // 如果 flag 为真则旋转
        if(flag){ this.transform.Rotate(Vector3.up*speed); }
        flag=true;
    }
    float speed=1f;
    bool   flag=true;                   // 定义旋转变量
    void OnMouseOver(){
         flag=false;                    // 鼠标指向，旋转变量 flag 设为 false
    }
}
```

任务评价

任务评价表见表 3-2-1。

表 3-2-1 任务评价表

项目	内容		评价		
	任务目标	评价项目	3	2	1
职业能力	掌握 C# 脚本创建编写方法	能够创建 C# 脚本			
		了解 C# 脚本变量			
		能够完成 C# 脚本的编写			
	掌握 Unity3D 对象控制操作	能够移动对象到指定目标点			
		能够用键盘控制物体移动			
		能够控制物体自动旋转			
		能够拖动鼠标旋转物体			
通用能力	信息检索能力				
	团结协作能力				
	组织能力				
	解决问题能力				
	自主学习能力				
	创新能力				
综合评价					

任务 3　动态修改材质

任务描述

汽车之家推出的 VR 全景看车可以让人 360°全方位看到车辆信息，其中包括车辆颜色切换功能。另外，对于 3D 游戏来说，有很多绚丽的效果都是靠着色器来实现的。本任务主要学习 Unity3D Shader 材质贴图的运用，场景材质的动态修改切换，任务效果如图 3-3-1 所示。

图 3-3-1　任务效果

相关知识

一、材质创建与使用

1. 创建材质

为了便于材质、贴图的管理，在 Assets 中建立"Materials"（材质）和"Textures"（贴图）文件夹，用于存放材质球和贴图。要建立材质，只须右击"Materials"，选择"创建|材质"命令，创建一个名为"新建材质"的材质球，如图 3-3-2 所示。

图 3-3-2　创建材质

2. 材质球重命名

选中要重命名的材质球，然后单击材质球名称（新建材质）或者按【F2】键，输入新名称，如木地板、瓷砖、玻璃等，可以重命名材质球。

3. 设置对象材质

设置对象材质，拖动材质球到场景对象或者层级视图对象名称即可。

4. 材质参数

创建材质后，检查器视图显示材质参数，如图 3-3-3 所示。

（1）Shader（着色器）。着色器所做的就是将一个模型的网格（mesh）渲染到屏幕上。着色器可以被定义为一系列的属性，可以通过改变这些属性来改变模型渲染到屏幕上的效果。而这些属性被存放到"material"（材质）中。着色器默认类型为 Standard（标准），如图 3-3-4 所示。

图 3-3-3　材质参数

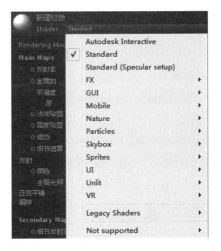

图 3-3-4　着色器类型

① Autodesk Interactive：Autodesk 产品交互。

② Standard：着色器默认选项。"金属的"指出材料是否是金属材质。在金属材料的情况下，"反射率"颜色控制镜面反射的颜色。非金属材料将具有与入射光线相同的颜色的镜面反射，并在表面时几乎不会反射。

③ Standard（Specilar setup）：选择此着色器，镜面反射颜色用于控制材料中镜面反射的颜色和强度，镜面反射效果本质上是光源在场景中的直接反射。

④ FX：灯光、玻璃效果。

⑤ GUI and UI：用于用户界面图形。

⑥ Mobile：针对移动设备简化的高性能着色器。

⑦ Nature：适用于树木和地形。

⑧ Particles：用于粒子系统特效。

⑨ Skybox：用于渲染所有场景对象背后的背景环境。

⑩ Sprites：用于 2D 精灵系统。

⑪ Unlit：渲染完全绕过所有光影。

⑫ Legacy Shaders：被标准着色器取代的大型着色器集合。

（2）Rendering Mode（渲染模式）。

允许选择物体是否使用透明度，如果使用，则选择使用哪种类型的混合模式，如图 3-3-5 所示。

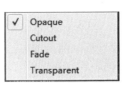

图 3-3-5　着色器类型

① Opaque：这是默认选项，适合没有透明区域的普通固态物体。

② Cutout：允许创建一个透明效果，在不透明区域和透明区域之间有鲜明界线。在这个模式下，没有半透明区域，纹理要么是 100% 透明，要么不可见。当使用透明来创建像树叶，或者带洞、碎布的衣服这种材质的形状时，很有用。

③ Transparent：适合渲染真实的透明材质，如透明塑料或者玻璃。在此模式中，材质自身会带有透明值（基于纹理和色彩的 Alpha 通道），而反射和光照高光将仍然清晰可见，如同真实的透明材质那样。

④ Fade：允许透明度数值彻底地使一个物体淡出，包括任何可能带有的镜面高光或者反射。如果希望让物体动态淡入淡出，可用此模式。不适合渲染如透明塑料袋或玻璃的真实透明材质，因为反射和高光会被淡出。

（3）Main Maps（主贴图）。

① 反射率：控制表面的贴图、颜色。单击反射率设置按钮 设置材质贴图，也可将贴图拖放到预览按钮，如图 3-3-6 所示。单击颜色设置按钮 ，在弹出的"颜色"对话框中设置材质颜色、Alpha 值。

② 透明度：反射率颜色的 Alpha 值控制了材质的透明级别，如图 3-3-7 所示。如果材质的渲染模式被设置为透明模式时，这个选项才起作用。选择正确的透明度模式很重要，因为它决定了能否完整看到反射和镜面高光，或者能否根据透明度值而淡出。

图 3-3-6　设置材质贴图

图 3-3-7　反射率颜色 alpha 值控制透明度

（4）金属的。金属参数决定了表面的金属程度。"金属的"值趋于 100 时，表面更加金属化，它会更多地反映环境，其反射率颜色变得不那么明显；"金属的"值等于 100 时，金属材质表面颜色完全由环境反射决定，如图 3-3-8 所示。

图 3-3-8　金属参数

（5）法线贴图（凹凸贴图）。法线贴图是凹凸贴图的一种类型。它们是一种特殊的纹理，能够向模型添加曲面细节，如凹凸、凹槽和划痕，就像它们由真实的几何体表示一样。图 3-3-9 所示为反射率贴图和法线贴图。

石头墙使用法线贴图前后，对比效果如图 3-3-10 所示。

（6）高度贴图（视差贴图）。

高度贴图与法线贴图类似，通常与法线贴图一起使用，用于给纹理贴图提供大的表面凸起。高度贴图是灰度图像，白色区域代表纹理的高区域，黑色区域代表低区域。图 3-3-11 所示是一个典型的反射率贴图和一个高度贴图。

图 3-3-9 反射率贴图和法线贴图对比

图 3-3-10 法线贴图使用前后对比

图 3-3-12 所示左图为指定了反射率但没有法线贴图或高度贴图的岩石墙材质；中图为指定了法线贴图，光照在表面得到了改善，但岩石之间并不相互遮挡；右图为指定了法线贴图和高度贴图的最终效果，岩石似乎从表面上突出来，较近的岩石似乎挡住了后面的岩石。

（7）设置贴图平铺。

正在平铺：用于设置贴图平铺次数，通过偏移设置贴图的位置偏移量，如图 3-3-13 所示。

图 3-3-11 反射率贴图和高度贴图

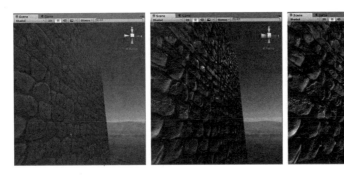

图 3-3-12 反射率贴图、法线贴图、高度贴图使用效果对比

图 3-3-13　设置贴图平铺

5. 设置与获取材质

要在游戏运行时更改场景对象材质，就要借助万能的 C# 脚本了。下面通过脚本实现场景对象材质的设置与获取。

（1）设置对象颜色。

对象 .GetComponent<MeshRenderer>().material.color = Color. 颜色；

例如：

```
void Start(){
    // 获取场景球体对象
    GameObject obj=GameObject.Find("Sphere");
    // 设置对象颜色为红色
    obj.GetComponent<MeshRenderer>().material.color=Color.red;
}
```

（2）设置对象材质。

对象 .GetComponent<MeshRenderer>().material = Resources.Load<Material>(" 材质 ");

例如：

```
void Start(){
    // 获取场景对象
    GameObject obj=GameObject.Find("Sphere");
    // 设置对象材质为 Assets/Resources/ Materials 下的 flower
    obj.GetComponent<MeshRenderer>().material=Resources.Load<Material>("Materials/flower");
}
```

（3）获取对象颜色。

对象 .GetComponent<MeshRenderer>().material.color;

例如：

```
void Start(){
    Color OldColor;
    OldColor=GetComponent<MeshRenderer>().material.color;
    Debug.Log(OldColor);
}
```

（4）获取对象材质。

对象 . GetComponent<MeshRenderer>().material;

例如：

```
void Start(){
    Material mtl;
    mtl=GetComponent<MeshRenderer>().material;
    Debug.Log(mtl);
}
```

6. 课堂练习——制作地板材质

（1）在 Assets 中建立"Materials"和"Textures"文件夹，将素材文件"地板 .jpg""地板 _NRM.jpg"复制到"Textures"中。

（2）右击"Materials"，选择"创建 | 材质"命令创建材质球"新建材质"，重命名材质球为"地板"，如图 3-3-14 所示。

（3）将贴图"地板"拖动到反射率预览按钮，添加地板纹理。拖动贴图"地板 _NRM"添加到法线贴图，调整法线贴图数值为 0.75，增加地板材质表面凹凸感。适当调整"正在平铺"，X：15，Y：5，如图 3-3-15 所示。

图 3-3-14　创建地板材质

（4）在场景中创建平面和球体对象，将地板材质赋予场景对象，效果如图 3-3-16 所示。

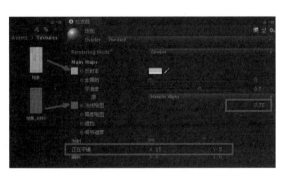

图 3-3-15　添加贴图

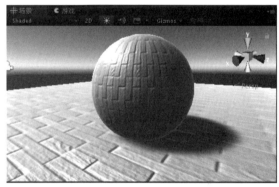

图 3-3-16　材质效果

二、UI 系统

UI 是 User Interface（用户界面）的简称，泛指用户的操作界面。UI 设计主要指界面的样式、美观程度，好的 UI 不仅能让软件变得有个性、有品位，还要让软件的操作变得舒适、简单、自由，充分体现软件的定位和特点。

1. GUI 框架

GUI（Graphical User Interface）在游戏开发中占有重要的地位，游戏的 GUI 是否友好、使用是否方便，很大程度上决定了玩家的游戏体验。Unity3D 内置了一套完整的 GUI 系统，提供了从布局、控件到皮肤的一整套 GUI 解决方案，可以做出各种风格和样式的 GUI 界面。Unity 4.6 以前没有提供内置的 GUI 可视化编辑器，因此 GUI 界面的制作需要全部通过编写脚本代码来实现，或者借助第三方的 GUI 插件，如 NGUI。

NGUI 是专门针对 Unity 引擎、用 C# 语言编写的一套插件，是一款老牌的 Unity UI 插件。NGUI 完美地弥补了 Unity 引擎原生 GUI 系统的各种不足，提供了常见的 UI 控件，实现几乎所有需要的功能，在效率上也是控制严谨，DrawCall 合并极大提升了控件渲染效率，还支持 3D GUI。

UGUI 是 NGUI 作者参与开发的，由 Unity 官方推出的一套 UI 组件，从 Unity 4.6 开始被集成到 Unity 编译器中。相对于之前的 GUI 来说改头换面，Unity 官方给 UGUI 系统赋予的标签是：灵活、快速和可视化。对于开发者而言有三个优点：效率高、效果好；易于使用和扩展；与 Unity 的兼容性高。UGUI 是 Unity 原生支持的，所以使用上会更加人性化。并且伴随着版本升级功能会越来越强，逐渐成为主流 UI 方案。

2. UGUI 基本控件

Unity 用户界面系统用于快速直观地创建游戏内用户界面，使用一些包含的组件（如面板和按钮），可以为应用程序创建基本主菜单。执行"游戏对象|UI"命令显示 UI 控件，如图 3-3-17 所示。

（1）画布（Canvas）。画布是所有 UI 控件的根类，也可以看作所有 UI 控件的父物体，所有 UI 控件都必须在 Canvas 上面绘制。每当创建一个 UI 物体时，如果层级视图中没有 Canvas，系统就会自动创建。和 Canvas 一起创建的还有一个 EventSystem，它是一个基于 Input 的事件系统，可以对键盘、触摸、鼠标、自定义输入进行处理。Canvas 检查器面板如图 3-3-18 所示。

图 3-3-17　创建 UI 对象

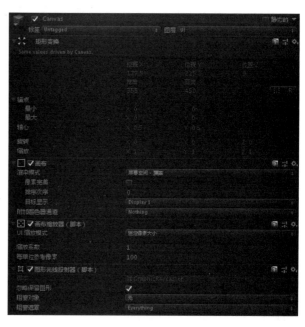

图 3-3-18　Canvas 检查器面板

① 矩形变换。变换（Transform）组件是所有的游戏物体必备的一个组件，且不可删除、不可隐藏。就算是一个空物体，也是具备变换组件的，矩形变换是基于变换组件的。

- 组件基础：类似于 Transform，控制游戏物体位置、宽高基本属性。
- 锚点：UGUI 特有属性，用于实现 UI 游戏物体锚点定位。

② 画布。渲染模式：用户界面呈现到屏幕上或作为三维空间中对象的方式。选项包括屏幕空间-覆盖、屏幕空间-摄像机和世界空间。

- 屏幕空间 - 覆盖：让 UI 始终位于界面最上面部分。
- 屏幕空间 - 摄像机：赋值一个相机，按照和相机的距离前后显示物体和 UI。
- 世界空间：UI 好像是三维场景中的一个平面对象，离相机远了，其显示就会变小，近了就会变大。

③ 画布缩放器（脚本）。用于控制 Canvas 下所有 UI 元素的缩放和像素密度。缩放效果影响处于 Canvas 下的每个元素，包括但不限于字体大小、图片尺寸。

④ 图像光线投射器（脚本）。主要用于 UI 上的射线检测，挂有这个组件的物体，必须要挂上 Canvas 这个组件（当挂上图像光线投射器时 Canvas 也会自动挂上）。

- 忽略保留图形：是否忽略反方向的图形，勾选该项，则表示图形正面展示时，会接收到射线检测；反面展示时，不会接收到射线检测；否则，正反面展示都会接收到射线检测。
- 阻塞对象：屏蔽指定类型的（物理）对象，使它们不参与射线检测。渲染模式不为"屏幕空间 - 覆盖"时起作用。可选值包括"无""2D""3D""全部"。
    - 无：不屏蔽任何物理对象。
    - 2D：屏蔽 2D 物理对象（即具有 2D 碰撞体的对象）。
    - 3D：屏蔽 3D 物理对象（即具有 3D 碰撞体的对象）。
    - 全部：屏蔽所有物体对象。
- 阻塞遮罩：使屏蔽对象中的指定层不参与射线检测。渲染模式不为"屏幕空间 - 覆盖"时，且阻塞对象不为"无"时起作用。

（2）文本（Text）。Text 控件也称为标签，Text 区域用于输入要显示的文本。它可以设置字体、样式、字号等内容，具体参数如图 3-3-19 所示。

- Font：设置字体。
- Font Style：设置字体样式。
- 字体大小：设置字体大小。
- Line Spacing：设置行间距（多行）。
- Rich Text：设置富文本。
- 对齐：设置文本在文本框中的水平以及垂直方向上的对齐方式。
- 水平溢出：设置水平方向上溢出时的处理方式，文本水平超出最大宽度时是自动换行还是溢出不显示。
- 垂直溢出：设置垂直方向上溢出时的处理方式，文本垂直超出最大高度时是截断还是溢出不显示。
- 最佳适应：设置当文字过多时自动缩小以适应文本框的大小。
- 颜色：设置字体颜色。

（3）图像（Image）。图像控件除了两个公共的组件（矩形变换与画布渲染器）外，默认情况下只有一个 Image 组件，如图 3-3-20 所示。

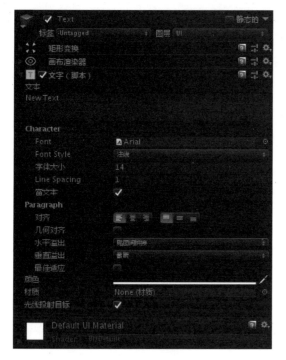

图 3-3-19　文本检查器面板

图 3-3-20　图像检查器面板

- 源图像：是指要显示的图像，要想把一个图片赋给图像（Image），需要把图片转换成精灵（Sprite）格式，转化后的精灵图片就可拖放到 Image 的源图像了。转换方法是在项目视图中选中要转换的图片，然后在检查器属性面板中，单击"纹理类型"右边下拉列表，选中 Sprite（2D 和 UI）并单击下方的"应用"按钮，把图片转换成精灵格式，然后就可以拖放到 Image 的源图像中了。
- 颜色：设置应用在图片上的颜色。
- 材质：设置应用在图片上的材质。
- 光线投射目标：选择是否将图像视为光线投射的目标。

（4）原始图像（RawImage）。原始图像控件向用户显示了一个非交互式的图像，如图 3-3-21 所示。它可以用于装饰、图标等，与图像控件类似，但是原始图像控件可以显示任何纹理，而图像控件只能显示一个精灵格式图片。

- 纹理：设置要显示的图像纹理。
- 颜色：设置应用在图片上的颜色。
- 材质：设置应用在图片上的材质。
- 光线投射目标：选择是否将图像视为光线投射的目标。
- UV 矩形：设置图像在控件矩形中的偏移和大小，范围为 0~1。

（5）按钮（Button）。按钮控件除了两个公共的组件（矩形变换与画布渲染）外，还默认拥有图像与按钮两个组件，如图 3-3-22 所示。

项目 三　Unity3D 交互基础

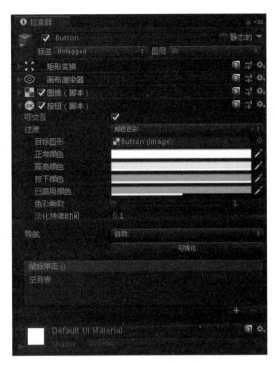

图 3-3-21　原始图像检查器面板　　　图 3-3-22　按钮检查器面板

按钮是一个复合控件，其中还包含一个文本子控件，通过此子控件可设置按钮上显示的文字内容、字体、文字样式、文字大小、颜色等，与前面所讲的文本控件是一样的。

- 可交互：是否启用交互。不勾选该项，此按钮在运行时将不可单击，即失去了交互性。
- 过渡：过渡方式，共有 4 个选项，无、颜色色彩、Sprite 交换、动画。默认为颜色色彩。
- 目标图形：设置过渡效果作用目标。
- 正常颜色：默认颜色。
- 高亮颜色：设置高亮颜色。
- 按下颜色：设置单击颜色。
- 禁用颜色：设置禁用颜色。
- 色彩乘数：设置颜色倍数。
- 淡化持续颜色：设置变化持续的时间。
- 导航：按钮导航，在 EventSystem 中，有个当前被选中的按钮，可以通过方向键或代码控制，使被选中的按钮进行更改。
- 可视化：可以把按键能导航到的路径可视化，高亮黄色箭头显示。
- 鼠标单击：添加鼠标单击事件。

可以通过以下两种方法为按钮添加单击事件：

① 可视化创建及事件绑定。

创建一个脚本 mClick.cs，定义一个 Click 的 public 方法（一定要是 public 的方法）。

131

```
public class mClick : MonoBehaviour
{
 public void Click(){
    Debug.Log("单击鼠标了");
  }
}
```

把脚本挂到按钮或其他场景对象。

把挂脚本的游戏对象拖到 Button（mClick）方框的位置，如图 3-3-23 所示。在右面方框位置选择 mClick 脚本、Click 方法。运行游戏，单击按钮观察运行效果。

② 通过直接绑定脚本来绑定事件。

创建一个脚本 mClickA.cs，获取名称为 Button 的按钮后绑定 onClick 事件，其中 ClickA 为无参方法，ClickB 为传参方法。

图 3-3-23　按钮鼠标单击事件

```
public class mClickA : MonoBehaviour {
    private GameObject btnObj;
    private void Start()
    {
        btnObj=GameObject.Find("Button");
        btnObj.GetComponent<Button>().onClick.AddListener(ClickA);
        btnObj.GetComponent<Button>().onClick.AddListener(()=>ClickB("Hello"));
    }
    Void ClickA()
    {
        print("执行了V方法!");
    }
    public void ClickB(string str)
    {
        print(str);
    }
}
```

把脚本挂到按钮或其他场景对象。运行游戏，单击按钮观察运行效果。

任务实施

动态修改材质1

一、搭建场景

（1）启动 Unity3D，新建并保存场景，命名为 soft。

（2）在项目窗口 Assets 中右击，在弹出的快捷菜单中选择"在资源管理器中显示"命令，将素材"soft.fbx"和贴图文件夹复制到 Assets 文件夹中，如图 3-3-24 所示。

（3）拖动沙发对象 soft 到场景中，适当调整场景视角，如图 3-3-25 所示。

（4）单击选择"DirectionalLight"，选择"游戏对象|对齐视图中心"【Ctrl+Shift+F】命令，使沙发对象受光均匀，如图 3-3-26 所示。

（5）单击选择"Main Camera"，选择"游戏对象|对齐视图中心"【Ctrl+Shift+F】命令，使沙发对象呈现在游戏视图中。

图 3-3-24　复制素材到场景

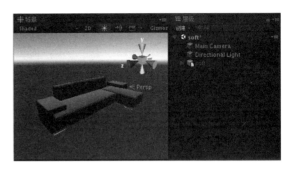

图 3-3-25　添加 soft 对象

二、创建材质

（1）将"贴图"重命名为"Resources"，"Resources"文件中有 4 张布料贴图，如图 3-3-27 所示。

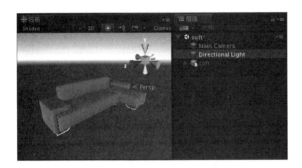

图 3-3-26　调整灯光

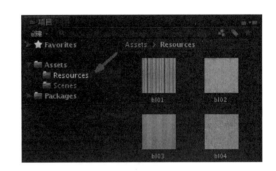

图 3-3-27　布料贴图

（2）选择沙发对象，将贴图 bl01 拖动到沙发对象，自动建立"Materials"文件夹，并自动在文件夹中生成材质 bl01，如图 3-3-28 所示。

（3）同理，分别拖动 bl02、bl03、bl04 到沙发对象，建立材质 bl02、bl03、bl04，如图 3-3-29 所示。

图 3-3-28　创建材质

图 3-3-29　创建其他材质

三、创建 UI 对象

（1）选择"游戏对象|UI|按钮"命令，创建的按钮对象出现在游戏视图中，如图 3-3-30 所示。

（2）修改按钮尺寸，宽度、高度均为 60，如图 3-3-31 所示。删除"Button"子对象"Text"去掉按钮显示文字。

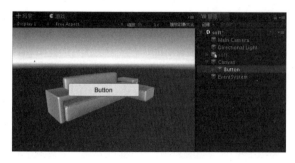

图 3-3-30　创建按钮对象

图 3-3-31　修改按钮尺寸

（3）在层级视图选择 Button，按【Ctrl+d】组合键复制出其他 3 个按钮对象，调整位置使其均匀排列在游戏窗口底部，如图 3-3-32 所示。

（4）设置按钮图像。选择按钮对象 Button，拖动"Resources"文件夹中的图像 bl01 到 Button 检查器视图的"源图像"，会发现这是无法实现的，如图 3-3-33 所示。原因是没有把图片设置为 Sprite，图片的格式还是默认的，只能作为贴图使用。

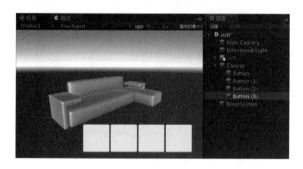

图 3-3-32　调整按钮位置

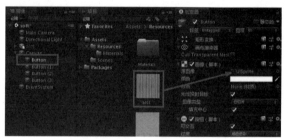

图 3-3-33　添加图像到 Button

（5）选择图像 bl01，在检查器中将纹理类型由"默认"改为"Sprite(2D 和 UI)"，然后单击"应用"按钮确认修改，如图 3-3-34 所示。

（6）再次选择按钮对象 Button，将图像 bl01 拖动到 image 检查器视图的"源图像"，这次能够正常修改源图像了，如图 3-3-35 所示。

（7）同理，修改图像 bl02、bl03、bl04 的纹理类型为"Sprite(2D 和 UI)"，然后分别将 bl02、bl03、bl04 拖动到 Button(1)、Button(2)、Button(3) 检查器视图的"源图像"。此时游戏视图 4 个按钮对象都能正确显示布料纹理贴图，如图 3-3-36 所示。

（8）根据按钮显示图像修改按钮名称，分别为 Btn_bl01、Btn_bl02、Btn_bl03、Btn_bl04，如图 3-3-37 所示。

项目三　Unity3D 交互基础

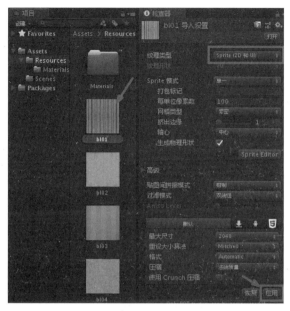

图 3-3-34　修改 bl01 纹理类型

图 3-3-35　添加图像到 Button

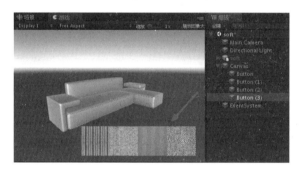

图 3-3-36　按钮对象纹理贴图

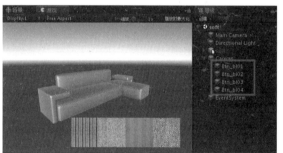

图 3-3-37　修改按钮名称

四、切换材质

（1）要实现单击 4 个按钮对象时，沙发材质随之更换，在鼠标单击事件中添加材质切换代码即可。

（2）创建 Scripts 脚本文件夹，建立 C# 脚本，命名为 czhi.cs。将脚本挂到场景摄像机对象（按钮或其他对象均可），如图 3-3-38 所示。

扫一扫

动态修改材质2

图 3-3-38　建立脚本并挂到摄像机

135

（3）打开脚本 czhi.cs，编写代码。

```csharp
using UnityEngine;
using UnityEngine.UI;
using System.Collections;

public class czhi: MonoBehaviour
{
    private void Start()
    {
        // 查找 Button 对象
        GameObject  buttonObj=GameObject.Find("Btn_bl01");
        // 为按钮 Btn_bl01 添加单击事件 Change
        buttonObj.GetComponent<Button>().onClick.AddListener(Change);
    }
    void Change()
    {
        // 查找 ChamferBox 对象
        GameObject  softObj=GameObject.Find("ChamferBox");
        // 为 ChamferBox 对象设置材质 bl01
        softObj.GetComponent<MeshRenderer>().material=Resources.Load<Material>("Materials/bl01");
    }
}
```

（4）按【Ctrl+P】组合键运行游戏，单击 Btn_bl01 时，沙发对象 ChamferBox 加载材质 bl01，如图 3-3-39 所示。

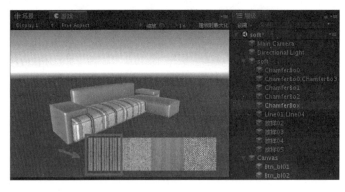

图 3-3-39　单击按钮更换 ChamferBox 材质

（5）由于 soft 有 10 个子对象，如果逐一按对象名称查找并设置对象材质，这种方法效率低下，而且通用性也不强。下面采用遍历方法查找 soft 子对象，然后设置材质。

（6）修改 Change 事件代码。

```csharp
void Change()
{
    // 查找 soft 对象
    GameObject  softObj=GameObject.Find("soft");
```

```
    // 遍历 soft 子对象
    foreach(Transform child in softObj.transform){
        // 为 soft 子对象设置材质 bl01
        child.GetComponent<MeshRenderer>().material=Resources.Load<Material>
("Materials/bl01");
    }
}
```

（7）运行游戏，单击按钮 Btn_bl01 时，整个沙发对象加载材质 bl01，如图 3-3-40 所示。

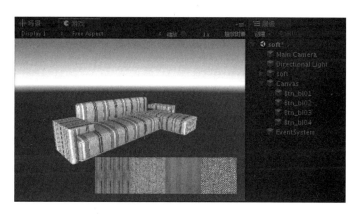

图 3-3-40　单击按钮更换沙发材质

（8）在清楚了按钮单击事件更换沙发材质的方法过程后，接下来修改代码实现其他 3 个按钮的材质更换，完整脚本代码如下：

```
using UnityEngine;
using UnityEngine.UI;
using System.Collections;
using System.Collections.Generic;
using UnityEngine.Events;

public class czhi: MonoBehaviour
{
    private void Start()
    {
        // 定义变量 btnsName，保存 4 个按钮名称
        List<string> btnsName=new List<string>();
        btnsName.Add("Btn_bl01");
        btnsName.Add("Btn_bl02");
        btnsName.Add("Btn_bl03");
        btnsName.Add("Btn_bl04");
        // 遍历按钮，为其绑定单击事件 Change
        foreach(string btnName in btnsName)
        {
            GameObject buttonObj=GameObject.Find(btnName);
            buttonObj.GetComponent<Button>().onClick.AddListener(delegate() {
                this.Change(buttonObj);
```

```csharp
        });
    }
}

    void Change(GameObject sender)
    {
        // 根据当前单击按钮设置材质路径
        string mpath="";
        switch (sender.name)
        {
            case "Btn_bl01":
                mpath="Materials/bl01";
                break;
            case "Btn_bl02":
                mpath="Materials/bl02";
                break;
            case "Btn_bl03":
                mpath="Materials/bl03";
                break;
            case "Btn_bl04":
                mpath="Materials/bl04";
                break;
            default:
                break;
        }
        // 查找soft对象
        GameObject softObj=GameObject.Find("soft");
        // 遍历soft子对象
        foreach(Transform child in softObj.transform){
            // 为soft子对象设置材质
            child.GetComponent<MeshRenderer>().material=Resources.Load<Material>(mpath);
        }
    }
}
```

（9）再次运行游戏，单击贴图按钮，沙发材质随之更改，如图 3-3-41 所示。

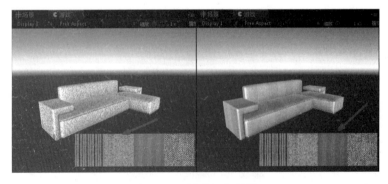

图 3-3-41　游戏运行效果

项目 三　Unity3D 交互基础

拓展任务

实践案例：制作材质变色龙

案例设计：

制作材质变色龙效果，对象在移动过程中碰到物体时，自动更改为对方材质贴图，任务效果如图 3-3-42 所示。

材质变色龙

图 3-3-42　任务效果

参考步骤：

步骤 1 启动 Unity3D，新建场景命名为"变色龙"。

步骤 2 在场景中创建平面、球体以及三个立方体对象，调整大小、位置，使球体置于平面上方，如图 3-3-43 所示。

步骤 3 选中球体，选择"组件|物理|刚体"命令添加刚体组件，如图 3-3-44 所示。

步骤 4 创建文件夹 Resources，将素材文件"cat.jpg、tdi.jpg、kla.jpg"复制到文件夹下，如图 3-3-45 所示。

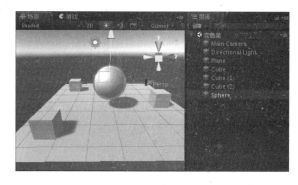

图 3-3-43　创建场景对象

图 3-3-44　添加刚体组件

图 3-3-45　贴图文件

步骤 5 将三个贴图分别拖放到场景立方体对象，自动创建 Materials 文件夹并建立材质 cat、kla、tdi，如图 3-3-46 所示。

139

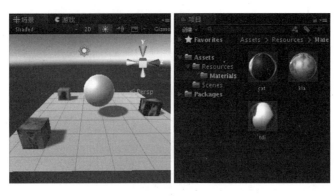

图 3-3-46　创建材质

步骤 6 在 Assets 下面创建 Scripts 文件夹，在 Scripts 中创建脚本文件 bsl.cs，编写脚本代码。

```
using System.Collections;
using System.Collections.Generic;
using UnityEngine;

public class bsl : MonoBehaviour
{
    float speed=5f;
    void FixedUpdate()
    {
        // 控制物体移动
        float h=Input.GetAxis("Horizontal");
        float v=Input.GetAxis("Vertical");
        Vector3 move=new Vector3(h, 0, v);
        transform.Translate(move * Time.deltaTime * speed);
    }

    void OnCollisionEnter(Collision col)
    {
        // 获取碰撞对象，将碰撞对象材质赋予当前对象
        GameObject obj=GameObject.Find(col.collider.gameObject.name);
        this.GetComponent<MeshRenderer>().material=obj.GetComponent<MeshRenderer>().material;
        Debug.Log("碰撞" + col.collider.gameObject.name);
    }
}
```

步骤 7 将脚本挂到球体对象。

步骤 8 运行游戏，通过【W】、【A】、【S】、【D】或方向键移动球体，观察材质变化。

任务评价

任务评价表见表 3-3-1。

表 3-3-1 任务评价表

项目	内容		评价		
	任务目标	评价项目	3	2	1
职业能力	掌握材质的创建与使用	能够创建材质			
		能够设置场景材质			
		能够通过脚本获取与设置材质			
	掌握 UI 系统的使用	了解 UI 系统			
		能够创建 UI 对象			
		掌握按钮事件的绑定			
	能够动态设置对象材质	能够导入场景对象			
		能够创建对象材质			
		能够创建 UI 对象			
		能够运用脚本切换材质			
通用能力	信息检索能力				
	团结协作能力				
	组织能力				
	解决问题能力				
	自主学习能力				
	创新能力				
	综合评价				

小结

本项目通过 3 个任务详细地介绍了 Unity3D 安装、软件基本操作、项目创建、游戏发布；运用 C# 脚本实现 Unity3D 移动、旋转等交互控制；场景材质的设置方法、通过脚本代码实现材质切换以及 UI 系统的使用。通过项目任务学习，为运用 Unity3D 进行项目开发打下坚实基础。

习题

一、选择题

1. Unity3D 是一款专业的（　　）。
   A. 制图工具　　B. 游戏引擎　　C. 视频编辑工具　　D. 压缩软件
2. 创建的场景对象名称会显示在（　　）视图。
   A. 场景视图　　B. 游戏视图　　C. 层级视图　　D. 项目视图

3. 以下控制台调试命令正确的是（　　）。
   A. Debug.Log("Hello")　　　　　　　　B. debug.log("Hello")
   C. Debug.log("nihao")　　　　　　　　D. debug.Log("nihao")
4. 以下哪项是场景对象共同拥有组件（　　）。
   A. 转换　　　B. 网格渲染器　　　C. 碰撞器　　　D. 材质
5. C#脚本创建后，默认生成的方法是以下哪两项（　　）。
   A. Awake　　　B. Start　　　C. Update　　　D. OnGUI
6. 以下 C# 脚本变量名错误的是（　　）。
   A. btn_save　　　B. _btn01　　　C. 5abc　　　D. @speed
7. 为了便于材质、贴图的管理，需要建立的文件夹有（　　）。
   A. Materials（材质）　　　　　　　　B. Prefabs（预制体）
   C. Effects（效果）　　　　　　　　　D. Textures（贴图）
8. 从 Unity 4.6 开始被集成到 Unity 编译器中的是（　　）。
   A. UI　　　B. GUI　　　C. NGUI　　　D. UGUI

二、填空题

1. _____视图是最终程序运行时所显示的画面，也是直接为用户呈现的画面。
2. 转换组件是所有物体即使是空物体都绑定的组件，这个组件有 3 个属性：_____、_____、_____。
3. 选择"_____|_____|_____"菜单命令，可以为立方体对象添加刚体组件。
4. _____模式相当于是透视视野。_____模式相当于是平行视野。
5. Unity3D 不能直接导入 3ds Max 模型，需要 3ds Max 将模型导出为_____格式文件，然后再导入。
6. 为了便于材质、贴图的管理，在 Assets 中建立_____和_____文件夹，用于存放材质、贴图文件。
7. 设置对象颜色时可以使用的 C# 脚本代码为 obj.GetComponent<_____>()._____.color = _____.red。
8. _____是所有 UI 控件的根类，也可以看作所有 UI 控件的父物体，所有 UI 控件都必须在上面绘制。

三、简答题

1. 简述 Unity3D 软件界面组成。
2. Unity3D 的变换工具有哪些？
3. 对图片做怎样的设置才能将其添加到按钮对象？
4. 高度贴图和法线贴图有什么不同？
5. UGUI 有哪些基本控件？

项目四
Unity3D 角色控制

Unity3D 资源包是分享和重新使用 Unity3D 项目和资源集合的便捷方式。Unity3D 标准资源包提供了一个非常实用的组件——角色控制组件,该组件可以实现第一人称视角与第三人称视角游戏开发,几乎不用写一行代码就能完成游戏角色的一切控制操作。

学习目标

(1) 标准资源包介绍、获取与使用。
(2) 资源商店使用与资源下载。
(3) 资源包的导入。
(4) CharacterController(角色控制)资源包的使用。
(5) Prototyping 资源包使用。

任务1 第一人称控制器

任务描述

Unity3D 自带多个标准资源包(Standard Assets),标准资源包的运用能有效提高项目开发效率。本任务主要学习标准资源包的获取、使用方法,并对 CharacterController(角色控制)资源包中第一人称控制器进行详细的介绍,任务效果如图 4-1-1 所示。

图 4-1-1 任务效果

相关知识

一、标准资源包简介

Unity3D 标准资源(Standard Assets)是大多数 Unity 客户广泛使用的资源集合,由以下几个不同的包组成:

（1）2D：2D 角色资源。

（2）相机（Cameras）：场景相机资源。

（3）角色（Characters）：角色人称控制器所使用的资源。

（4）跨平台输入（Cross Platform Input）：跨平台输入工具包。

（5）效果（Effects）：包含各种图像特效。

（6）环境（Environment）：包含各种地形系统所使用的资源。

（7）粒子系统（Particle Systems）：包含各种粒子系统的预设资源。

（8）原型（Prototyping）：原型设计所使用的一些预设资源。

（9）实用工具（Utility）：Unity 工具集。

（10）车辆（Vehicles）：飞行器、车辆资源包。

Unity3D 自 5.x 版本以后，标准资源包已经单独剥离开来，可以从 Unity 资源商店获取。

二、资源包获取安装

1. 资源商店

Unity Technologies 和其他社区成员会不断地创作免费或商用的资源，而 Unity 资源商店则是这些资源收录的宝库。里面有各种各样的资源可供使用，包含了纹理、模型、动画到整个示例项目，以及教程和编辑器插件等内容。在 Unity 编辑器的内置接口中可以访问这些资源，可直接下载并导入项目中。选择"窗口 | 资源商店"命令（【Ctrl+9】组合键）打开图 4-1-2 所示的资源商店窗口。

2. 从资源商店下载安装标准资源包

（1）启动 Unity3D 后，打开"资源商店"，搜索"Standard Assets"，如图 4-1-3 所示。

图 4-1-2　资源商店　　　　　　图 4-1-3　搜索资源

（2）下载资源包，单击"导入"按钮即可，如图 4-1-4 所示。

（3）查看导入明细，选择要导入的资源，单击"Import"按钮，如图 4-1-5 所示。

项目 四　Unity3D 角色控制

图 4-1-4　下载资源包　　　　　　　　　图 4-1-5　查看导入明细

（4）从资源商店下载资源包后，资源包保存的目录为"C:\Users\Administrator\AppData\Roaming\Unity\Asset Store-5.x\Unity Technologies\Unity EssentialsAsset Packs"，如图 4-1-6 所示。

图 4-1-6　资源包保存位置

（5）在资源包安装完成后，新建项目时可以选择导入 Standard Assets，如图 4-1-7 所示。

3. 安装独立资源包

用此方法安装出来的标准资源包是一些独立的资源包，方便用户有选择地导入。首先下载独立安装资源包，地址：https://download.Unity3D.com/download_unity/a6cc294b73ee/ WindowsStandardAssetsInstaller/UnityStandardAssetsSetup-2018.1.9f2.exe，下载后运行"UnityStandardAssetsSetup-2018.1.9f2.exe"安装资源包，如图 4-1-8 所示。

145

图 4-1-7　导入资源包

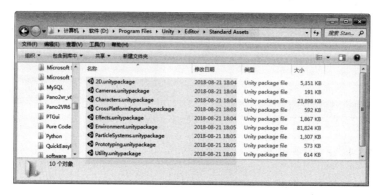

图 4-1-8　安装独立资源包

三、导入资源包

1. 新建项目时导入

（1）在新建项目对话框中单击"Add Asset Packages"按钮，如图 4-1-9 所示

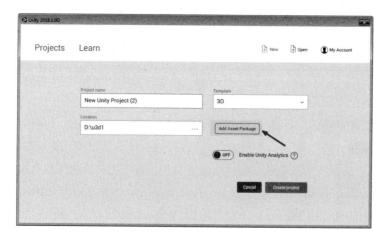

图 4-1-9　新建项目

（2）在弹出的对话框中选中所需的资源，系统将自动导入资源，如图 4-1-10 所示。

图 4-1-10　项目创建时导入资源包

2. 项目创建完成之后导入

项目创建完成之后需要导入资源包时，可以选择"资源|导入包|自定义包…"命令，在弹出的下拉菜单中选择需要的系统资源包导入即可，如图 4-1-11 所示。

3. 双击导入资源包

双击要导入的资源包，Unity3D 出现资源导入对话框，选择要导入的资源即可将资源包添加到 Unity3D 项目中。

四、Prototyping（原型）

1. 资源包导入

资源商店下载的标准资源包和独立安装的标准资源包都包含 Prototyping 资源，导入 Prototyping 资源包，如图 4-1-12 所示。

图 4-1-11　项目创建后导入资源包

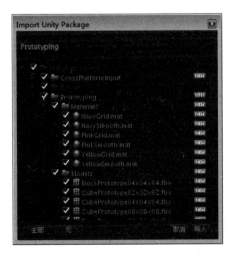

图 4-1-12　导入 Prototyping 资源包

2. 搭建场景

Prototyping 资源包提供了多个场景 Prefabs 模型，运用这些 Prefabs 对象搭建场景模型，如图 4-1-13 所示。

五、FirstPersonCharacter（第一人称角色）

Characters 资源包包含 3 个文件夹：FirstPersonCharacter、RollerBall、ThirdPersonCharacter，如图 4-1-14 所示。

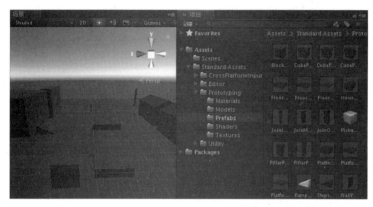

图 4-1-13　Prototyping Prefab 搭建场景　　　　图 4-1-14　Characters 资源包

FirstPersonCharacter 的 Prefabs 文件夹有两个预制体：FPSController、RigidBodyFPSController，使用时只需将预制体拖动到场景即可，如图 4-1-15 所示。

图 4-1-15　添加控制器到场景

1. FPSController

提供由 CharacterController 做限制的第一人称控制器预设，可模拟运动中头部晃动和脚步声。鼠标锁定，视角跟随鼠标移动而移动。WSAD 控制人物移动，参数如图 4-1-16 所示。

First Person Controller（Script）组件如下：

- Is Walking：当前是否为行走状态（否则为跑动状态）。
- Walk Speed：行走速度。
- Run Speed：跑动速度。

项目 四　Unity3D 角色控制

图 4-1-16　FPSController 参数

- Runstep Lenghten：模拟头部晃动时使用的跑动步长。
- Jump Speed：跳跃速度。
- Stick To Ground Force：着地时对地面的压力。
- Gravity Multiplier：重力乘量系数。
- Mouse Look：鼠标控制摄像机旋转的参数。
- Use Fov Kick：行走状态和跑动状态间切换时是否改变摄像机视角大小。
- Fov Kick：视角大小改变的参数。
- Use Head Bob：是否模拟运动中的头部晃动。
- Head Bob：头部晃动曲线的参数。
- Jump Bob：跳跃曲线的参数。
- Step Interval：模拟头部晃动和脚步声时两步间的时间间隔大小。
- Footstep Sounds：脚步声，每次随机选取一个声音片段播放。
- Jump Sound：起跳声。
- Land Sound：着陆声。

2. RigidBodyFPSController

提供由碰撞体和刚体做限制的第一人称控制器预设，可模拟运动中头部晃动，参数如图 4-1-17 所示。
与 FPSController 控制器不同的是，一个是用 CharacterController 控制移动，一个是控制人物本身的刚体，给刚体添加一个方向力，就可以移动。

149

- Forward Speed：向前运动的速度。
- Backward Speed：向后运动的速度。
- Strafe Speed：侧向运动的速度。
- Run Multiplier：跑动时的乘量系数。
- Run Key：跑动操作按键。
- Jump Force：跳跃力度。
- Slope Curve Modifier：地面倾角对速度的影响曲线。
- Mouse Look：鼠标控制摄像机旋转的参数。
- X Sensitivity：镜头横向旋转的灵敏度。
- Y Sensitivity：镜头纵向旋转的灵敏度。
- Clamp Vertical Rotation：是否限制纵向旋转的范围。
- MinimumX：纵向旋转（绕 X 轴旋转）的最小角度。
- MaximumX：纵向旋转（绕 X 轴旋转）的最大角度。
- 平滑：旋转镜头时是否做平滑处理。
- SmoothTime：平滑处理时使用的时间因子，越大延时越短。
- LockCursor：是否锁定鼠标。

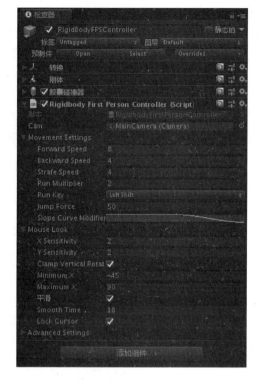

图 4-1-17　RigidBodyFPSController 参数

任务实施

第一人称控制器

一、导入资源包

（1）启动 Unity3D，创建一个新项目。

（2）选择"资源|导入包|自定义包"命令，打开标准资源包"Characters.unitypackage"，如图 4-1-18 所示。

（3）选择 Characters，单击"导入"按钮。

（4）Characters 资源包导入后如图 4-1-19 所示。

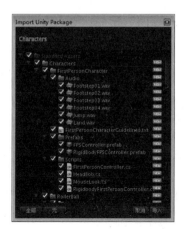

图 4-1-18　选择 Characters 资源包

图 4-1-19　导入 Characters 资源包

二、FPSController

（1）新建场景。选择"文件|新建场景"（【Ctrl+N】组合键）命令，创建一个新场景，保存场景，场景名为"第一人称"，如图 4-1-20 所示。

（2）创建平面对象（Plane）。

（3）在 "Standard Assets | Characters | FirstPersonCharacter | Prefabs" 里面有两个控制器：FPSController、RigidBodyFPSController。

图 4-1-20　新建场景

（4）拖动 "FPSController" 控制器到场景，建立一个第一人称控制器，如图 4-1-21 所示。

（5）按【Ctrl+P】播放游戏，移动鼠标能控制场景视角旋转，键盘方向键能控制前进、后退和左右转向。

（6）导入 Prototyping 资源包。选择"资源|导入包|自定义包"命令导入 Prototyping，如图 4-1-22 所示。

图 4-1-21　创建第一人称控制器

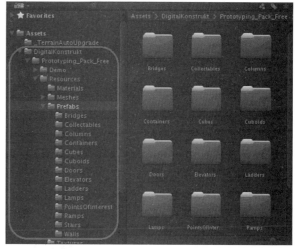

图 4-1-22　导入 Prototyping 资源包

（7）Prototyping 的 Prefabs 提供了多个基本模型，如图 4-1-23 所示。

（8）将 Prefabs 文件夹中的对象拖动到场景中，场景参照图 4-1-24。

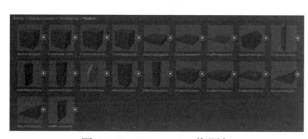

图 4-1-23　Prototyping 资源包

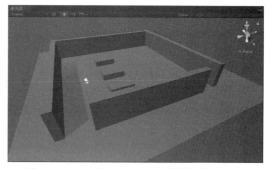

图 4-1-24　运用 Prototyping 资源包搭建场景

（9）适当调整第一人称控制器位置，按【Ctrl+P】组合键运行游戏。
（10）为场景对象添加适当材质贴图。

拓展任务

实践案例：海岛漫游

案例设计：

导入"island.unitypackage"资源包，添加第一人称控制器，实现海岛场景漫游，任务效果如图 4-1-25 所示。

海岛漫游

图 4-1-25　任务效果

参考步骤：

步骤 1　启动 Unity3D，新建场景。

步骤 2　导入素材资源包"island.unitypackage"。

步骤 3　双击 Assets 文件夹中场景文件 islands 打开场景，如图 4-1-26 所示。

图 4-1-26　打开场景

步骤4 层级视图列出了当前场景对象名称,双击 LevelObjects 中的 Footbridge_2 显示小桥对象,适当缩放视图,如图 4-1-27 所示。

图 4-1-27 显示桥对象

步骤5 如果项目视图没有第一人称角色控制器,先导入 "Characters.unitypackage"。

步骤6 拖动 "Standard Assets | Characters | FirstPersonCharacter | Prefabs" 中的 FPSController 控制器到场景,建立一个第一人称控制器,如图 4-1-28 所示。

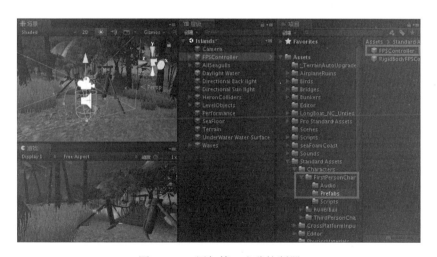

图 4-1-28 添加第一人称控制器

步骤7 运行游戏,使用键盘鼠标控制场景漫游。

任务评价

任务评价表见表 4-1-1。

表 4-1-1　任务评价表

项目	内容		评价		
	任务目标	评价项目	3	2	1
职业能力	资源包的安装使用	资源包获取			
		资源包的导入			
		标准资源包的使用			
	第一人称控制器的使用	导入标准资源包			
		添加第一人称控制器			
通用能力	信息检索能力				
	团结协作能力				
	组织能力				
	解决问题能力				
	自主学习能力				
	创新能力				
综合评价					

任务 2　第三人称控制器

任务描述

第三人称控制器要用于对第三人称游戏主角的控制。本任务主要学习第三人称控制器 AiThirdPersonController、ThirdPersonController 的具体应用，任务效果如图 4-2-1 所示。

图 4-2-1　任务效果

相关知识

ThirdPersonCharacter（第三人称角色）

ThirdPersonCharacter 有两个预制体：ThirdPersonController、AIThirdPersonController。

1. ThirdPersonController

通用的第三人称角色控制器。控制器提供对第三人称角色各项参数的设置功能，主要由 Third Person User Control、Third Person Character 两部分构成。除 Third Person User Control、Third Person Character 之外，还有动画器、刚体、胶囊碰撞器，这些组件都需挂到角色对象，如图 4-2-2 所示。

（1）Third Person User Control（Script）：主要用于检测用户输入，然后将用户输入转化为具体的行为数据，传递给 Third Person Character 使用。

（2）Third Person Character（Script）：脚本稍微复杂一些，它涉及角色的移动、动画的播放等。

- Moving Turn Speed：运动中的转向速度。
- Stationary Turn Speed：站立时的转向速度。
- Jump Power：起跳的力度。
- Gravity Multiplier：重力影响的乘量系数。
- Run Cycle Leg Offset：奔跑状态下起跳时用于计算两腿前后相对位置的偏移参数。
- Move Speed Multiplier：移动速度的乘量系数。
- Anim Speed Multiplier：移动动画的乘量系数。
- Ground Check Distance：判断角色是否着地的检测距离。

2. AIThirdPersonController

由 AI 控制的人物预设，自动朝特定目标行进，如图 4-2-3 所示。

图 4-2-2　ThirdPersonCharacter

图 4-2-3　AIThirdPersonController

AI Character Control（Script）组件：提供人物模型朝特定目标的自动寻路功能。其中，"目标"指当前的行进目标。

任务实施

一、ThirdPersonController

（1）创建平面（地面）对象。

扫一扫

第三人称
控制器

（2）在"Assets | Characters | ThirdPersonCharacter | Prefabs"文件夹中有两个控制器：AiThirdPersonController、ThirdPersonController。

（3）拖动"ThirdPersonController"控制器到场景，建立了一个第三人称控制器对象，如图 4-2-4 所示。

（4）游戏视图看不到地面和角色，需要调整相机位置。在层级视图选择"Main Camera"，选择"游戏对象|对齐视图中心"（【Ctrl+Shift+F】组合键）命令，如图 4-2-5 所示。

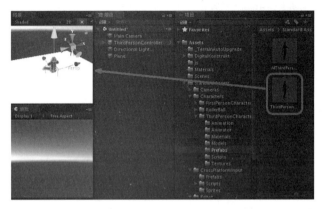

图 4-2-4　建立第三人称控制器　　　　　　　　图 4-2-5　对齐视图中心

（5）按【Ctrl+P】组合键播放游戏，键盘方向键能控制角色人物前进、后退和左右转向，空格实现角色的跳跃。

此时可能会发现一个问题，角色总会跑到视野之外。想一想，怎么解决这个问题呢？方法就是更换场景摄像机。在层级视图选择"Main Camera"，然后将其删除。如果层级视图 Standard Assets 中没有显示 Cameras，需要导入 Cameras.unitypackage 资源包。资源包导入后如图 4-2-6 所示。

添加"Standard Assets | Camera | Prefabs"中的"MultipurposeCameraRig"（多目标相机）到场景，如图 4-2-7 所示。

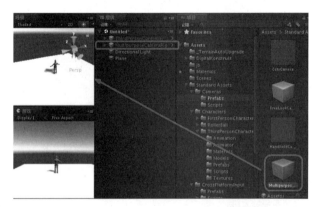

图 4-2-6　Cameras 资源包　　　　　　　　图 4-2-7　添加多目标相机

为了实现角色人物运动时摄像机的跟随，选择"MultipurposeCameraRig"，在检查器视图中将 ThirdPersonController 拖动到 MultipurposeCameraRig 的"目标"位置，如图 4-2-8 所示。运行游戏，这次无论角色怎样运动,摄像机都能紧紧跟随角色人物。

扫一扫

AI第三人称控制器

二、AiThirdPersonController

(1)将 AIThirdPersonController 拖入场景中。

(2)首先将 Plane(地面)转换成"导航静态",如图 4-2-9 所示。

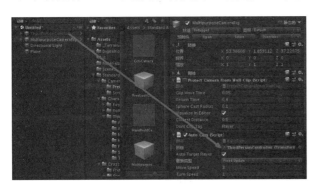

图 4-2-8　设置多目标相机目标　　　　　图 4-2-9　Plane 设为导航静态

(3)在 Plane 下新建一个圆柱体,并且在"AIThirdPersonController"的目标中选择这个圆柱体,如图 4-2-10 所示。目的是让场景运行时,人物朝着这个圆柱体跑过去。

(4)接下来,选择"窗口|AI|导航"命令,显示"导航"窗口,如图 4-2-11 所示。

图 4-2-10　创建并设置导航目标　　　　　图 4-2-11　执行导航命令

(5)在"导航"窗口,选择"烘焙"选项,单击"Bake"按钮。此时,场景中导航区域显示为淡蓝色,如图 4-2-12 所示。

(6)烘焙完成后,播放游戏,人物就直接朝着圆柱体跑过去。

(7)在圆柱和人物之间放置些立方体等障碍物,重新播放游戏,观察人物的运动轨迹。

三、角色模型控制

(1)新建场景,重命名场景为"角色模型控制"。

扫一扫
角色模型控制

（2）导入素材资源包"Basic Motions Pack.unitypackage"，如图 4-2-13 所示。单击导入按钮将资源包导入到场景中。资源包 Prefabs 文件夹中提供了模型的 6 种运动状态，分别为 Idle（空闲）、Jump（跳）、Run（跑）、Run Backwards（向后跑）、Sprint（全速跑）、Walk（走），如图 4-2-14 所示。

（3）创建平面对象，将 Prefabs 对象拖动到场景。运行游戏，观察模型运动效果，如图 4-2-15 所示。

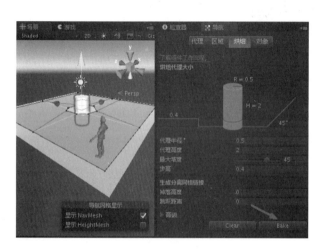

图 4-2-12　烘焙场景

图 4-2-13　导入资源包

图 4-2-14　模型运动状态

图 4-2-15　模型运动效果

虽然模型有各自的运动状态，但是不受键盘、鼠标控制。下面为模型添加第三人称角色控制器。

（1）停止游戏运行。

（2）选择"Basic Motions Dummy - Walk"对象，在右键快捷菜单中选择"Open Prefabs Assets"命令。

（3）拖动"ThirdPersonCharacter|Scripts"文件夹中的"ThirdPersonUserControl"到模型对象，添加第三人称控制器脚本，如图 4-2-16 所示。

项目 四 Unity3D 角色控制

图 4-2-16　添加第三人称控制器脚本

（4）将模型对象动画器中的"Controller"设为"ThirdPersonAnimatorController"，如图 4-2-17 所示。

图 4-2-17　设置模型动画控制器

（5）返回场景，运行游戏。添加控制器的模型可能会出现离地的异常现象，如图 4-2-18 所示。

图 4-2-18　模型异常现象

解决方法是修改"Ground Check Distance"数值。首先停止游戏运行。将 Third Person Character 脚本中 Ground Check Distance 数值调整为 1；将胶囊碰撞器的中心 Y 值设为 0.5，如图 4-2-19 所示。再次运行游戏，模型可以在键盘鼠标控制下正常运动了，如图 4-2-20 所示。

图 4-2-19 修改模型参数

图 4-2-20 运行效果

用同样的方法，为场景其他几个模型添加第三人称角色控制脚本。

拓展任务

实践案例：卡通城市漫游

案例设计：

运用"Cartoon City Model Pack.unitypackage"中的资源创建城市场景，运用第三人称控制器，实现沿道路自动导航到目标位置，任务效果如图 4-2-21 所示。

扫一扫
卡通城市漫游

图 4-2-21 任务效果

参考步骤：

步骤1 启动 Unity3D，导入卡通城市资源包 "Cartoon City Model Pack.unitypackage"。

步骤2 打开资源包提供的案例场景（Assets\Cartoon City Pack\ExampleScene）或者选择合适的 Prefabs 对象搭建场景，如图 4-2-22 所示。

图 4-2-22　场景模型

步骤3 将第三人称角色控制器（AIThirdPersonController）添加到场景，调整到道路起点地面位置，如图 4-2-23 所示。

图 4-2-23　添加 AIThirdPersonController

步骤4 选择"游戏对象 | 创建空对象"（【Ctrl+Shift+N】组合键）命令创建一个空对象，调整位置到道路终点地面上方位置，如图 4-2-24 所示。

步骤5 选择"Road"，在检查器视图单击"静态的"右侧按钮，选择"导航静态"。此时弹出"Change Static Flags"对话框，选择"Yes, change children"，将"Road"的所有子对象都设为导航静态，如图 4-2-25 所示。

步骤6 选择"窗口 | AI | 导航"命令，显示导航视图，在"对象"选项卡选中"Road"的所有子对象，如图 4-2-26 所示。

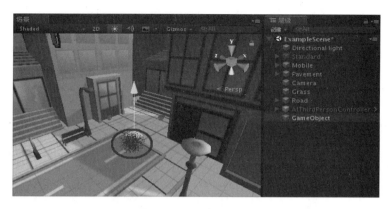

图 4-2-24 添加空对象

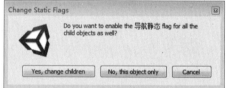

图 4-2-25 设置导航静态对象

图 4-2-26 选择导航对象

步骤 7 切换到"烘焙"选项卡,单击"Bake"按钮烘焙 Road 对象。烘焙完成后 Road 显示为蓝色,如图 4-2-27 所示。

步骤 8 选择"AIThirdPersonController",将 GameObject(空对象)拖动到目标右侧文本框中,如图 4-2-28 所示。

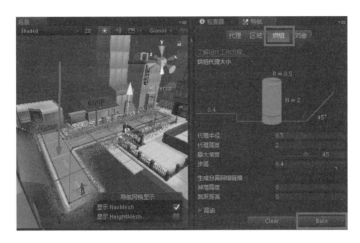

图 4-2-27 烘焙 Road 对象

图 4-2-28 设置 AIThirdPersonController 目标

步骤 9 导入资源包 "Skyboxes.unitypackage"，选择合适的天空贴图拖放到场景视图，为场景添加天空，如图 4-2-29 所示。

图 4-2-29 添加天空

步骤 10 运行游戏，人物沿道路自动导航到目标点。

任务评价

任务评价表见表 4-2-1。

表 4-2-1　任务评价表

项目	内容		评价		
	任务目标	评价项目	3	2	1
职业能力	第三人称控制器的使用	导入标准资源包			
		ThirdPersonController 使用			
		AiThirdPersonController 使用			
		能够控制角色模型			
通用能力	信息检索能力				
	团结协作能力				
	组织能力				
	解决问题能力				
	自主学习能力				
	创新能力				
综合评价					

小结

本项目通过 2 个任务，主要介绍了 Unity3D 角色控制器——FPSController、ThirdPersonCharacter、AiThirdPersonController 的使用方法，同时对标准资源包的获取、导入使用进行了详细的介绍。通过项目任务学习，为运用 Unity3D 进行游戏角色控制项目开发打下坚实基础。

习题

一、选择题

1. Unity3D 标准资源包包括（　　）。
   A. 相机（Cameras）　　　　　　B. 角色（Characters）
   C. 效果（Effects）　　　　　　D. 粒子系统（Particle Systems）

2. 双击资源包可以（　　）。
   A. 编辑资源包　　　　　　　　B. 导入资源包
   C. 打开资源包　　　　　　　　D. 重命名资源包

3. Prototyping 资源包提供了（　　）。
   A. 角色模型　　　　　　　　　B. 环境
   C. Prefabs 模型　　　　　　　D. 地形

4. 如果项目视图没有第一人称角色控制器，则要先导入（　　）。

A. Characters.unitypackage B. Environment.unitypackage
C. Prototyping.unitypackage D. Cameras.unitypackage

5. 由AI控制的人物预设是（　　）
A. ThirdPersonController B. AIThirdPersonController
C. FirstPersonController D. AIFlrstPersonController

二、填空题

1. _____里面有各种各样的资源可供使用，包含了纹理、模型、动画到整个示例项目，以及教程和编辑器插件等内容。
2. Characters 资源包包含_____、_____、_____。
3. FirstPersonCharacter 包括两个预制体_____、_____。
4. _____模式相当于透视视野。_____模式相当于平行视野。
5. 实现第三人称导航时，需要将地面对象设为_____。

三、简答题

1. 标准资源包中包含哪些资源？
2. 采用哪几种方法可以将资源包导入到项目中？
3. 怎样防止第三人称角色跑到场景视野之外呢？

项目五
U3D 地形与导航

在开发战争题材或者模拟飞行类型 3D 游戏的时候，经常要构建真实的地形地貌。Unity 3D 提供了强大的地形编辑系统和导航系统，用户可以轻松实现此类游戏的设计制作。

学习目标

（1）能够创建、编辑地形。
（2）能够使用环境资源包。
（3）能够创建地形并完成草地、树木、海洋等对象的建立与编辑。

任务 1　地形系统

任务描述

Unity 3D 有一套功能强大的地形编辑器，支持以笔刷方式精细地雕刻出山脉、峡谷、平原、盆地等地形，同时还包含了材质纹理、动植物等功能。本任务运用 Unity3D 自带的地形系统实现真实地形的构建，同时完成树木、草地、海洋等对象的创建，任务效果如图 5-1-1 所示。

图 5-1-1　任务效果

项目 五　U3D 地形与导航

相关知识

一、创建和编辑地形

Unity3D 提供了一个功能强大的地形编辑系统，选择"游戏对象|3D对象|地形"命令后会在场景绘制一个大而平坦的平面对象。

1. Raise or Lower Terrain（提升和下沉地形工具）

在绘制地形工具下拉列表框中选择"Raise or Lower Terrain"，显示绘制工具选项，如图 5-1-2 所示。当使用这个工具时，高度将随着用鼠标在地形上扫过而升高。如果在一处固定鼠标，高度将逐渐增加，这类似于在图像编辑器中的喷雾器工具。按【Shift】键，高度将会降低。不同的刷子可以被用来创建不同的效果。例如，创建丘陵地形，通过软边刷子进行抬升，然后削减陡峭的山峰和山谷；通过使用硬边刷子进行降低，调整不透明度更改提升或下沉的强度，如图 5-1-3 所示。

图 5-1-2　地形绘制工具

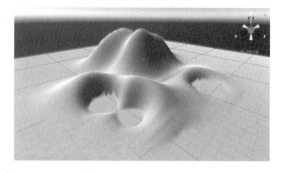
图 5-1-3　地形绘制效果

2. Paint Height（绘制高度）

类似于提升和下沉地形工具。在对象上绘制时，设定高度的上方区域会下降，下方区域会上升。用户可以使用高度属性来手动设置高度，也可以在地形上按住【Shift】键单击来取样鼠标位置的高度。在高度属性右侧的"Flatten"按钮可以简单地拉平整个地形到选定的高度，这对设置一个凸起的地面水平线很有用。Paint Height 对于在场景中创建高原以及添加人工元素（如道路、平台和台阶）都很方便。绘制高度工具面板及其效果如图 5-1-4 所示。

3. Smooth Height（平滑地形工具）

该工具并不会明显地提升或降低地形高度，但会平均化附近的区域，如图 5-1-5 所示。这缓和了地表，降低了陡峭变化的出现，类似于图片处理中的模糊工具。当创建了地表上尖锐、粗糙的岩石后，可以使用平滑地形工具刷子来缓和。

167

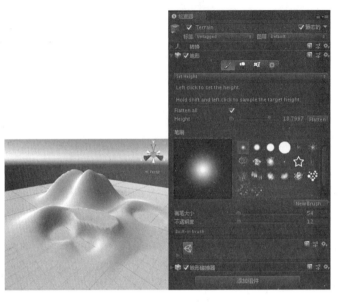

图 5-1-4 绘制高度工具

4. Paint Textures（绘制贴图工具）

在地形表面可以添加纹理图片以创造色彩和良好的细节。由于地形是巨大的对象，在实践中标准的做法是使用一个无空隙（即连续的）重复的纹理，在表面上用它成片地覆盖，可以绘制不同的纹理区域，以模拟不同的地面，如草地、沙漠和雪地。绘制出的纹理可以在不同的透明度下使用，这样就可以在不同地形纹理间形成渐变，效果更自然。

单击"Edit Terrain Layers…"（编辑地形图层）按钮，如图 5-1-6 所示。在弹出窗口选择"Create layer…"（创建图层），然后选择地形贴图。

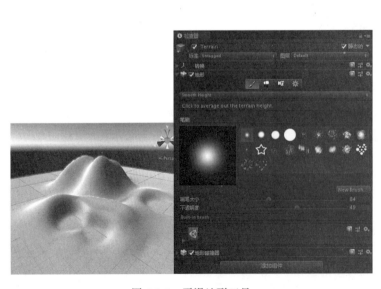

图 5-1-5 平滑地形工具

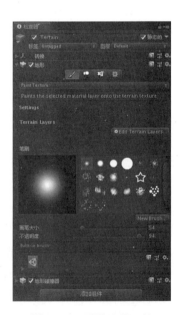

图 5-1-6 平滑地形工具

5. 绘制树木（Paintertree）

Unity3D 地形可以绘制树木，就像使用纹理那样将树木绘制到地形上，但树木是固定的、从表面生长出来的三维对象。地形系统使用了优化（例如，对远距离树木应用广告牌效果），保证良好的渲染效果，所以一个地形可以拥有上千棵树组成的茂密森林，同时保持可接受的帧率。

单击"编辑树"按钮并且选择"添加树"命令，将弹出一个窗口，从中选择一种树木资源，如图 5-1-7 所示。

图 5-1-7　编辑树

当一棵树被选中时，可以在地表用绘制纹理或高度图的方式来绘制树木，按住【Shift】键可从区域中移除树木，按住【Ctrl】键则只绘制或移除当前选中的树木。树木绘制效果如图 5-1-8 所示。

6. 绘制细节（Paint Details）

地形表面可以有草丛和其他小物体，如覆盖表面的石头。草地使用二维图像进行渲染来表现草丛，而其他细节从标准网格中生成。在地形编辑器中单击"编辑细节"按钮，在出现的菜单中选择"添加草纹理"，在出现的窗口中选择合适的草资源，如图 5-1-9 所示。

图 5-1-8　绘制树

7. 地形设置（Terrain Settings）

单击地形编辑器最右边按钮 打开地形设置面板，如图 5-1-10 所示，该面板用于设置地形参数。

（1）Basic Terrain（基本地形）主要参数。

- 绘制：绘制地形。
- 像素误差：显示地形网格时允许的像素容差。
- 底图距离：以全分辨率显示地形纹理的最大距离。在这个距离之外，系统使用低分辨率的合成图像以提高效率。
- 投射阴影：设置地形是否有投影。
- 材质：为地形添加材质。

图 5-1-9　绘制细节

图 5-1-10　绘制细节

（2）Tree & Detail Objects（树和细节对象）主要参数。
- 绘制：设置是否渲染除地形以外的对象。
- 细节距离：设置摄像机停止对细节渲染的距离。
- 细节密度：给定区域单位中的细节 / 草对象数。将此值设置为较低以减少渲染开销。
- 树距离：设置摄像机停止对树进行渲染的距离。
- Billboard 开始：设置摄像机将树渲染为广告牌的距离。
- 淡化长度：树在三维对象和广告牌之间转换的距离。
- 最大网格树：设置使用网格形式进行渲染的树木最大数量。超过这个数量，广告牌代替树木。

（3）Wind Settings for Grass（风）主要参数。
- 速度：风吹过草地的速度。
- 大小：当风吹过草地时，草地上波纹的大小。
- 弯曲：设置草跟随风弯曲的程度。
- 草色彩：设置地形上的所有草和细节网格的总体渲染颜色。

二、环境资源包

一般情况下，要在游戏场景中添加水特效较为困难，因为需要开发人员懂得着色器语言且能够熟练地使用它进行编程。Unity 3D 游戏开发引擎为了能够简单地还原真实世界中的场景，在标准资源包中添加了多种水特效，用户可以轻松地将其添加到场景中。

资源商店下载的标准资源包和独立安装的标准资源包都包含环境资源包（Environment.unitypackage），导入 Environment.unitypackage 资源包，如图 5-1-11 所示。环境资源包里面包含树木、花草、水资源等。

1. 树木

环境资源包的 SpeedTree 文件夹，有 Broadleaf、Conifer 和 Palm 3 种树木，可将文件夹中的树木对象直接拖动到场景中，如图 5-1-12 所示。

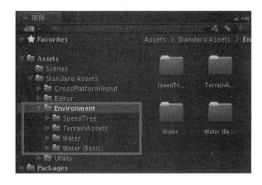

图 5-1-11　环境资源包

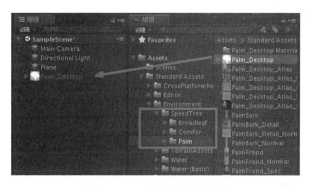

图 5-1-12　添加树木到场景

树木添加到场景后，效果如图 5-1-13 所示

图 5-1-13　三种树木效果

2. 水特效

环境资源包提供了 Water、Water（Basic）两种水特效，Water 又分为 Water、Water4 两种。

（1）Water 文件夹下的 Prefabs 文件夹包含两种水资源的预制体：WaterProDaytime、WaterProNighttime，如图 5-1-14 所示。可将其直接拖到到场景中，这两种水特效功能较为丰富，能够实现反射和折射效果，并且可以对其波浪大小、反射扭曲等参数进行修改。

（2）Water4 文件夹下的 Prefabs 文件夹包含两种水资源的预制体：Water4Advanced、Water4Simple，如图 5-1-15 所示。这两种水特效逼真度高，它既有顶点的变化，也有像素着色的变化。

（3）Water（Basic）文件夹下也包含两种基本水的预制体，如图 5-1-16 所示。基本水功能较为单一，没有反射、折射等功能，仅可以对水波纹大小与颜色进行设置，由于其功能简单，所以这两种水所消耗的计算资源很小，更适合移动平台的开发。

图 5-1-14 Water

图 5-1-15 Water4

三、天空盒（Skybox）

天空盒是一个全景视图，分为六个纹理，表示沿主轴（上、下、左、右、前、后）可见的六个方向的视图，如图 5-1-17 所示。如果天空盒被正确地生成，那么纹理图像会在边缘无缝地拼合在一起，在内部的任何方向看，都会是一副连续的画面，这就形成了整个场景的一个包裹。全景图片会在场景中的所有其他物体后面被渲染，并旋转以匹配照相机的当前方向（它不会随着照相机的位置变化，而照相机的位置总是位于全景图的中心）。天空盒可以用来模拟无限的天空、山脉、海洋等，因此，天空盒是一种可将现实感添加到场景的简单方法。

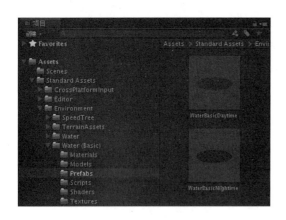
图 5-1-16 Water(Basic)

图 5-1-17 天空盒六视图

默认情况下，新建场景中已经分配了一个简单的天空盒，选择"窗口|渲染|照明设置"命令打开照明窗口，如图 5-1-18 所示。这就是场景背景看起来是从浅蓝到深蓝的渐变，而不是单一的深蓝色。

1. 天空盒着色器

在 Assets 文件夹里创建新文件夹，并命名为 Skybox，在文件夹中新建材质球，并命名为 skybox。在 Skybox 检查器视图中单击 Shader（着色器）右侧下拉列表框选择合适的 Skybox。Skybox 有 6 Sided（六边）、Cubemap（盒型贴图）、Panoramic（全景化）、Precedural（程序化）4 种类型，如图 5-1-19 所示。

项目 五　U3D 地形与导航

图 5-1-18　场景默认天空盒

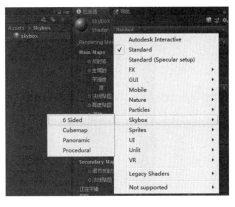

图 5-1-19　天空盒着色器

（1）6 Sided（六边）。

修改 Shader 类型为 Skybox/6 Sided，参数面板出现六个材质纹理槽，分别对应天空盒六面视图，如图 5-1-20 所示。

图 5-1-20　天空盒六边材质面板

- Tint Color：整体色调。
- Exposure：曝光度。
- Rotation：贴图旋转度。
- Front/Back/Left/Right/UP/Down：天空盒贴图，对应 Shader 6 张不同方向的贴图。

导入资源包 Cope Free Skybox Pack.unitypackage（可从资源商店获取），将贴图按顺序添加到六个纹理槽。这时需要将贴图文件的贴图间拼接模式由"重复"（Repeat）改为"钳制"（Clamp），如图 5-1-21 所示，以消除贴图拼接缝隙间的模糊线条，从而使拼接更加自然。

173

图 5-1-21　设置天空盒贴图

（2）Cubemap（盒型贴图）。

盒型贴图将着色器所需的六张贴图整合为一张贴图，相当于六边着色器材质的合成，这样使用起来也更加方便，参数面板如图 5-1-22 所示。

- Tint Color：整体色调。
- Exposure：曝光度。
- Rotation：贴图旋转度。
- Cubemap（HDR）：盒型贴图，这种贴图是用六张各个方向的图片拼接而成的，用 Photoshop 软件很容易制作出来。盒型贴图导入 Unity3D 时，检查器里面的纹理形状默认选项为 2D，必须改为立方体并单击应用按钮才能将其拖入 Cubemap（HDR）贴图中，如图 5-1-23 所示。

图 5-1-22　天空盒型贴图

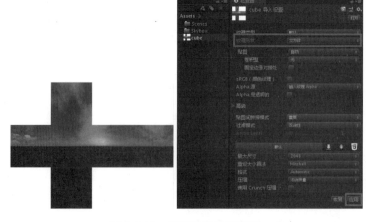

图 5-1-23　设置贴图纹理类型

（3）Panoramic（全景化）。

全景化贴图使用球形全景图作为材质贴图，参数面板如图 5-1-24 所示。

- Tint Color：整体色调。
- Exposure：曝光度。
- Rotation：贴图旋转度。
- Spherical（HDR）：球形贴图。这种贴图基本都是指球形全景贴图，是比较推荐的一种天空盒类型，它是由全景相机拍摄或多张图片合成。一般来说 JPG、HDR、EXR 格式的全景图都可以使用，如图 5-1-25 所示。

图 5-1-24　全景化参数　　　　　　　　图 5-1-25　全景贴图

- Mapping：提供两个选项，6 Frame Layout（6 帧层级）和 Latitude Longitude Layout。对于 Cubemap 型内容，将 Mapping 设为"6 Frames Layout"，而等距长圆柱类型则需选择"Latitude Longitude Layout"。
- Image Type：可选 360° 和 180°。

（4）Procedural（程序化）。

这种天空盒着色器不能导入贴图，只能使用参数设置，实现效果相对简单，参数面板如图 5-1-26 所示。

- Sun：有 None（无）、Simple（简单）、High Quality（高质量）三个参数。
- Sun Size：太阳的大小。
- Sun Size Convergence：选择高质量的时候才出现的参数，可以调节太阳的聚散程度。
- Atmosphere Thickness：大气的厚度。
- Sky Tint：天空色调。
- Ground：地面颜色。
- Exposure：曝光度。

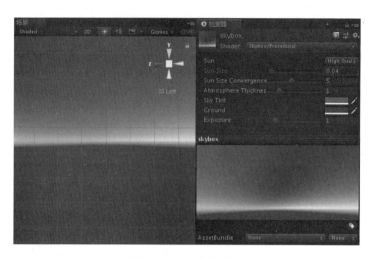

图 5-1-26　程序化参数

2. 天空盒应用

（1）在摄像机上添加 Skybox。

在层级视图选择 MainCamera（主摄像机），然后选择"组件|渲染|天空盒"命令。给主摄像机添加一个天空盒，主摄像机检查器面板如图 5-1-27 所示。

需要注意的是，摄像机组件的清除标志必须选择天空盒，否则下面的天空盒组件不会显示出来。在天空盒组件设置自定义天空盒，单击后面的小圆点图标，在弹出的选择栏中选择天空盒材质（也可直接把天空盒材质拖动到该位置），在摄像机预览窗口观察效果。

（2）在场景上添加 Skybox。

将制作好的天空盒材质直接拖动到场景的空白处即可。也可以选择"窗口|渲染|照明设置"命令，在场景选项卡环境参数组设置天空盒材质，如图 5-1-28 所示。

图 5-1-27　主摄像机检查器面板

图 5-1-28　设置照明参数

任务实施

一、创建与编辑地形

1. 创建地形

选择"游戏对象|3D 对象|地形"命令,在场景中创建地形对象,如图 5-1-29 所示。

扫一扫

地形系统

2. 设置大小

选择"Terrain"(地形),在检查器视图单击"地形设置"按钮 ,设置地形宽度(1 000)、地形长度(1 000)等参数,如图 5-1-30 所示。

图 5-1-29 创建地形

图 5-1-30 设置地形大小

3. 绘制地形

在 Terrain 检查器视图"地形"属性区域,选择地形绘制方式"Raise or Lower Terrain",选择合适的"笔刷""画笔大小""不透明度",如图 5-1-31 所示。在场景视图地形对象上面绘制,如果在同一点单击并且按住鼠标左键不松手,则继续增加其高度;在单击的同时按住【Shift】键绘制,地形会下降,绘制地形如图 5-1-32 所示。

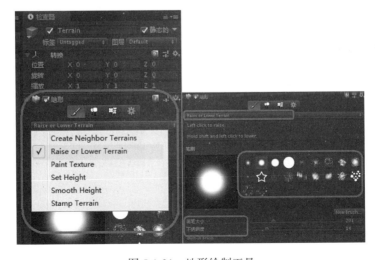

图 5-1-31 地形绘制工具

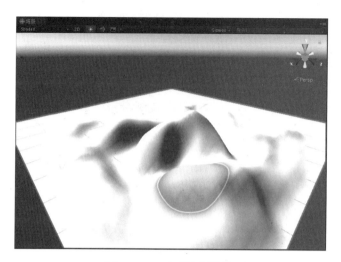

图 5-1-32　地形绘制效果

二、绘制贴图、树、草

1. 绘制贴图

（1）导入"Terrain Assets.unitypackage"资源包。

（2）地形绘制方式选择"Paint Texture",然后单击"Edit Terrain Layers…"按钮,选择"Create layer…",如图 5-1-33 所示。

（3）为图层选择合适的贴图,如图 5-1-34 所示。

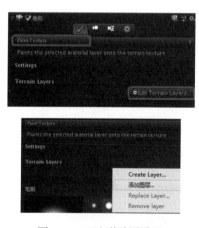

图 5-1-33　地形贴图设置

图 5-1-34　选择贴图

2. 绘制树

（1）单击"绘制树"按钮,切换到"绘制树"选项卡。单击"编辑树"按钮,在弹出的菜单中选择"添加树",如图 5-1-35 所示。

（2）在添加树窗口选择要添加的树，然后单击"Add"按钮，如图5-1-36所示。

图 5-1-35　绘制树

（3）在场景视图单击即可添加树，如图5-1-37所示。

图 5-1-36　添加树　　　　　　　　　　图 5-1-37　树绘制效果

3. 绘制草

（1）单击"绘制细节"按钮，切换到"绘制细节"选项卡。单击"编辑细节"按钮，在弹出的菜单中选择"添加草纹理"命令，如图5-1-38所示。

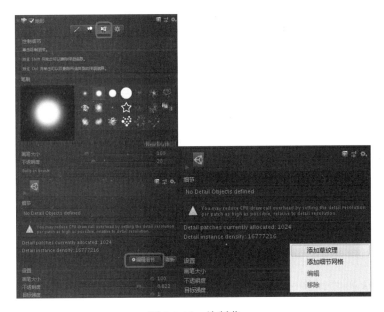

图 5-1-38　绘制草

（2）在添加草纹理窗口选择要添加的草纹理贴图，然后单击"Add"按钮。

（3）根据草的生成区域、疏密程度、高度要求设置画笔大小、不透明度、目标强度等参数，如图 5-1-39 所示。

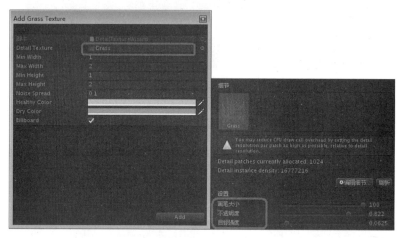

图 5-1-39　添加草

（4）在场景视图，单击鼠标即可添加草，如图 5-1-40 所示。

三、添加海洋

（1）导入"Environment.unitypackage"资源包，环境资源包提供了树、地形、水面等资源，如图 5-1-41 所示。

图 5-1-40　草绘制效果

图 5-1-41　导入环境资源包

（2）选择"Environment| Water | Prefabs"文件夹中的"WaterProDaytime"，在场景创建水面对象，并适当调整位置和大小，如图 5-1-42 所示。

（3）调整场景视角，添加水面后效果如图 5-1-43 所示。

四、添加第一人称控制器

添加第一人称控制器（FPSController）到场景。运行游戏，观察地形创建效果。

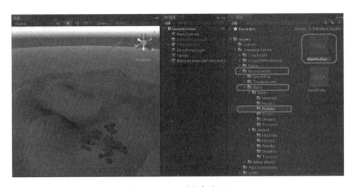

图 5-1-42 创建水面

图 5-1-43 水面效果

拓展任务

实践案例：制作林中漫步

案例设计：

创建地形，运用 "Terrain Assets.unitypackage" 中资源创建树木、草地，运用第三人称控制器实现键盘控制角色在林中漫步，任务效果如图 5-1-44 所示。

参考步骤：

步骤 1 启动 Unity3D 软件。

步骤 2 创建地形对象，单击绘制地形工具，选择 Raise or Lower Terrain 进行简单绘制，效果如图 5-1-45 所示。

制作林中漫步

图 5-1-44 任务效果

步骤 3 导入地形资源包 "Terrain Assets.unitypackage"。

步骤 4 选择绘制树，单击 "编辑树" 按钮，加载 "Forester Pro Sycamore" 资源包中的树木，如图 5-1-46 所示。

步骤 5 在地形对象上面绘制树木，效果大致如图 5-1-47 所示。

图 5-1-45 绘制地形

图 5-1-46 加载树木

步骤 6 选择 "Paint Texture" 工具加载合适地面贴图，如图 5-1-48 所示。

图 5-1-47 绘制树木

图 5-1-48 绘制地面贴图

步骤 7 选择绘制细节，单击编辑细节按钮添加草纹理，在打开的窗口中选择 Grass 纹理贴图，如图 5-1-49 所示。

图 5-1-49 选择草纹理

步骤8 在地面适当绘制草,调整场景视角,效果如图 5-1-50 所示。

步骤9 添加第三人称控制器,调整到地面合适位置。

图 5-1-50 绘制草纹理

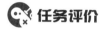任务评价

任务评价表见表 5-1-1。

表 5-1-1 任务评价表

项目	内容		评价		
	任务目标	评价项目	3	2	1
职业能力	能够创建和编辑地形	能够创建地形			
		能够编辑地形			
		能够添加水效果			
		能够添加角色控制器实现漫游			
	掌握环境资源包和天空盒的使用	能够创建环境资源对象			
		掌握几种常用天空盒			
		能够为场景添加天空盒			
通用能力	信息检索能力				
	团结协作能力				
	组织能力				
	解决问题能力				
	自主学习能力				
	创新能力				
	综合评价				

任务 2 导航系统

任务描述

导航系统是 Unity3D 内置的强大寻路算法系统，可以方便、快捷地开发出各种复杂应用，被大量应用于各种动作、冒险等游戏中。本任务运用 Unity3D 导航网格实现游戏对象绕过障碍、自动寻路，任务效果如图 5-2-1 所示。

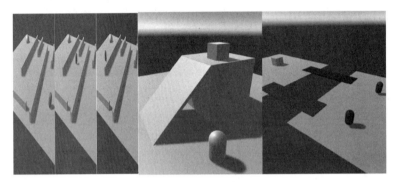

图 5-2-1 任务效果

相关知识

一、导航网格（NavMesh）

导航网格（NavMesh）是 3D 游戏世界中用于实现动态物体自动寻路的一种技术，它将游戏场景中复杂的结构组织关系简化为带有一定信息的网格，进而在这些网格的基础上通过一系列的计算来实现自动寻路。

在层级视图中选中场景中除了目标和主角以外的游戏对象，在检查器视图"静态的"下拉列表中选中"导航静态"，如图 5-2-2 所示。然后对这些物体进行烘焙即可。

二、导航视图

执行"窗口|AI|导航"命令显示导航视图，如图 5-2-3 所示。

图 5-2-2 导航对象设为导航静态

图 5-2-3 导航视图

1. "对象"选项卡

"对象"选项卡对应当前选择的物体，All、网格渲染器、地形是对层级视图里面显示的物体选择的一个筛选过滤。

- All：全部显示。
- 网格渲染器：只显示可渲染的网格物体。
- 地形：只显示地形对象。
- Navigation Static：导航静态，选择物体是否用作寻路功能的一部分。只有勾选该选项，其他选项才可操作。
- GenerationOffMeshLink：勾选后可跳跃（Jump）导航网格和下落（Drop）。
- Navigation Area：是对参与寻路功能的地图物体的一个分类，用层来分类，默认有三个层可以选择，当然也可以自己添加层。

2. "烘焙"选项卡

"烘焙"选项卡主要设置导航代理相关参数以及烘焙相关参数，如图 5-2-4 所示。

- 代理半径：具有代表性的物体半径，半径越小生成的网格面积越大。
- 代理高度：具有代表性的物体的高度，代理所能通过的最大高度。
- 最大坡度：斜坡的坡度。
- 步高：台阶高度。
- 掉落高度：最大允许的下落距离。
- 跳跃距离：最大允许的跳跃距离。
- Clear：清除已烘焙的场景。
- Bake：单击该按钮烘焙场景，蓝色代表可以寻路的地方，如图 5-2-5 所示。

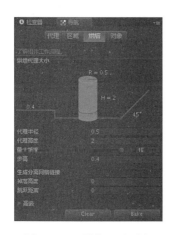

图 5-2-4 "烘焙"选项卡

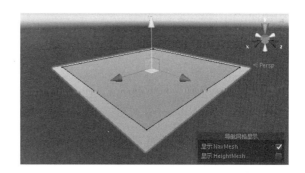

图 5-2-5 烘焙场景

3. "区域"选项卡

"区域"选项卡导航图层的设置与管理，如图 5-2-6 所示。上面三个 Buit-in 是系统默认的三个可选择层，在下面的 User 层中输入用户自定义的图层名称。

4. "代理"选项卡

"代理"选项卡主要设置导航代理相关参数,如图 5-2-7 所示。

- Name:代理名称,Humanoid(双足类人动物)。
- Radius:设置代理半径,半径越小,生成的网格面积越大。

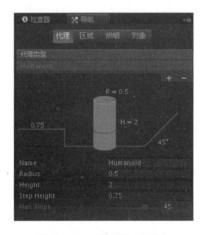

图 5-2-6 "区域"选项卡　　　　图 5-2-7 "代理"选项卡

- Height:设置代理的高度。
- Step Height:设置台阶高度。
- Max Slope:设置斜坡的坡度。

三、导航网格代理

导航网格代理可以理解为寻路的主体。在导航网格生成之后,选择"组件|导航|导航网格代理"命令给游戏对象添加一个导航网格代理组件,如图 5-2-8 所示。

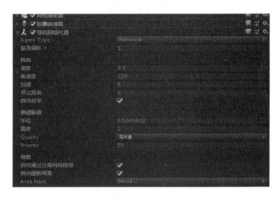

图 5-2-8　导航网格代理

- 基准偏移 X:碰撞模型和实体模型之间的垂直偏移量。
- 速度:物体的速度。
- 加速度:物体的加速度。
- 角速度:物体的角速度。
- 停止距离:离目标距离还有多远时停止(一般不会设置为 0,因为设置 0 距离,物体可能永远无法到达目的地)。
- 自动刹车:到达目标后自动停止。
- 半径:物体的半径。
- 高度:物体的高度。
- Quality:物体的质量。

- Priority：物体的优先级。
- 自动通过分离网格链接：是否采用默认方式渡过链接路径。
- 自动重新寻路：由于某些原因中断后是否重新开始寻路。
- Area Mask：网格代理会在哪些烘焙的区域中寻找路径，该项可以配合导航组件区域选项卡（设置层的）使用。

四、分离网格链接（Off Mesh Link）

场景中静态几何体的导航网格不是全部相连在一起的，一般会形成沟壑，使角色无法直接跳跃，或者是形成高台，使角色不能跳下。分离网格链接可用于解决这种问题。

用户可以自动或者手动创建分离网格链接，需要先设置烘焙选项卡中的掉落高度或者跳跃距离，如图 5-2-9 所示。前者控制跳跃高台最大高度，后者控制跳跃沟壑的最大距离。

图 5-2-9　分离网格链接

1. 自动创建分离网格链接

选中需要创建链接的对象，在对象选项卡内选中 "Generate OffMeshLinks" 复选框，再重新烘焙即可。这里平台 A 设置了链接，而平台 B 没有设置。此时，角色只能从平台 A 跳到平台 B，如图 5-2-10 所示。

2. 手动创建分离网格链接

选择场景对象（平面），添加分离网格链接组件。再创建两个空对象，分别用来控制跳跃的开始和结束点，如图 5-2-11 所示。

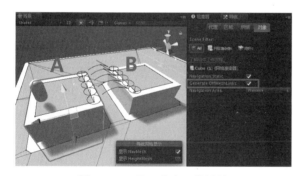

图 5-2-10　设置分离网格链接

图 5-2-11　添加分离网格链接组件

分离网格链接组件参数

- 成本覆盖：路径估值。
- 双向：控制跳跃是单向的还是双向的。
- 已激活：控制链接是否激活。
- 自动更新位置：在移动开始和结束时，自动更新。

烘焙场景后，导航网格如图 5-2-12 所示。

五、导航网格障碍

在游戏中，通常在寻路时会遇见一些障碍物（动态、静态障碍物），对于这些障碍物的控制可以使用导航网格障

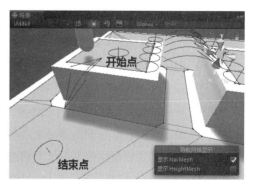

图 5-2-12　添加分离网格链接后的导航网格

碍组件，如图 5-2-13 所示。添加导航网格障碍组件后物体无法穿过障碍物。

导航网格障碍组件参数：
- 形状：障碍物类型，包括盒型和胶囊体。
- 中心、Size：调整障碍物中心和尺寸。
- 切割：不勾选时，该障碍物只是阻挡了物体的前进路线，并没有改变物体导航网格的路径，如图 5-2-14 所示；勾选以后，导航网格发生了改变，在障碍物表面切割出了一个网格区域，会重新进行最短路线的计算并移动，在场景中移动障碍物，导航网格也会重新计算，如图 5-2-15 所示。

图 5-2-13　导航网格障碍

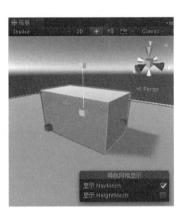
图 5-2-14　不勾选切割

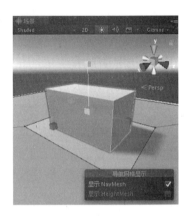
图 5-2-15　勾选切割

- 移动阈值：指障碍物移动的极限距离，超过该参数时，会重新切割这个障碍物。
- 静止时间：障碍物静止不动多久后会重新雕刻导航网格。
- 仅在静止时切割：勾选该项时，只有在障碍物静止时会对导航网格进行切割。

任务实施

一、导航

扫一扫
导航

（1）新建场景，将其命名为导航。

（2）创建平面、立方体等场景对象，创建胶囊作为移动对象，球体作为目标对象，将立方体作为子对象移到平面下方。

（3）按【Ctrl+D】组合键复制立方体（Cube），调整立方体大小、位置如图 5-2-16 所示。

（4）选择平面对象，单击检查器视图右上角"静态的"下拉列表，选择"导航静态"，由于平面对象有子对象，此时会出现"Change Static Flags"提示框，如图 5-2-17 所示。单击"Yes, change children"按钮将平面及其子对象设为导航静态对象。

（5）选择"窗口 | AI | 导航"命令显示导航视图，进入烘焙选项卡，如图 5-2-18 所示。

（6）单击"Bake"按钮，即可生成导航网格，蓝色为可导航区域，如图 5-2-19 所示。

（7）接下来让胶囊体根据导航网格移动到目标球体位置。选择"组件 | 导航 | 导航网格代理"命令为胶囊体添加"导航网格代理"组件，如图 5-2-20 所示。

项目 五 U3D 地形与导航

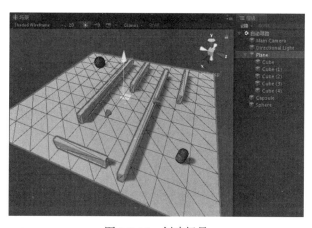

图 5-2-16 创建场景

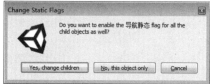

图 5-2-17 设置导航静态

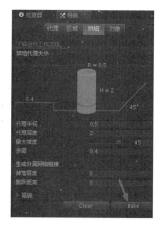

图 5-2-18 导航视图

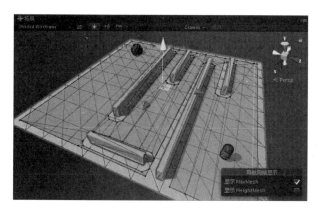

图 5-2-19 烘焙场景

图 5-2-20 为胶囊添加导航网格代理

（8）编写脚本实现自动寻路。创建 C# 脚本命名为"AutoNav"，编写脚本代码。

```
usingSystem.Collections;
usingUnityEngine;
using UnityEngine.AI;

public class AutoNav : MonoBehaviour
{
public  Transform target;
void Start(){
    if(target!=null){
        this.gameObject.GetComponent<NavMeshAgent>().SetDestination(target.position);
        }
    }
}
```

（9）将脚本挂到胶囊对象上，将"Sphere"拖动到胶囊对象脚本组件"target"变量，如图 5-2-21 所示。

（10）运行游戏，胶囊对象绕过障碍移向目标球体，如图 5-2-22 所示。

图 5-2-21　设置导航目标

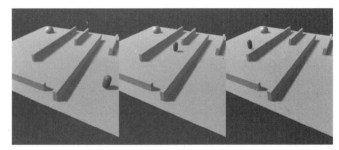

图 5-2-22　导航效果

二、坡度导航

（1）新建场景，将其命名为坡度导航。

（2）创建平面、立方体对象，调整立方体大小 X：2、Y：2、Z：2，如图 5-2-23 所示。

坡度导航

图 5-2-23　创建场景对象

（3）按【Ctrl+D】组合键复制立方体（Cube），调整立方体旋转参数 Z：-46，缩放 X：-4、Y：0.1、Z：2，如图 5-2-24 所示。

（4）创建空对象，命名为"environment"。将平面、立方体对象拖动到空对象，使其成为"environment"的子对象，如图 5-2-25 所示。

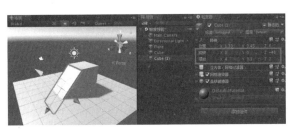

图 5-2-24　创建斜坡对象

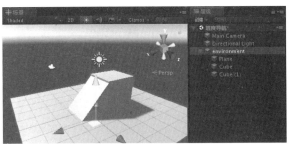

图 5-2-25　创建 environment 对象

（5）创建导航对象立方体、胶囊，调整位置大小如图 5-2-26 所示。

（6）选择"environment"，单击检查器视图右上角"静态的"下拉列表，选择"导航静态"，如图 5-2-27 所示。

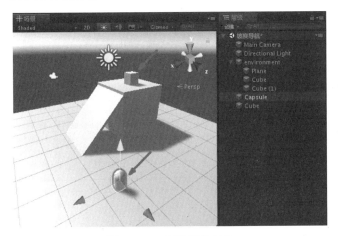

图 5-2-26　创建导航对象

图 5-2-27　设置导航静态

（7）选择"窗口|AI|导航"命令显示导航视图，进入烘焙选项卡，单击"Bake"按钮，生成导航网格，蓝色为可导航区域，如图 5-2-28 所示。

（8）观察后发现，斜坡对象立方体没有出现蓝色可导航区域。原因是默认斜坡最大角度为 45°。在超过 45°时无法生成导航网格，上面我们将斜坡立方体旋转了 46°。

（9）调整"烘焙"选项卡中代理参数，最大坡度为"60"，代理半径为"0.2"，再次烘焙场景，这次斜坡对象出现了导航网格，如图 5-2-29 所示。

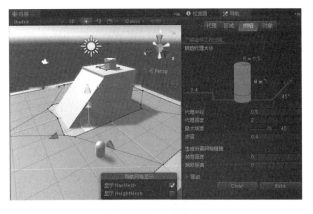

图 5-2-28　导航视图

（10）选择胶囊对象，选择"组件|导航|导航网格代理"命令为胶囊添加"导航网格代理"组件，如图 5-2-30 所示。

图 5-2-29　导航网格

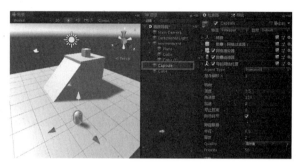

图 5-2-30　添加导航网格代理

（11）将脚本"AutoNav"挂到胶囊对象，将目标点立方体拖动到脚本目标变量，如图 5-2-31 所示。

（12）运行游戏，胶囊对象沿斜坡导航移动到立方体处，如图 5-2-32 所示。

图 5-2-31　添加脚本

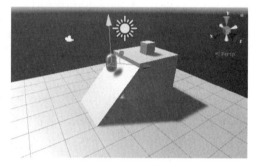

图 5-2-32　运行效果

三、选择导航

（1）新建场景，将其命名为"选择导航"。

（2）创建平面对象，按【Ctrl+D】组合键复制平面对象，调整位置如图 5-2-33 所示。

（3）创建两个立方体，分别命名为"red""green"，调整位置大小，使其连接两个平面，如图 5-2-34 所示。

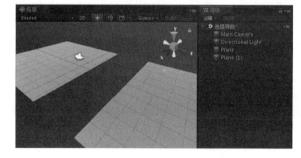

图 5-2-33　创建平面

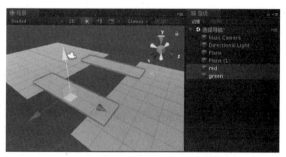

图 5-2-34　创建立方体

（4）创建两个材质，分别命名为"red""green"，材质颜色设置为红色、绿色，如图5-2-35所示。

（5）将材质"red""green"分别赋予场景对象"red""green"，如图5-2-36所示。

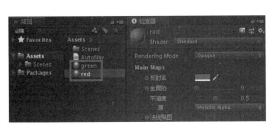

图 5-2-35　创建材质

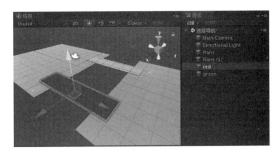

图 5-2-36　设置材质

（6）选择平面、立方体等4个对象，设为"导航静态"，如图5-2-37所示。

（7）创建两个胶囊对象，分别命名为"redplayer""greenplayer"，将材质"green"赋予"greenplayer"，材质"red"赋予"redplayer"。使"redplayer"靠近"green"对象，"greenplayer"靠近"red"对象，如图5-2-38所示。

图 5-2-37　设置导航静态

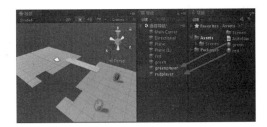

图 5-2-38　创建胶囊对象

（8）创建导航目标立方体对象，调整位置大小如图5-2-39所示。

（9）选择"窗口|AI|导航"命令显示导航视图，进入"区域"选项卡，添加"red""blue"，如图5-2-40所示。

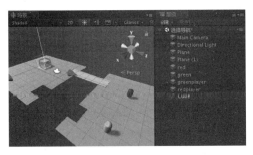

图 5-2-39　创建导航目标对象

图 5-2-40　添加导航区域

（10）进入对象选项卡，选择"red"对象，Navigation Area（导航区）设为"red"；选择"green"对象，"Navigation Area"设为"green"，如图5-2-41所示。

（11）进入烘焙选项卡，单击"Bake"按钮烘焙场景，如图5-2-42所示。

（12）选择"greenplayer""redplayer"对象，添加导航网格代理组件。

图 5-2-41　设置导航区

（13）选择"greenplayer"对象，在导航网格代理组件设置 Area Mask（区域遮罩），取消"red"选择；选择"redplayer"对象，设置 Area Mask，取消"green"选择，如图 5-2-43 所示。

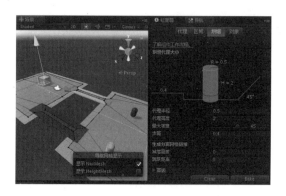

图 5-2-42　烘焙场景

图 5-2-43　设置区域遮罩

（14）选择对象"redplayer""greenplayer"，将脚本"AutoNav"挂到上面，将脚本目标变量设置为"cube"，如图 5-2-44 所示。

（15）运行游戏，胶囊对象分别通过相应颜色的路径向目标对象移动，效果如图 5-2-45 所示。

图 5-2-44　添加脚本

图 5-2-45　运行效果

项目 五 U3D 地形与导航

拓展任务

实践案例：控制导航物体通过

案例设计：

鼠标左键按下时，桥面对象变为绿色，导航角色通过桥面移向目标对象；松开鼠标时，桥面对象为红色，导航角色不能通过，任务效果如图 5-2-46 所示。

扫一扫

控制导航物体通过

参考步骤：

步骤1 新建场景，将其命名为控制导航。

步骤2 创建两个平面对象和一个桥面立方体对象，调整大小、位置如图 5-2-47 所示。

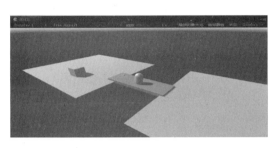

图 5-2-46　任务效果

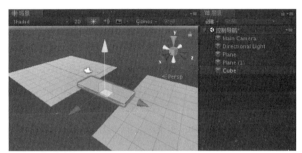

图 5-2-47　创建场景对象

步骤3 选择创建的 3 个对象，设为导航静态，如图 5-2-48 所示。

步骤4 进入导航视图，单击烘焙选项卡中的"Bake"按钮烘焙场景，如图 5-2-49 所示。

图 5-2-48　设置导航静态

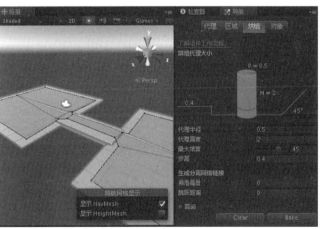

图 5-2-49　烘焙场景

步骤5 创建角色对象胶囊和导航目标对象立方体，调整大小、位置，如图 5-2-50 所示。

步骤6 选择胶囊对象，添加导航代理网格组件，将脚本"AutoNav"挂到胶囊对象，设置脚本目标变量，如图 5-2-51 所示。

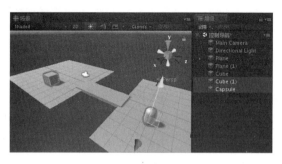
图 5-2-50 创建导航对象

图 5-2-51 设置胶囊对象

步骤7 运行游戏，胶囊对象能够通过立方体向目标移动，如图 5-2-52 所示。

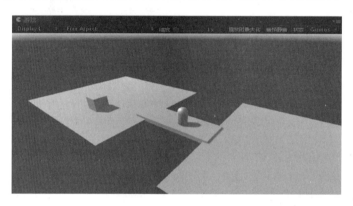
图 5-2-52 运行效果

步骤8 选择桥面对象"Cube"，添加导航网格障碍组件。运行游戏，桥面会阻碍胶囊对象的前行，如图 5-2-53 所示。

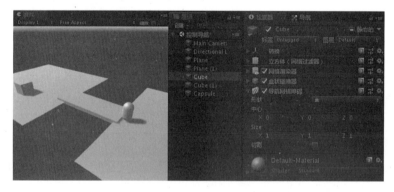
图 5-2-53 添加导航网格障碍组件

步骤9 创建 C# 脚本，命名为"Navobs"，编写脚本代码。

```
usingSystem.Collections;
usingSystem.Collections.Generic;
usingUnityEngine;
```

```
using UnityEngine.AI;                                      // 导入AI命名空间

public class Navobs : MonoBehaviour
{
    private NavMeshObstaclenavMeshObs;                     // 路径障碍组件
    // Start is called before the first frame update
    void Start()
    {
        navMeshObs=this.GetComponent<NavMeshObstacle>();
    }

    // Update is called once per frame
    void Update()
    {
        if(Input.GetButtonDown("Fire1")) {                 // 允许通过
            if(navMeshObs){
                navMeshObs.enabled=false;
                this.GetComponent<Renderer>().material.color=Color.green;
            }
        }

        if(Input.GetButtonUp("Fire1")) {                   // 禁止通过
            if(navMeshObs){
                navMeshObs.enabled=true;
                this.GetComponent<Renderer>().material.color=Color.red;
            }
        }
    }
}
```

步骤 10 将脚本挂到桥面立方体对象。

步骤 11 运行游戏。只有按下鼠标左键桥面变绿后，胶囊才能顺利通过，如图 5-2-54 所示。

图 5-2-54　运行效果

任务评价

任务评价表见表 5-2-1。

表 5-2-1 任务评价表

项目	内容		评价		
	任务目标	评价项目	3	2	1
职业能力	能够实现对象的导航设置	能够添加导航网格			
		能够设置导航视图			
		能够添加导航网格代理			
	掌握几种常用导航方法	能够实现目标导航			
		能够实现坡度导航			
		能够实现选择导航			
		能够实现控制导航			
通用能力	信息检索能力				
	团结协作能力				
	组织能力				
	解决问题能力				
	自主学习能力				
	创新能力				
综合评价					

小结

本项目通过 2 个任务详细地介绍了 Unity3D 地形系统和导航系统的使用。通过 Unity3D 自带地形系统实现真实地形的构建，同时完成树木、草地、海洋等对象的创建和运用；通过 Unity3D 内置的导航系统实现游戏对象的避障、自动寻路。读者通过本项目任务学习，可具备地形与导航项目的设计制作能力。

习题

一、选择题

1. 使用 Raise or Lower Terrain 绘制地形时，单击鼠标可以（   ）。
   A. 增加高度　　　　B. 降低高度　　　　C. 绘制贴图　　　　D. 添加树木
2. 创建的场景对象名称会显示在（   ）。
   A. 场景视图　　　　B. 游戏视图　　　　C. 层级视图　　　　D. 项目视图
3. 绘制地形贴图时，画笔的不透明度可以控制（   ）。
   A. 生成区域　　　　B. 疏密程度　　　　C. 高度　　　　　　D. 颜色
4. 绘制地形时，按住（   ）键可以降低地形高度。
   A.【Ctrl】　　　　　B.【Alt】　　　　　C.【Shift】　　　　D.【Space】

5. 绘制细节不可以生成（　　）。
   A. 草　　　　　　B. 石头　　　　　　C. 花　　　　　　D. 树
6. 包含树木、花草、水资源的资源包是（　　）。
   A. 环境资源包　　B. 地形资源包　　C. 角色资源包　　D. 图像资源包
7. 显示导航视图的命令是（　　）。
   A. "视图 | AI | 导航"　　　　　　B. "窗口 | CI | 导航"
   C. "编辑 | AI | 导航"　　　　　　D. "窗口 | AI | 导航"
8. 场景烘焙以后，可导航区域颜色为（　　）。
   A. 红　　　　　　B. 绿　　　　　　C. 蓝　　　　　　D. 黄

二、填空题

1. Unity3D 自带的地形系统可以实现真实地形的构建，完成_____、_____、_____等对象的创建。
2. _____并不会明显地提升或降低地形高度，但会平均化附近的区域。
3. _____对于在场景中创建高原以及添加人工元素（如道路、平台和台阶）都很方便。
4. _____可以绘制树木，就像使用纹理那样将树木绘制到地形上；当一棵树被选中时，可以在地表上用绘制纹理或高度图的方式来绘制树木，按住_____键可从区域中移除树木，按住_____键则只绘制或移除当前选中的树木。
5. _____是 Unity3D 内置的强大寻路算法系统，可以方便、快捷地开发出各种复杂应用，被大量应用于各种 RPG、动作、冒险等游戏中。
6. 生成导航网格的默认斜坡最大角度为_____。
7. _____可以理解为寻路的主体。选择"_____ | _____ | _____"命令给游戏对象添加一个导航网格代理组件。
8. 场景中的静态几何体的导航网格不是全部相连在一起的，形成沟壑，使角色无法直接跳跃或者是形成高台、使角色不能跳下，_____用于解决这种问题。

三、简答题

1. 地形系统提供了哪几种绘制工具？
2. 环境资源包为地形系统提供了哪些资源？
3. 天空盒着色器有哪几种类型？如何将天空盒添加到项目场景中？
4. 简要说明导航网格的使用方法。
5. 简要说明导航网格障碍和分离网格链接的作用？

项目六 Unity3D 物理引擎

Physx 是目前使用最为广泛的物理引擎之一,被很多游戏大作所采用,开发者可以通过物理引擎高效、逼真地模拟刚体碰撞、车辆驾驶、布料、重力等物理效果,使游戏画面更加真实而生动。

学习目标

(1)学习刚体组件添加、刚体属性。
(2)学习刚体常用方法与典型应用。
(3)灵活运用碰撞器与触发器。
(4)掌握盒状碰撞器、网格碰撞器等碰撞器的使用。

任务 1　刚体

任务描述

刚体组件可使游戏对象在物理系统的控制下运动,刚体可接受外力与扭矩力用来保证游戏对象像在真实世界中那样进行运动。任何游戏对象只有添加了刚体组件才能受到重力的影响。本任务通过按【Space】键发射子弹击打砖块,学习刚体组件的基本使用,任务效果如图 6-1-1 所示。

相关知识

一、Unity3D 物理引擎

物理引擎就是在游戏中模拟真实的物理效

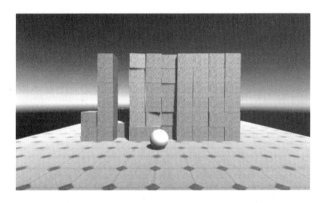

图 6-1-1　任务效果

果,场景中有两个球体对象,一个在空中,一个在地面上,在空中的球体开始自由下落,然后与地面上的球体对象发生碰撞,而物理引擎就是用来模拟真实碰撞的效果。

Unity 内置了 NVIDIA 的 Physx 物理引擎。如果需要让模型感应物理引擎的效果，需要将刚体组件或角色控制器组件添加至该对象中。

二、刚体（Rigidbody）

刚体是一个非常重要的组件，可以使游戏对象在物理系统的控制下运动。默认情况下，新创建的物体是不具有物理效果的，只有添加了刚体组件才能受到物理力学的影响。常见的物理属性有物体质量、摩擦力和碰撞参数等，这些属性可用来真实地模拟该物体在 3D 游戏世界中的一切行为。

1. 添加刚体组件（见图 6-1-2）

（1）菜单命令：选择"组件|物理|刚体"命令。

（2）检查器视图：选择"添加组件|物理|刚体"或者"添加组件|搜索添加刚体"命令。

2. 为场景对象添加刚体组件

（1）在场景中创建一个平面（Plane）、两个球体（Sphere），调整球体位置到地面上方。

（2）选择 Sphere，添加刚体组件，如图 6-1-3 所示。

图 6-1-2　添加刚体组件的方法

图 6-1-3　添加刚体组件

（3）运行游戏，Sphere 添加了刚体组件后，受重力作用会下落到地面，Sphere (1) 由于未添加刚体组件而静止不动。

3. 刚体属性

添加刚体组件后，在检查器视图可以看到刚体相关属性，如图 6-1-4 所示。

（1）质量：刚体的质量，默认单位为 kg。建议一个物体的质量不要与其他物体相差 100 倍以上。

（2）阻力：用来减缓物体的速度，阻力越大物体减速越快，0 表示没有空气阻力，极大时使物体立即停止运动。

（3）角阻力：角阻力可用来减缓物体的旋转。0 表示没有空气阻力，极大时使物体立即停止旋转。

图 6-1-4　刚体属性

（4）使用重力：物体是否受重力影响，若激活，则物体受重力影响。

（5）是运动学的：游戏对象是否遵循运动学物理定律，若激活，该物体不再受物理引擎驱动，而只能通过变换来操作。适用于模拟运动的平台或者模拟由铰链关节连接的刚体。

（6）插值：物体运动插值模式。

当发现刚体运动时抖动，可以尝试下面的选项：

① 无（None）：不应用插值。

② 内插值（Interpolate）：基于上一帧变换来平滑本帧变换。

③ 外插值（Extrapolate）：基于下一帧变换来平滑本帧变换。

（7）碰撞检测：碰撞检测模式。用于避免高速物体穿过其他物体却未触发碰撞。碰撞模式包括 Discrete（不连续）、Continuous（连续）、Continuous Dynamic（动态连续）3 种。

① Discrete 模式：用来检测与场景中其他碰撞器或其他物体的碰撞。

② Continuous 模式：用来检测与动态碰撞器（刚体）的碰撞。

③ Continuous Dynamic 模式：用来检测与连续模式和连续动态模式物体的碰撞，适用于高速物体。

（8）Constraints（约束）：对刚体运动的约束。

① 冻结位置：表示刚体在世界中沿所选 X、Y、Z 轴的移动将无效。

② 冻结旋转：表示刚体在世界中沿所选 X、Y、Z 轴的旋转将无效。

4. 常用方法

（1）AddForce。AddForce 用于对刚体施加一个指定方向的力，作用于刚体使其发生移动。

① function AddForce (force : Vector3, mode :ForceMode = ForceMode.Force) : void

② function AddForce (x : float, y : float, z: float, mode : ForceMode = ForceMode.Force) : void

枚举类型 ForceMode 取值，见表 6-1-1。

表 6-1-1　ForceMode 取值

ForceMode	说　　明
Force	添加一个可持续力到刚体，使用它的质量
Acceleration	添加一个可持续加速度到刚体，忽略它的质量
Impulse	添加一个瞬间冲击力到刚体，使用它的质量
VelocityChange	添加一个瞬间速度变化给刚体，忽略它的质量

（2）MovePosition。MovePosition 用来将刚体移动到刚体位置。

```
function MovePosition (position : Vector3): void
```

（3）MoveRotation。MoveRotation 用来将刚体旋转到 rot。Rot 为 Quaternion（四元数），会返回刚体需要旋转的角度。

```
function MoveRotation (rot : Quaternion) :void
```

5. 典型应用

（1）AddForce——按【Space】键物体弹跳。

```
// AddForce.cs
```

```
using UnityEngine;
public class AddForce : MonoBehaviour
{
    private Rigidbody mRigidbody;
    void Start ()
    {
        mRigidbody = GetComponent<Rigidbody>();
    }

    void Update() {
        if (Input.GetButton("Jump")){
            mRigidbody.AddForce(new Vector3(0,0.5f,0),ForceMode.Impulse);
        }
    }
}
```

（2）MovePosition——按【W】、【A】、【S】、【D】键以及方向键控制物体移动。

```
// MovePosition.cs
using UnityEngine;
public class MovePosition: MonoBehaviour
{
    // 实例化 Transform、Rigidbody 对象
    private Transform mTransform;
    private Rigidbody mRigidbody;

    void Start ()
    {
    // 获取 Transform 组件和 Rigidbody 组件的引用
        mTransform=gameObject.GetComponent<Transform>();
        mRigidbody=gameObject.GetComponent<Rigidbody>();
    }

    void Update ()
    {
    // 使用【W】、【A】、【S】、【D】4 个方向键控制物体移动
    float h=Input.GetAxis("Horizontal");
    float v=Input.GetAxis("Vertical");
    Vector3 dir=new Vector3(h, 0, v);
    // 刚体移动：物体的位置 + 方向
    mRigidbody.MovePosition(mTransform.position + dir * 0.2f);
    }
}
```

（3）MoveRotation——物体旋转。

```
//MoveRotation.cs
using UnityEngine;
public class MoveRotation : MonoBehaviour
{
    public Vector3 eulerAngleVelocity=new Vector3(0, 100, 0);
```

```
    private Rigidbody mRigidbody;

    void Start ()
    {
    mRigidbody=gameObject.GetComponent<Rigidbody>();
    }

    void FixedUpdate() {
    Quaternion deltaRotation=Quaternion.Euler(eulerAngleVelocity * Time.
deltaTime);
    mRigidbody.MoveRotation(mRigidbody.rotation * deltaRotation);
    }
}
```

任务实施

一、创建场景对象

(1) 启动 Unity3D, 新建场景, 命名场景为打砖块。
(2) 创建平面对象, 调整转换组件, 参数如图 6-1-5 所示。
(3) 在项目视图创建文件夹, 命名为 "prefabs"。
(4) 创建空对象, 命名为 "wall"。
(5) 创建立方体, 命名为 "brick", 选择 "组件 | 物理 | 刚体" 命令为 "brick" 添加刚体组件。将对象 "brick" 拖动到 "prefabs" 文件夹中, 如图 6-1-6 所示。

图 6-1-5　创建平面对象

图 6-1-6　创建 prefabs 对象

(6) 删除层级视图中的 "brick" 对象。

二、设置材质

(1) 创建文件夹, 命名为 "Textures", 将素材 "地砖 .jpg" 和 "石材 .jpg" 添加到文件夹中, 如图 6-1-7 所示。
(2) 创建材质, 命名为 "brick", 反射率贴图设为 "石材", 如图 6-1-8 所示。
(3) 选择 "prefabs" 文件夹中的 "brick", 单击 "Open Prefab", 将材质 "brick" 赋予 "brick" 对象, 如图 6-1-9 所示。
(4) 创建材质, 命名为 "ground", 反射率贴图设为 "地砖", 适当调整 "正在平铺" 参数, 如图 6-1-10 所示。

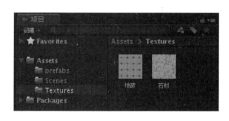

图 6-1-7 添加贴图素材

图 6-1-8 创建"brick"材质

图 6-1-9 设置"brick"材质

图 6-1-10 创建"ground"材质

(5)将材质"ground"赋予地面对象"Plane"。

三、生成砖块对象

(1)创建"Scripts"文件夹,建立 C# 脚本,命名为"wall"。
(2)编写脚本代码,实现砖块的自动生成。

```csharp
using System.Collections;
using System.Collections.Generic;
using UnityEngine;

public class wall: MonoBehaviour
{
    public GameObject brick;                        // 砖块对象
    private intcolumnNum=10;                        // 砖块列数
    private introwNum=6;                            // 砖块行数
    // Start is called before the first frame update
    void Start()
    {
    for(int i=0; i<rowNum; i++)
    for(int j=0; j<columnNum; j++)
    Instantiate(brick,new Vector3(j-5,i),Quaternion.identity,this.GetComponent<Transform>());
    }
}
```

（3）将脚本挂到场景对象"wall"。

（4）脚本变量"Brick"设为"brick"，如图 6-1-11 所示。

四、创建子弹对象

（1）创建球体对象，选择"组件|物理|刚体"命令为球体添加刚体组件。

图 6-1-11　添加 brick 脚本

（2）建立 C# 脚本文件，命名为"shoot"，编写脚本代码。

```csharp
using System.Collections;
using System.Collections.Generic;
using UnityEngine;

public class shoot : MonoBehaviour
{
    public GameObjectshootPos;                    // 子弹发射位置
    private float force=1000;                     // 子弹施加力
    public RigidbodyshootBall;                    // 子弹对象
    private float speed=0.1f;                     // 子弹速度

    // Update is called once per frame
    void Update()
    {
    Rigidbody ball;
    if(Input.GetKeyDown(KeyCode.Space)) {
    ball=Instantiate(shootBall,shootPos.transform.position,Quaternion.identity) as Rigidbody;
    ball.AddForce(force*ball.transform.forward);
    }
    // 控制摄像机的移动
    if(Input.GetKey(KeyCode.LeftArrow))
        this.transform.Translate(Vector3.left*speed);
    else if(Input.GetKey(KeyCode.RightArrow))
        this.transform.Translate(Vector3.right*speed);
    else if(Input.GetKey(KeyCode.UpArrow))
        this.transform.Translate(Vector3.up*speed);
    else if(Input.GetKey(KeyCode.DownArrow))
        this.transform.Translate(Vector3.down*speed);
    }
}
```

（3）将脚本"shoot"挂到"Main Camera"对象。"Shoot Pos"设为"Main Camera"，"Shoot Ball"设为"Sphere"，如图 6-1-12 所示。

（4）将球体拖动到"prefabs"文件夹，删除层级视图中球体对象"Sphere"。

五、销毁子弹对象

（1）建立 C# 脚本文件，命名为"destory"，编写脚本代码，实现子弹发射 3 s 后自动销毁。

```
using System.Collections;
using System.Collections.Generic;
using UnityEngine;

public class destory : MonoBehaviour
{
    // Start is called before the first frame update
    void Start()
    {
        Destroy(gameObject,3f);
    }
}
```

（2）选择"prefabs"文件夹中预制体"Sphere"，单击"Open Prefab"按钮，将脚本 destory 挂到 Sphere，如图 6-1-13 所示。

图 6-1-12　添加"shoot"脚本

图 6-1-13　将脚本挂到"Sphere"

（3）运行游戏。用方向键控制相机平移，用【Space】键发射子弹，运行效果如图 6-1-14 所示。

图 6-1-14　运行游戏效果

拓展任务

实践案例：弹跳的球体

案例设计：

球体下落到地面后，向上弹跳，直至静止，任务效果如图 6-1-15 所示。

参考步骤：

步骤 1 启动 Unity3D，新建场景，命名为"弹跳刚体"。

步骤 2 创建平面和球体对象，调整球体到平面上方。

步骤 3 选择球体对象，添加刚体组件，阻力设为 0.4，如图 6-1-16 所示。

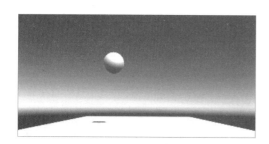

图 6-1-15　任务效果

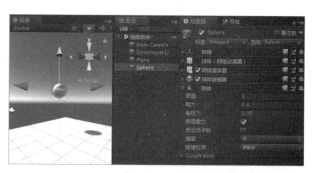

图 6-1-16　添加刚体

步骤 4 导入角色资源包"Characters.unitypackage"，只选择"PhysicsMaterials"，如图 6-1-17 所示。

步骤 5 将材质"Bouncy"赋予球体对象，如图 6-1-18 所示。

图 6-1-17　导入"PhysicsMaterials"

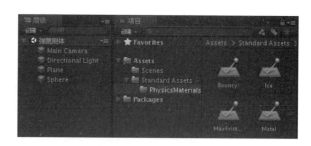

图 6-1-18　设置材质

步骤 6 运行游戏，适当调节阻力大小，观察球体弹跳情况。

任务评价

任务评价表见表 6-1-2。

表 6-1-2　任务评价表

项目	内容		评价		
	任 务 目 标	评 价 项 目	3	2	1
职业能力	掌握刚体组件的使用	能够添加刚体组件			
		掌握刚体组件的几种常用方法			
	掌握子弹打砖块游戏的制作	能够创建场景对象			
		能够设置对象材质			
		能够用脚本创建对象			
		能够销毁游戏对象			
通用能力	信息检索能力				
	团结协作能力				
	组织能力				
	解决问题能力				
	自主学习能力				
	创新能力				
综 合 评 价					

任务 2　碰撞器与触发器

任务描述

两个对象碰撞的时候会触发执行脚本相关逻辑。本任务通过移动球体对象，利用触发器检测碰撞吃金币，任务效果如图 6-2-1 所示。

图 6-2-1　任务效果

相关知识

一、Unity3D 碰撞器

碰撞器是物理组件中的一类，它需要与刚体一起添加到游戏对象上才能触发碰撞。如果两个刚体相互撞在一起，除非两个对象有碰撞器时物理引擎才会计算碰撞。在物理模拟中，没有碰撞器的刚体会彼此相互穿过。

在 3D 物理组件中添加碰撞器的方法：选中一个游戏对象，然后选择"组件|物理"命令，可选择不同的碰撞器类型，这样就在该对象上添加了碰撞器组件。

1. 碰撞器类型

（1）盒状碰撞器。盒状碰撞器是一个立方体外形的基本碰撞器。该碰撞器可以调整为不同大小的长方体，可用作门、墙及平台等，也可用于布娃娃的角色躯干或者汽车等交通工具的外壳，当然最适合用在盒子或箱子上。盒状碰撞器参数如图 6-2-2 所示。

① Edit Collider：编辑碰撞器。单击按钮即可在场景视图中编辑碰撞器。

② 是触发器：选中该项，则该碰撞器可用于触发事件，同时忽略物理碰撞。

③ 材质：采用不同的物理材质类型决定了碰撞体与其他对象的交互形式，单击右侧按钮可弹出物理材质选择对话框。

④ 中心：碰撞器在对象局部坐标中的位置。

⑤ 大小：碰撞器在 X、Y、Z 轴方向上的大小。

（2）球体碰撞器。球体碰撞器是一个基本球体的碰撞器。球体碰撞器的三维大小可以均匀地调节，但不能单独调节某个坐标轴方向的大小，该碰撞器适用于落石、乒乓球等游戏对象。球体碰撞器参数如图 6-2-3 所示。

图 6-2-2　盒状碰撞器参数

图 6-2-3　球体碰撞器参数

① Edit Collider：编辑碰撞器。单击按钮即可在场景视图中编辑碰撞器。

② 是触发器：选中该项，则该碰撞器可用于触发事件，同时忽略物理碰撞。

③ 材质：采用不同的物理材质类型决定了碰撞体与其他对象的交互形式，单击右侧按钮可弹出物理材质选择对话框。

④ 中心：碰撞器在对象局部坐标中的位置。

⑤ 半径：球体碰撞器的半径。

（3）胶囊碰撞器。胶囊碰撞器由一个圆柱体和与其相连的两个半球体组成，是一个胶囊形状的基本碰撞器。胶囊碰撞器的半径和高度都可以单独调节，可用在角色控制器或与其他不规则形状的碰撞结合来使用。Unity 中的角色控制器通常内嵌了胶囊碰撞器。胶囊碰撞器参数如图 6-2-4 所示。

① Edit Collider：编辑碰撞器。单击按钮即可在场景视图中编辑碰撞器。
② 是触发器：选中该项，则该碰撞器可用于触发事件，同时忽略物理碰撞。
③ 材质：采用不同的物理材质类型决定了碰撞体与其他对象的交互形式，单击右侧按钮可弹出物理材质选择对话框。
④ 中心：碰撞器在对象局部坐标中的位置。
⑤ 半径：控制碰撞器半圆的半径。
⑥ 高度：该项用于控制碰撞体中圆柱的高度。
⑦ 方向：在对象的局部坐标中胶囊的纵向方向所对应的坐标轴，默认是 Y 轴。

（4）网格碰撞器。网格碰撞器通过获取网格对象并在其基础上构建碰撞，与在复杂网格模型上使用基本碰撞器相比，网格碰撞器要更加精细，但会占用更多的系统资源。网格碰撞器参数如图 6-2-5 所示。

图 6-2-4　胶囊碰撞器参数

图 6-2-5　网格碰撞器参数

① 凸面：开启后网格碰撞器才可以与其他网格碰撞器发生碰撞。
② 是触发器：选中该项，则该碰撞器可用于触发事件，同时忽略物理碰撞。
③ 烹饪选项：该选项用于决定 Unity 内置的物理引擎如何处理这个网格。

- None：禁用所有的烘焙选项。
- Everything：启用所有的烘焙选项。
- Cook for Faster Simulation：是为了更好地模拟效果，当它被启用时，物理引擎会做出一些额外的步骤来保证用于碰撞的网格在运行时是最优的。如果禁用，系统会选择最快的烘焙方法。这样得到的物理网格不一定是最好的。
- Enable Mesh Cleaning：启用时清理网格上的退化三角形以及一些几何构件。这将使得网格更适合用于碰撞检测并拥有更加精确的碰撞点。
- Weld Colocated Vertices：让物理引擎移除掉等顶点，当启用时，物理引擎会合并掉有着相同位置的顶点。这对于发生在运行时的碰撞反馈非常重要。

④ 材质：采用不同的物理材质类型决定了碰撞体与其他对象的交互形式，单击右侧按钮可弹出物理材质选择对话框。
⑤ 网格：获取游戏对象的网格并将其作为碰撞体。

（5）车轮碰撞器。车轮碰撞器是一个特殊的地面车辆碰撞器。其具有内置的碰撞检测、车轮物理引擎和一个基于滑动的轮胎摩擦模型。当然，也可以用于其他对象，但其是专门为有轮子的车辆设计的。

车轮的碰撞检测是通过自身中心向外投射一条 Y 轴方向的射线来实现的。

（6）地形碰撞器。地形碰撞器主要作用于地形与其上的物体之间的碰撞，给地形加上地形碰撞器可以防止添加了刚体属性的对象无限地往下落。

2. 发生碰撞的条件

（1）发生碰撞的两个游戏对象必须有碰撞器。

（2）主动方必须有刚体组件。

（3）被动方的刚体组件可有可无。

3. 碰撞器检测

（1）创建平面、球体对象。

（2）对象创建后，球体默认添加了球体碰撞器，平面默认添加了网格碰撞器，如图 6-2-6 所示。

图 6-2-6　对象创建后默认添加的碰撞器

（3）为球体对象添加刚体组件。

（4）创建 C# 脚本，命名为"collider"，将脚本挂到球体对象。编写脚本，实现碰撞检测。

```csharp
using System.Collections;
using System.Collections.Generic;
using UnityEngine;

public class collision : MonoBehaviour
{
    // 进入碰撞方法，参数 col 表示被动方
    void OnCollisionEnter(Collision col)
    {
        Debug.Log("开始碰撞" + col.collider.gameObject.name);
    }
    // 逗留碰撞方法
    void OnCollisionStay(Collision col)
    {
        Debug.Log("持续碰撞中" + col.collider.gameObject.name);
    }
    // 退出碰撞方法
    void OnCollisionExit(Collision col)
    {
        Debug.Log("碰撞结束" + col.collider.gameObject.name);
    }
}
```

（5）运行游戏，球体与地面发生碰撞，控制台输出碰撞信息，如图 6-2-7 所示。

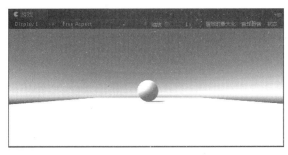

图 6-2-7　碰撞输出信息

二、Unity3D 触发器

检测碰撞发生的方式有两种，一种是利用碰撞器，另一种则是利用触发器，触发器用来触发事件。在很多游戏引擎或工具中都有触发器。例如，在角色扮演游戏里，玩家走到一个地方会发生出现 BOSS 的事件，就可以用触发器来实现。

当绑定了碰撞器的游戏对象进入触发器区域时，会运行触发器对象上的 OnTriggerEnter 函数，同时需要在检查器面板中的碰撞器组件中勾选"是触发器"（IsTrigger）复选框，如图 6-2-8 所示。

图 6-2-8　触发器

触发信息检测使用以下 3 个函数：

OnTriggerEnter（Collider collider）：当进入触发器时触发，参数是表示被动方。

OnTriggerExit（Collider collider）：当退出触发器时触发。

OnTriggerStay（Collider collider）：当逗留在触发器中时触发。

1. 触发器的条件

（1）发生碰撞的两个对象其中之一有刚体组件

（2）发生碰撞的两个对象必须有碰撞器，其中一方勾选"是触发器"复选框。

2. 触发器检测

（1）新建场景，命名为触发器。创建平面、球体、立方体对象。

（2）选择球体，添加球体碰撞器，勾选是触发器。选择立方体，添加刚体组件，如图 6-2-9 所示。

图 6-2-9　添加触发器

(3)创建 C# 脚本,命名为"trigger",将脚本挂到球体对象,编写脚本。

```
using System.Collections;
using System.Collections.Generic;
using UnityEngine;

public class Trigger : MonoBehaviour
{
    void OnTriggerEnter(Collider other){
    print(" 进入触发器 ");
    }
    void OnTriggerStay(Collider other){
    print(" 触发器检测中 ");
    }
    void OnTriggerExit(Collider other){
    print(" 退出触发器 ");
    }
}
```

(4)运行游戏,球体和立方体接触时,触发器输出信息到控制台,如图 6-2-10 所示。

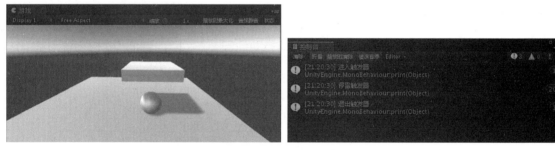

图 6-2-10　触发器输出信息

3. 碰撞器和触发器的区别

当碰撞器组件的属性"是触发器"(IsTrigger)复选框勾选时,碰撞器就成了触发器。

(1)碰撞器是触发器的载体,而触发器只是碰撞体的一个属性。

(2)不勾选"是触发器"复选框时,碰撞器根据物理引擎引发碰撞,产生碰撞的效果;勾选时,碰撞器被物理引擎所忽略,没有碰撞效果。

(3)如果既要检测到物体的接触又不想让碰撞检测影响物体移动,或者要检测一个物体是否经过空间中的某个区域,这时就可以用到触发器。例如,碰撞器适合模拟汽车被撞飞、皮球掉在地上又弹起的效果,而触发器适合模拟人站在靠近门的位置时门自动打开的效果。

扫一扫　**任务实施**

吃金币

一、创建场景对象

(1)启动 Unity3D,新建场景,命名场景为吃金币。

(2)创建平面对象,命名为地面,调整地面对象位置大小,如图 6-2-11 所示。

(3)创建场景边界。创建一个空对象,命名为边界。在空对象下面创建 4 个长方体子对象,调整位置大小，使其位于地面对象边沿，如图 6-2-12 所示。

图 6-2-11　创建地面

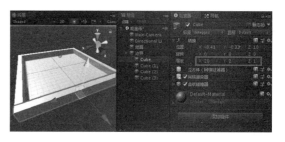

图 6-2-12　创建地面对象边界

（4）导入金币资源包。在项目视图中右击，导入"goldcoin.unitypackage"，如图 6-2-13 所示。

（5）创建空对象，命名为金币。将"Prefabs"文件夹中"coin"对象添加到场景，作为金币子对象，设置标签为 coin。

（6）选中金币对象"coin"，选择"组件|物理|网格碰撞器"命令添加网格碰撞器，勾选"凸面"和"是触发器"复选框，网格设为"coin"，如图 6-2-14 所示。

图 6-2-13　导入资源包

图 6-2-14　添加网格碰撞器

（7）复制出其他"coin"对象，调整位置，如图 6-2-15 所示。

（8）添加主角对象。创建一个球体对象，命名为"player"，添加刚体组件，阻力设为"0.1"，如图 6-2-16 所示。

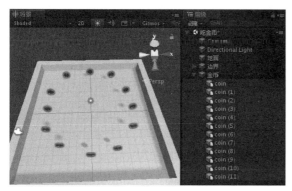

图 6-2-15　生成其他"coin"对象

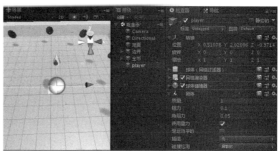

图 6-2-16　添加主角对象

二、用键盘控制物体移动

（1）新建文件夹，命名为"Scripts"。

（2）新建 C# 脚本，命名为"playermove"，编写脚本代码，实现【W】、【A】、【S】、【D】和方向键控制物体的运动。

```csharp
using System.Collections;
using System.Collections.Generic;
using UnityEngine;

public class playermove : MonoBehaviour
{
    private Rigid body rd;
    public int force=10;

    void Start()
    {
        rd = GetComponent<Rigidbody>();                    // 获取物体的刚体组件
    }

    void Update()
    {
        float h=Input.GetAxis("Horizontal");               // 获得虚拟轴横向移动距离
        float v=Input.GetAxis("Vertical");                 // 获得虚拟轴纵向移动距离
        rd.AddForce (new Vector3(h, 0, v) * force);        // 对物体施加力的作用
        if(Input.GetButton("Jump")){                       // 按了空格键，向上施加力
            rd.AddForce(new Vector3(0,1f,0),ForceMode.Impulse);
        }
    }
}
```

（3）将脚本挂到"player"对象。

三、控制相机跟随主角移动

（1）新建 C# 脚本，命名为"cameracontrol"，编写脚本代码，实现相机跟随。

```csharp
using UnityEngine;
using System.Collections;

public class cameracontrol: MonoBehaviour {
    public Transform follow;                               // 小球的 transform 组件
    public float distanceAway=5.0f;
    public float distanceUp=2.0f;
    public float smooth=1.0f;
    private Vector3 targetPosition;
    private void Update()
    {
        // 调整 distanceAway、distanceUp 的值可以得到你想要的摄像机位置。
        targetPosition=follow.position +Vector3.up * distanceUp - Vector3.forward * distanceAway;
        //Lerp 是一个渐变函数，让摄像机目前所在的位置均匀的到达 targetPosition 的位置。
        transform.position=Vector3.Lerp(transform.position, targetPosition, Time.
```

```
        deltaTime * smooth);
        //lookat 看向目标
        transform.LookAt(follow);
    }
}
```

（2）将脚本挂到"Camera"对象，设置变量"Follow"为"Player"，如图 6-2-17 所示。

四、控制金币旋转

（1）新建 C# 脚本，命名为"coinrotate"，编写脚本代码，实现金币对象的自动旋转。

图 6-2-17　添加脚本

```
using System.Collections;
using System.Collections.Generic;
using UnityEngine;

public class coinrotate : MonoBehaviour
{
    void Update()
    {
        transform.Rotate (new Vector3(0, 1, 0), Space.World);
    }
}
```

（2）将脚本挂到场景金币的所有子对象。

五、显示分数

（1）选择"游戏对象|UI|画布"命令，添加画布对象。

（2）选择"游戏对象|UI|文本"命令，添加文本对象 Text，设置文本"锚点预设"为左上角，如图 6-2-18 所示。

（3）复制文本对象"Text"，命名为"wintext"，隐藏文本，修改文本内容为"you win"，设置文本窗口居中显示，如图 6-2-19 所示。

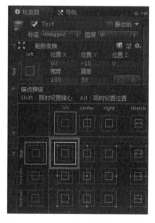

图 6-2-18　文本"锚点预设"

图 6-2-19　设置"wintext"

（4）新建 C# 脚本，命名为"coinscore"，编写脚本代码，实现主角碰撞金币时增加分数。

```
using System.Collections;
using System.Collections.Generic;
using UnityEngine;
using UnityEngine.UI;

public class coinscore : MonoBehaviour
{
private int score=0;
public Text text;
public GameObject winText;

void OnTriggerEnter(Collider collider){
    if(collider.tag == "coin") {
        score++;
        text.text="Score: " + score.ToString ();
        if(score == 12) {
            winText.SetActive (true);
            }
        }
    }
}
```

（5）将脚本挂到"player"对象。

六、触发检测吃金币

（1）打开脚本"coinscore"，修改代码。

（2）在触发器"OnTriggerEnter"方法中，添加主角碰撞金币后金币消失的代码。

```
void OnTriggerEnter(Collider collider){
if(collider.tag == "coin") {
    score++;
    text.text="Score: " + score.ToString ();
    if(score == 12) {
        winText.SetActive (true);
    }
    // 碰撞后金币消失
    Destroy (collider.gameObject);
        }
    }
```

图 6-2-20　设置音频

七、添加音效

（1）选中对象"player"，选择"组件|音频|音频源"命令，设置"AudioClip"为"yinxiao"，取消唤醒时播放，如图 6-2-20 所示。

（2）打开脚本"coinscore"，添加音频播放代码。

```csharp
using System.Collections;
using System.Collections.Generic;
using UnityEngine;
using UnityEngine.UI;

public class coinscore : MonoBehaviour
{
    private int score=0;
    public Text text;
    public GameObject winText;
        private AudioSource source;                    // 定义 AudioSource

    void Start() {
        // 将对象上面的组件 AudioSource 赋值给 source
        source=GetComponent<AudioSource>();
    }
    void OnTriggerEnter(Collider collider){
        if(collider.tag == "coin") {
            score++;
            text.text="Score: " + score.ToString ();
            source.Play();                             // 播放声音
            if(score == 12) {
                winText.SetActive (true);
            }
            Destroy (collider.gameObject);
        }
    }
}
```

（3）运行游戏，方向键移动球体对象，观察游戏运行效果。

拓展任务

实践案例：自动开关门

案例设计：

主角靠近门时，门自动打开；远离门时门自动关闭。请运用触发器实现门的自动打开、关闭，任务效果如图 6-2-21 所示。

扫一扫

自动开关门

图 6-2-21　任务效果

参考步骤:

步骤1 启动 Unity3D 软件,新建场景,命名为自动门。

步骤2 将素材文件夹"door"添加到项目视图。

步骤3 创建平面对象,将模型"door"添加到平面对象上方,如图 6-2-22 所示。

步骤4 设置动画器组件中"Controller"为动画器控制器"door",如图 6-2-23 所示。

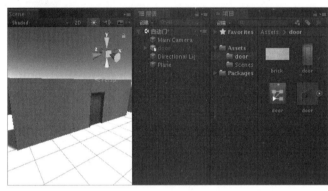

图 6-2-22 添加模型对象 　　　　　　　　　　图 6-2-23 设置控制器

步骤5 选中对象"door",选择"组件|物理|球体碰撞器"命令,勾选"是触发器"复选框,适当设置碰撞器位置、大小,如图 6-2-24 所示。

步骤6 创建球体对象,适当调整球体大小,添加刚体组件,如图 6-2-25 所示。

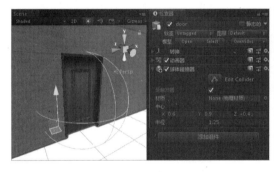
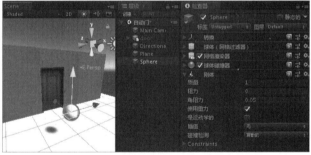

图 6-2-24 添加球体碰撞器 　　　　　　　　　　图 6-2-25 创建球体

步骤7 建立"Scripts"文件夹,创建"C# 脚本",命名为"autodoor",将脚本挂到场景对象"door"。编写脚本代码,控制门自动打开、关闭。

```csharp
using System.Collections;
using System.Collections.Generic;
using UnityEngine;

public class autodoor: MonoBehaviour
{
    private Animator anim;
```

```
    void Start() {
        anim=GetComponent<Animator>();
    }

    void OnTriggerEnter(Collider other){
        anim.SetBool("open", true);
    }

    void OnTriggerExit(Collider other){
        anim.SetBool("open", false);
    }
}
```

步骤8 创建 C# 脚本,命名为"playermove",将脚本挂到场景对象"Sphere"。编写脚本代码,控制对象移动。

```
using System.Collections;
using System.Collections.Generic;
using UnityEngine;

public class playermove : MonoBehaviour
{
    private Rigidbody rd;
    public int force=10;
        // Start is called before the first frame update
    void Start()
        {
    rd=GetComponent<Rigidbody>();                    // 获取物体的刚体组件
        }

        // Update is called once per frame
    void Update()
        {
            float h=Input.GetAxis("Horizontal");     // 获得虚拟轴横向移动距离
            float v=Input.GetAxis("Vertical");       // 获得虚拟轴纵向移动距离
    rd.AddForce (new Vector3(h, 0, v) * force);      // 对物体施加力的作用
            if(Input.GetButton("Jump")){             // 按下空格键,向上施加力
                rd.AddForce(new Vector3(0,1f,0),ForceMode.Impulse);
            }
        }
}
```

步骤9 运行游戏,用键盘控制球体对象移动,接近、远离门,观察游戏运行效果。

任务评价

任务评价表见表 6-2-1。

表 6-2-1 任务评价表

项目	内容		评价		
	任务目标	评价项目	3	2	1
职业能力	掌握碰撞器的使用	了解碰撞器的类型			
		理解发生碰撞的条件			
	掌握触发器的使用	能够创建场景对象			
		能够设置对象材质			
		能够用脚本创建对象			
		能够进行碰撞器检测			
	完成吃金币游戏制作	能够控制对象移动与相机跟随			
		能够进行金币碰撞检测			
		能够显示分数			
		能够添加音效			
通用能力	信息检索能力				
	团结协作能力				
	组织能力				
	解决问题能力				
	自主学习能力				
	创新能力				
综合评价					

小结

本项目通过 2 个任务介绍了 Unity3D 物理引擎；具体介绍了刚体组件的添加、刚体属性以及刚体常用方法，通过打砖块案例任务强化刚体认识与运用；详细介绍了碰撞器与触发器的发生条件、检测方法实现以及二者的区别，通过吃金币游戏强化刚体与碰撞触发的综合运用。

习题

一、选择题

1. 添加刚体的方法是选择（　　）命令。
   A. "组件|效果|刚体"　　　　　　　　B. "组件|物理|刚体"
   C. "游戏对象|物理|刚体"　　　　　　D. "组件|网格|刚体"
2. 常见的物理属性有（　　）。
   A. 质量　　　　　　　　　　　　　　B. 阻力
   C. 摩擦力　　　　　　　　　　　　　D. 颜色

3. 用于对刚体施加一个指定方向的力，作用于刚体使其发生移动的方法是（   ）。
   A. MovePosition   B. MoveRotation
   C. AddForce   D. AddJump
4. 获取刚体组件的代码是（   ）。
   A. mRidbody = getComponent<Rigidbody>();
   B. mRidbody = GetComponent<Rigidbody>();
   C. mRidbody = GetComponent<rigidbody>();
   D. mRidbody = Getcomponent<Rigidbody>();
5. 适用于落石、乒乓球等游戏对象的碰撞器是（   ）。
   A. 球体碰撞器   B. 胶囊碰撞器
   C. 网格碰撞器   D. 盒状碰撞器
6. 创建平面对象后，默认添加了（   ）。
   A. 球体碰撞器   B. 网格碰撞器
   C. 盒状碰撞器   D. 胶囊碰撞器
7. 碰撞的方法有（   ）。
   A. OnCollisionEnter   B. OnCollisionStay
   C. OnCollisionExit   D. OnCollisionLeave
8. 碰撞器适合模拟（   ）。
   A. 皮球掉在地上又弹起的效果   B. 汽车被撞飞
   C. 旗帜被风吹得上下飘动   D. 靠近门时门自动打开

二、填空题

1. Unity 内置了_____的 Physx 物理引擎，Physx 是目前使用最为广泛的物理引擎之一。
2. 新创建的物体是不具有物理效果的，只有添加了_____组件才能受到物理力学的影响。
3. 选择"_____|_____|_____"命令，可以为立方体对象添加刚体组件。
4. _____碰撞器是一个立方体外形的基本碰撞器。该碰撞器可以调整为不同大小的长方体，可用_____、_____及_____等。
5. 检测碰撞发生的方式有两种，一种是利用_____，另一种则是利用_____。
6. 游戏对象进入触发器区域时，会运行触发器对象上的_____函数。
7. 发生碰撞的两个游戏对象必须有_____。
8. 通过物理引擎可以高效、逼真地模拟_____、_____、_____、_____等物理效果。

三、简答题

1. 添加刚体组件有哪几种方法？
2. 碰撞器类型有哪些？
3. 简要说明触发器的条件。
4. 简要说明发生碰撞的条件。
5. 碰撞器和触发器有什么区别？

项目七 Unity3D 游戏开发

Unity3D 作为一个全面整合的多平台、综合型专业游戏开发工具，可以让玩家创建诸如三维视频游戏、建筑可视化、实时三维动画等类型的互动内容，轻松实现游戏控制与互动。

学习目标

（1）能够进行游戏场景搭建。
（2）学会角色运动控制与动画控制器的使用。
（3）能够添加并使用音频组件。
（4）能够使用预制体控制场景对象生成。

任务 射击游戏开发

任务描述

利用 Unity3D 强大的游戏开发设计功能，制作一款角色射击打怪物的小游戏。本任务综合运用 Unity3D 完成射击小游戏的场景布置、角色控制与射击实现，任务效果如图 7-1-1 所示。

图 7-1-1　任务效果

相关知识

预制体（Prefab）

在 Unity3D 中可以这样理解预制体，场景中制作好了游戏组件（任意一个对象）后，希望将它制作成一个组件模板，用于生成批量对象。对于需要频繁建立的一些重复物体（如敌人、士兵、子弹等）可以使用预制体预先编辑。生成的预制体其实和模板是一模一样的，就像是克隆体，但生成的位置和角度以及生成后的一些属性是允许发生变化的。

1. 创建预制体

在项目窗口中右击"Assets"，选择"创建|文件夹"命令，创建一个名为"Prefabs"的文件夹，用于保存所有预制体（prefab）。

将场景对象拖动到项目窗口"Prefabs"文件夹中，预制体创建成功，此时预制体对象名称是蓝色的，如图 7-1-2 所示。

2. 实例化

Instantiate 函数是 Unity3D 中进行实例化的函数，也就是对一个对象进行复制操作的函数，这个函数共有 5 个重载（overloaded）函数，每个函数效果不尽相同。

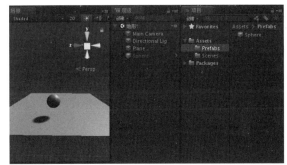

图 7-1-2　创建预制体

```
public static Object Instantiate(Object original);
public static Object Instantiate(Object original, Transform parent);
public static Object Instantiate(Object original, Transform parent, bool
instantiateInWorldSpace);
public static Object Instantiate(Object original, Vector3 position, Quaternion
rotation);
public static Object Instantiate(Object original, Vector3 position, Quaternion
rotation, Transform parent);
```

参数说明：

Object original：用来做复制操作的对象物体，也就是源对象。

Transform parent：实例化对象的父对象，完成实例化函数处理后，实例化对象将在父对象下，是父对象的子对象。

bool instantiateInWorldSpace：接受一个布尔值，用于选择参考系（false：相对于父对象；true：相对于子对象）。

rotation：接受一个方向值，对象方向。

position：接受一个位置值，对象坐标。

（1）public static Object Instantiate（Object original）；

克隆物体"original"，其"Position"和"Rotation"取默认值（预制体的"position"，这里的"position"是世界坐标，无父物体）。

```
public GameObject gOj;
```

```
void Awake()
{
    //gObj 实例化
    Instantiate(gOj);
}
```

将脚本添加到场景对象，把预制体拖动到脚本变量"gOj"。运行游戏，预制体对象被实例化创建出来。

（2）public static Object Instantiate（Object original, Transform parent）；

克隆物体"original"，拥有父物体，其"Position"和"Rotation"取默认值，这里的"position"是"localposition"，也就是相对于父物体的坐标，父物体为坐标原点。

```
public GameObject gOj;
Transform pObj;
void Awake()
{
    // 父对象 GameObject
    pObj=GameObject.Find("GameObject").GetComponent<Transform>();
    // 实例化 gOj，父对象 GameObject
    Instantiate(gOj,pObj);
}
```

创建空对象"GameObject"，将脚本添加到场景对象，把预制体拖动到脚本变量"gOj"。运行游戏，预制体对象作为"GameObject"子对象被实例化创建出来。

（3）public static Object Instantiate（Object original, Transform parent, bool instantiateInWorldSpace）；

若 instantiateInWorldSpace=false，代表克隆物体的坐标是"localposition"，则与 Instantiate（Object original, Transform parent）的结果一样；若 instantiateInWorldSpace=true，则代表克隆的物体的坐标为世界坐标。

```
Instantiate(gOj,pObj,true);      // 实例化坐标为世界坐标
Instantiate(gOj,pObj,false);     // 实例化坐标为 localposition
```

（4）public static Object Instantiate（Object original, Vector3 position, Quaternion rotation）；

克隆物体"original"，其"Position"和"Rotation"由人为设置，这里的"position"是"localposition"，也就是相对于父物体的坐标。

```
public GameObject gOj;
Transform pObj;
void Awake()
{
    // 父对象 GameObject
    pObj=GameObject.Find("GameObject").GetComponent<Transform>();
    // 实例化 gOj，父对象 GameObject
    Instantiate(gOj,pObj.position,pObj.rotation);
}
```

将脚本添加到场景对象，把预制体拖动到脚本变量"gOj"。运行游戏，预制体对象被实例化创建出来，位置、旋转取决于"pObj"。

（5）public static Object Instantiate（Object original, Vector3 position, Quaternion rotation, Transform parent）；

克隆物体"original"，拥有父物体，其"Position"和"Rotation"由人为设置，而且这里设置的坐

标是世界坐标,不是"localposition"。

```
public GameObject gOj;
Transform pObj;
void Awake()
{
    // 父对象 GameObject
    pObj=GameObject.Find("GameObject").GetComponent<Transform>();
    // 实例化 gOj,父对象 GameObject
    Instantiate(gOj,pObj.position,pObj.Rotation,pObj);
}
```

将脚本添加到场景对象,把预制体拖动到脚本变量"gOj"。运行游戏,预制体对象作为"GameObject"子对象被实例化创建出来,位置、旋转取决于"pObj"。

3. 实践案例

本案例实现定时产生球体并自动下落到地面,介绍预制体的实例化方法。

(1)创建场景对象平面、球体。

(2)创建"Prefabs"文件夹,将球体拖进文件夹创建预制体 Sphere,删除场景中球体对象。

(3)单击预制体"Sphere",检查器视图出现"Open Prefab"按钮,单击该按钮显示"Sphere"属性。选择"组件|物理|刚体"命令,添加刚体组件,如图 7-1-3 所示。

(4)创建空对象"GameObject",将其移动到地面上方。

图 7-1-3 为预制体添加刚体组件

(5)创建"Scripts"文件夹,建立脚本文件"slh.cs",添加脚本代码如下所示:

```
using System.Collections;
using System.Collections.Generic;
using UnityEngine;

public class slh : MonoBehaviour
{
    GameObject gOj;
    Transform pObj;
    void spawn()
    {
        // 父对象
        pObj=GameObject.Find("GameObject").GetComponent<Transform>();
        // 实例化 gOj,父对象 GameObject
        Instantiate(gOj,pObj);
    }
    void Awake() {
        // 延时 5 秒,每隔 2 秒执行一次 spawn
        InvokeRepeating("spawn", 5,2);
```

```
        }
    }
```

说明：

Unity3D 提供了两个延时方法：Invoke 和 InvokeRepeating。

① Invoke：

```
Invoke(methodName: string, time:
float): void;
methodName: 方法名
time: 多少秒后执行
```

② InvokeRepeating：

```
InvokeRepeating(methodName: string,
time: float, repeatRate: float): void;
methodName: 方法名
time: 多少秒后执行
repeatRate: 重复执行间隔
```

（6）播放游戏，观察运行效果，效果如图 7-1-4 所示。

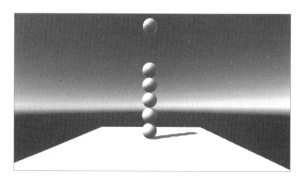

图 7-1-4　运行效果

任务实施

扫一扫

布置场景对象

一、布置场景对象

1. 导入资源包

（1）在项目视图中右击"Assets"，在弹出的快捷菜单中选择"导入包 | 自定义包"命令，选择导入素材文件夹下的"Survival Shooter.unitypackage"，导入细节如图 7-1-5 所示。

（2）导入资源包后，项目视图如图 7-1-6 所示。

图 7-1-5　导入资源包

图 7-1-6　项目资源

2. 添加场景

（1）Prefabs 下面的"Environment"为已经创建好的场景，将其拖动到层级视图，然后双击"Main Camera"，这时场景视图显示场景的对象，如图 7-1-7 所示。

温馨提示：创建对象时，可以将对象拖动到场景视图或者层级视图，二者不同之处在于，将对象拖放到层级视图时，对象自动放置到场景中心，其位置属性为 0、0、0，而将对象拖放到场景视图时，位置取决于鼠标拖放位置。

（2）按【Alt】键拖动鼠标左键旋转视图，仔细观察场景中的各个对象，调整场景视角，如图 7-1-8 所示。

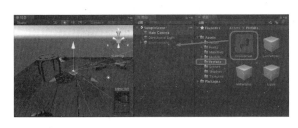

图 7-1-7　添加场景资源

图 7-1-8　调整场景视角

（3）在层级视图展开"Environment"，选择"Floor"，单击"图层"，在下拉列表框选择"添加图层"，命名为"Ground"，如图 7-1-9 所示。

（4）再次单击"Floor"，在图层下拉列表框中选择"Ground"，如图 7-1-10 所示。

图 7-1-9　添加图层

图 7-1-10　选择图层

场景布置完毕。

二、添加主角

（1）在项目视图中单击"Models | Characters"，可看到 4 个对象模型，将"Player"拖动到层级视图，如图 7-1-11 所示。此时场景出现了一个可爱的小精灵。

（2）单击选中"Player"，在检查器视图中，单击"Animation"按钮，下方"剪辑"项中有"Move""Idle""Death"3 项，分别为"移动""空闲""死亡"时小精灵的运动状态，如图 7-1-12 所示。

（3）选择"Move"，单击下方播放按钮，会看到一个跑动的小精灵；选择"Idle"，单击下方播放按钮，会看到一个空闲时的小精灵；选择"Death"，单击下方播放按钮，会看到一个受伤倒地死亡状态的小精灵，如图 7-1-13 所示。

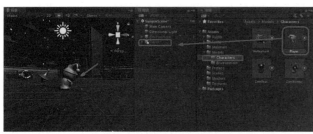
图 7-1-11 添加 Player

图 7-1-12 对象运动状态

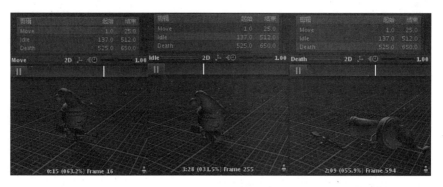
图 7-1-13 动画状态预览

（4）按【Ctrl+P】组合键播放游戏，按键盘方向键，会发现小精灵待在原地不受控制。这是为什么呢？原因就是没有脚本。下面加入脚本让它运动起来。

三、让主角动起来

（1）在项目视图 "Assets" 下面建立一个文件夹，命名为 "scripts"。

（2）在 "scripts" 下面建立 "C# 脚本"，命名为 "playermove.cs"，如图 7-1-14 所示。

扫一扫
让主角动起来

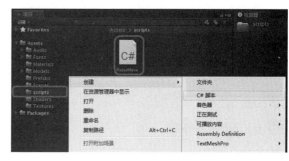
图 7-1-14 创建脚本文件

（3）编写 playermove.cs 脚本代码。

```
using UnityEngine;
using System.Collections;

public class PlayerMove : MonoBehaviour {
    public float speed=5;
    private Animator anim;
    private int groundlayerindex=-1;
```

```csharp
void Start () {
    anim=GetComponent<Animator>();
    groundlayerindex=LayerMask.GetMask ("Ground");
}

void Update () {
    // 控制移动
    float h=Input.GetAxis("Horizontal");
    float v=Input.GetAxis("Vertical");
    transform.Translate(new Vector3(h, 0, v)*speed*Time.deltaTime );

    // 控制转向
    Ray ray=Camera.main.ScreenPointToRay(Input.mousePosition);
    RaycastHit hitinfo;
    if(Physics.Raycast(ray,out hitinfo,200,groundlayerindex)){
        Vector3 target=hitinfo.point;
        target.y=transform.position.y;
        transform.LookAt(target);
    }

    // 控制动画
    if(h!=0||v!=0){
        anim.SetBool("Move", true);
    }else{
        anim.SetBool("Move", false);
    }
}
}
```

（4）在层级视图选中"Player"，将脚本文件"playermove.cs"拖放到"Player"的检查器视图，为"Player"对象添加脚本组件，如图 7-1-15 所示。

图 7-1-15　附加脚本

（5）按【Ctrl+P】组合键播放游戏，按键盘方向键时小精灵能受键盘控制在场景中运动了，而且只是受键盘控制四处移动。

四、添加动画控制器

我们知道小精灵有 3 种运动状态，激发这三种运动状态需要借助 Unity3D 的动画控制器，下面通过动画控制器解决这个问题，使其跑动起来。

（1）在项目视图"Assets"下面建立"Animation"文件夹，在"Animation"下面创建动画控制器，命名为"PlayerAC"，如图 7-1-16 所示。

（2）双击"PlayerAC"，显示"动画器"视图，如图 7-1-17 所示。该视图中默认有 3 个状态按钮。

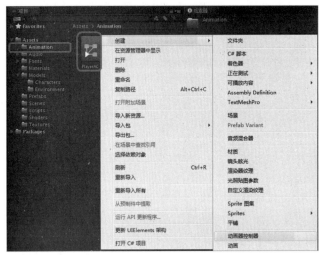

图 7-1-16　创建动画控制器

图 7-1-17　动画器默认按钮

（3）将项目视图"Assets | Models | Charcters"下面的"Idle""Move""Death"拖动到动画器视图，如图 7-1-18 所示。

（4）创建过渡。在按钮上右击，然后选择"创建过渡"命令，可以建立动画状态间过渡。建立"Any State"到"Death"的过渡，建立"Idle"到"Move"的双向过渡，并调整状态按钮的位置，如图 7-1-19 所示。

图 7-1-18　建立动画运动状态

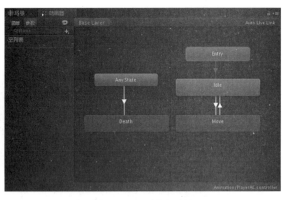

图 7-1-19　创建过渡

（5）在动画器视图左侧"参数"区域创建两个变量："Move"和"Dead"，如图 7-1-20 所示。变量 Move 控制"Idle"与"Move"动画状态的转换；变量 Dead 控制"Any State"到"Death"动画状态的转换。

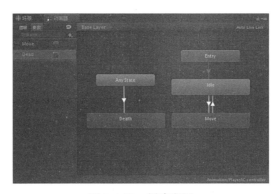

图 7-1-20 创建变量

（6）选中"Any State"到"Death"之间的箭头，在检查器视图"Conditions"下面单击"+"，然后将条件设为"Dead""True"，如图 7-1-21 所示。

图 7-1-21 设置"Any State"到"Death"的转换条件

（7）选中"Idle"到"Move"之间的箭头，在检查器视图"Conditions"下面单击"+"，然后将条件设为"Move""True"，如图 7-1-22 所示。

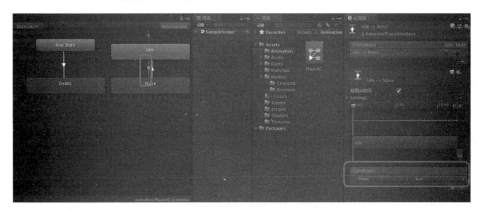

图 7-1-22 设置"Idle"到"Move"的转换条件

（8）同理，选中"Move"到"Idle"之间的箭头，在检查器视图"Conditions"下面单击"+"，然后将条件设为"Move""false"，如图 7-1-23 所示。

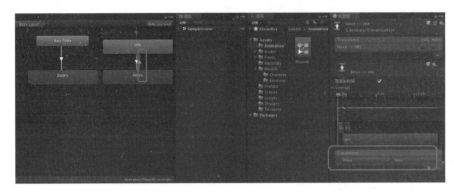

图 7-1-23 设置"Move"到"Idle"的转换条件

（9）为对象指定控制器。在层级视图选中"Player"，在检查器视图中"动画器"下面，将"Controller"设为"PlayerAC"，如图 7-1-24 所示。

图 7-1-24 指定对象控制器

（10）动画控制器设置完毕，按【Ctrl+P】组合键播放游戏。此时按键盘方向键，小精灵就可以轻盈地跑动起来了，同时动画器视图会实时显示对象当前状态，如图 7-1-25 所示。

（11）小精灵在运动过程中遇到了障碍物直接一穿而过，如图 7-1-26 所示。前面章节介绍过，添加刚体和碰撞可以避免这种情形出现。

图 7-1-25 播放游戏

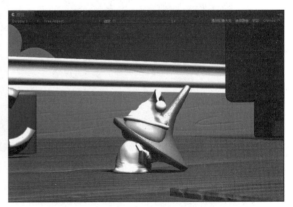

图 7-1-26 对象穿越障碍

五、添加刚体与碰撞

（1）添加刚体组件。选择"Player"，在检查器视图中，单击"添加组件"按钮，然后选择"物理|刚体"，为小精灵添加"刚体"组件，如图 7-1-27 所示。

（2）刚体参数设置如图 7-1-28 所示。要使小精灵只能在地面行走（X、Z 轴）和转身（Y 轴），需要设置"刚体"参数中"冻结位置"：Y；"冻结旋转"：X、Z。

（3）添加碰撞器。再次单击"添加组件"按钮，然后选择"物理|胶囊碰撞器"命令，为对象添加"胶囊碰撞器"组件，设置"半径"为"0.5"，"高度"为"3"，适当调整"中心"参数，使胶囊线框套住小精灵为止，如图 7-1-29 所示。

图 7-1-27　添加刚体组件

图 7-1-28　设置刚体参数

（4）按【Ctrl+P】组合键播放游戏，现在小精灵在移动过程中遇到障碍物就能绕道而行，而不会直接穿过去了。这时，可能会发现另一个问题：在移动过程中小精灵总会跑到视野之外。对象移动时，如果相机能跟随移动，这个问题也就迎刃而解了。

六、相机跟随

（1）在项目视图"Scripts"文件夹下建立"C# 脚本"，命名为"FollowTarget.cs"，编写脚本代码：

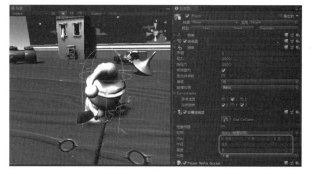

图 7-1-29　设置碰撞器参数

```csharp
using UnityEngine;
using System.Collections;

public class FollowTarget : MonoBehaviour {

    public float smoothing=3;
    private Transform player;

    void Start() {
        player=GameObject.Find("Player").transform;
```

```
    }
    void FixedUpdate() {
        //计算相机目标位置
        Vector3 targetPos=player.position + new Vector3(0, 2, -6);
        //设置相机位置
        transform.position=Vector3.Lerp(transform.position, targetPos,
smoothing * Time.deltaTime);
    }
}
```

（2）在层级视图选择"Main Camera"，将脚本文件"FollowTarget"拖放到"Main Camera"的检查器视图，如图 7-1-30 所示。

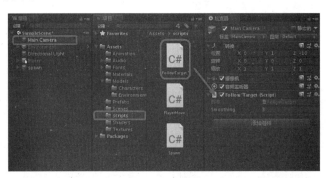

图 7-1-30　附加脚本组件

（3）按【Ctrl+P】组合键播放游戏，相机已经能跟随小精灵的运动而移动了，效果如图 7-1-31 所示。

图 7-1-31　运行游戏

七、敌人突袭而来

小精灵在场景中运动起来后，该敌人出场了，需要添加的敌人有 ZomBear（僵尸熊）、Zombunny（僵尸兔），还有 Hellephant（地狱象）。

1. 设置敌人信息

（1）在项目视图，单击选中"Characters"，此处选择 Zombunny 拖动到场景视图，如图 7-1-32 所示。

（2）在 Zombunny 检查器视图中修改"标签"为"Enemy"，以便于主角在射击时加以区分，如图 7-1-33 所示。

（3）建立 EnemyAC 动画控制器。在 Animation 下面创建动画控制器，命名为"EnemyAC"，如图 7-1-34 所示。

(4)双击"EnemyAC",显示"动画器"视图,将"Charcters"下面 Zombunny 的"Idle""Move""Death"拖动到动画器视图,如图 7-1-35 所示。

图 7-1-32 添加 Zombunny

图 7-1-33 修改 Zombunny 标签

图 7-1-34 创建动画控制器

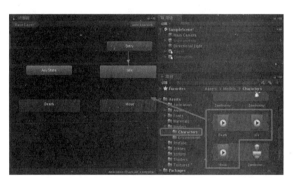

图 7-1-35 添加动画

(5)建立"Any State"到"Death"的过渡,建立"Idle"到"Move"的双向过渡,创建变量"Move"和"Dead"。变量 Move 控制"Idle"与"Move"动画状态的转换;变量 Dead 控制"Any State"到"Death"动画状态的转换,如图 7-1-36 所示。

(6)选中"Any State"到"Death"之间的箭头,在检查器视图"Conditions"下面单击"+",然后将条件设为"Dead""True",如图 7-1-37 所示。

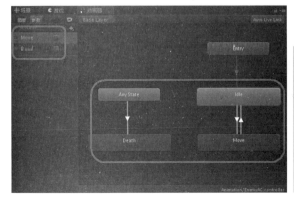

图 7-1-36 创建变量

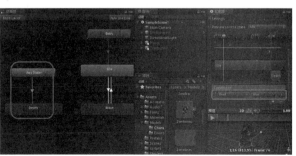

图 7-1-37 设置"Any State"到"Death"转换条件

237

(7)选中"Idle"到"Move"之间箭头,在检查器视图"Conditions"下面单击"+",然后将条件设为"Move""True"。同理,选中"Move"到"Idle"之间箭头,在检查器视图"Conditions"下面单击"+",然后将条件设为"Move""false",如图7-1-38所示。

(8)为对象指定控制器。在层级视图选中"Zombunny",在检查器视图中"动画器"下面,将"Controller"设为"EnemyAC",设置标签为"Enemy",如图7-1-39所示。

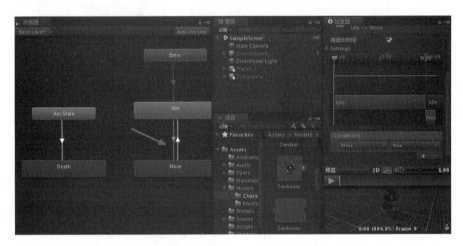

图 7-1-38 设置"Idle"到"Move"转换条件

2. 追击主角

Zombunny 出场后,自动绕过场景障碍并追击主角时需要借助于 Unity3D 的导航来实现。

(1)选择"Environment"对象,在检查器视图勾选"静态的"复选框将对象设为静态的,如图 7-1-40 所示。

图 7-1-39 为对象指定控制器　　　　图 7-1-40 "Environment"设置为静态对象

(2)场景添加导航。选择"窗口|AI|导航"命令,在"导航"视图选择"烘焙",然后单击"Bake"按钮烘焙场景,如图 7-1-41 所示。

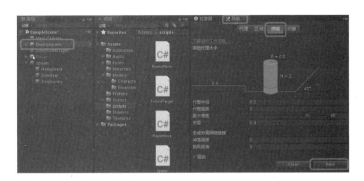

图 7-1-41　烘焙场景

（3）Zombunny 添加导航网格代理。设置导航网格代理后，Zombunny 就能在场景自动追击主角了。选择 "Zombunny" 对象，添加 "导航网格代理" 组件，如图 7-1-42 所示。

图 7-1-42　添加导航网格代理

（4）建立脚本 "EnemyMove"，控制敌人自动追击主角。选择 "Zombunny"，添加组件 "Enemy Move"，如图 7-1-43 所示。

图 7-1-43　创建脚本

（5）编写 EnemyMove.cs 脚本代码：

```
Using UnityEngine;
```

```csharp
using System.Collections;

public class EnemyMove : MonoBehaviour {

    private UnityEngine.AI.NavMeshAgent agent;
    private Transform player;
    private Animator anim;

    void Start() {
        agent=this.GetComponent<UnityEngine.AI.NavMeshAgent>();
        anim=this.GetComponent<Animator>();
        player=GameObject.Find("Player").transform;
    }

    void Update() {
        if(Vector3.Distance(this.transform.position, player.position) < 1.5f) {
            anim.SetBool("Move", false);
            agent.Stop();
        }else {
            anim.SetBool("Move", true);
            agent.Resume();
            agent.SetDestination(player.position);
        }
    }
}
```

(6)按【Ctrl+P】组合键播放游戏,Zombunny会自动奔向主角,移动速度太快的话,可以修改Zombunny的导航网格代理组件中的速度,如图7-1-44所示。

(7)在移动过程中Zombunny和主角会出现身体重合的情况,添加刚体和碰撞器解决这个问题。选择Zombunny,添加"刚体"组件,修改"阻力""角阻力"为1000,如图7-1-45所示。

图7-1-44 调整移动速度

图7-1-45 添加刚体组件

(8)添加"胶囊碰撞器"组件,勾选"是触发器"复选框,适当调整半径、高度等参数,使线框套住 Zombunny，如图 7-1-46 所示。

图 7-1-46　添加胶囊碰撞器组件

3. 赋予生命值

（1）建立 C# 脚本 "EnemyHealth"，为敌人赋予生命值，添加为 Zombunny 的组件，如图 7-1-47 所示。

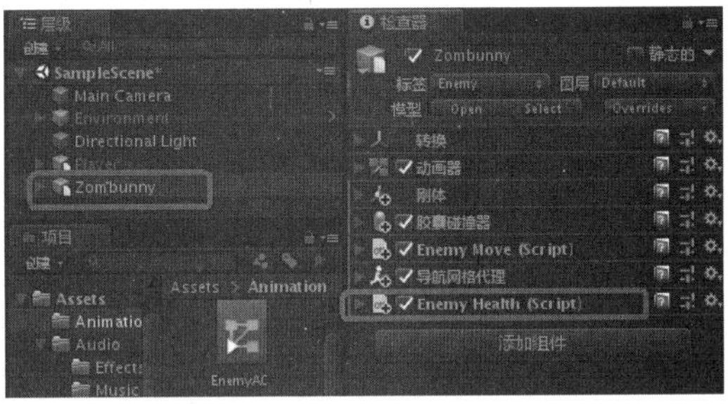

（2）编写 "EnemyHealth.cs" 脚本代码：

图 7-1-47　创建 "EnemyHealth" 脚本

```csharp
Using UnityEngine;
using System.Collections;

public class EnemyHealth : MonoBehaviour {

    public float hp=100;
    private Animator anim;
    private UnityEngine.AI.NavMeshAgent agent;
    private EnemyMove move;
    private CapsuleCollider capsuleCollider;
    private ParticleSystem particleSystem;
    public AudioClip dealthClip;
    private EnemyAttack enemyAttack;

    void Awake() {
        anim = this.GetComponent<Animator>();
        agent = this.GetComponent<UnityEngine.AI.NavMeshAgent>();
        move = this.GetComponent<EnemyMove>();
        capsuleCollider = this.GetComponent<CapsuleCollider>();
        particleSystem = this.GetComponentInChildren<ParticleSystem>();
        enemyAttack = this.GetComponentInChildren<EnemyAttack>();
    }

    void Update() {
        if(this.hp <= 0) {
            transform.Translate(Vector3.down * Time.deltaTime * 0.5f);
            if(transform.position.y <= -10)
                Destroy(this.gameObject);
        }
    }
```

```
public void TakeDamage(float damage,Vector3 hitPoint) {
    if(this.hp <= 0) return;
    GetComponent<AudioSource>().Play();
    particleSystem.transform.position=hitPoint;
    particleSystem.Play();
    this.hp -= damage;
    if(this.hp <= 0) {
        Dead();
    }
}

// 用这个方法来处理敌人死亡后的效果设置
void Dead() {
    anim.SetBool("Dead", true);
    agent.enabled=false;
    move.enabled=false;
    capsuleCollider.enabled=false;
    AudioSource.PlayClipAtPoint(dealthClip, transform.position,0.5f);
    enemyAttack.enabled=false;
}
```

4. 中弹效果

（1）选择"Prefabs"，将"HitParticles"拖动到层级视图"Zombunny"上面，使"HitParticles"成为"Zombunny"的子对象，如图 7-1-48 所示。

（2）添加受伤声音。选择"Zombunny"，添加音频源组件，设置"AudioClip"为"ZomBunny Hurt"，取消选中"唤醒时播放"复选框，如图 7-1-49 所示。

（3）添加死亡声音。选择"Zombunny"，将"EnemyHealth"组件中"Dealth Clip"设为"ZomBunny Death"，如图 7-1-50 所示。

图 7-1-48 添加粒子对象

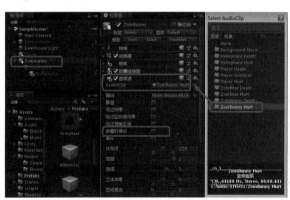

图 7-1-49 添加受伤声音

图 7-1-50 添加死亡声音

5. 发起攻击

（1）建立 C# 脚本 "EnemyAttack"，添加为 Zombunny 的组件。

（2）编写 "EnemyAttack.cs" 脚本代码：

```
Using UnityEngine;
using System.Collections;
public class EnemyAttack: MonoBehaviour {
    public float attack=5;
    public float attackTime=1;
    private float timer ;
    private EnemyHealth health;

    void Start() {
        timer = attackTime;
        health = this.GetComponent<EnemyHealth>();
    }

    public void OnTriggerStay(Collider col) {
        if(col.tag == "Player" &&health.hp>0) {
            timer += Time.deltaTime;
            if(timer >= attackTime) {
                timer -= attackTime;
                col.GetComponent<PlayerHealth>().TakeDamage(attack);
            }
        }
    }
}
```

八、为生存而战斗

（1）开枪效果。选择 "Prefabs"，将 "GunParticles" 拖动到层级视图 "GunBarrelEnd" 上面，使 "GunParticles" 成为 "GunBarrelEnd" 的子对象，单击 "播放" 按钮，预览开枪效果如图 7-1-51 所示。

图 7-1-51　预览开枪效果

（2）添加光源。选择 "GunBarrelEnd"，添加灯光（light）组件，取消默认开启，灯光颜色设为黄色，如图 7-1-52 所示。

（3）添加枪射线。选择 "GunBarrelEnd"，添加线段渲染器（line render）组件，如图 7-1-53 所示。

（4）取消"线段渲染器"默认开启，"投射阴影"设为"关闭"，取消选中"接受阴影"复选框，"元素0"设为"LineRenderMaterial"，如图7-1-54所示。

（5）设置宽度为"0.05"，反射探测器为"混合探测器"，如图7-1-55所示。

图7-1-52　添加光源

图7-1-53　添加枪射线

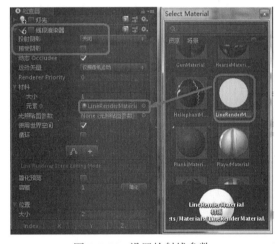
图7-1-54　设置枪射线参数

图7-1-55　设置枪射线尺寸

（6）添加枪声。选择"GunBarrelEnd"，添加音频源组件，设置"AudioClip"为"Player GunShot"，取消选中"唤醒时播放"复选框，如图7-1-56所示。

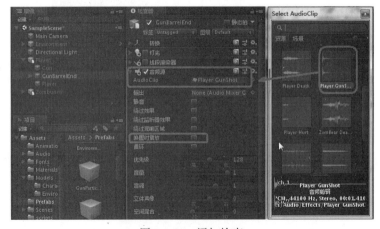
图7-1-56　添加枪声

（7）射击脚本。建立 C# 脚本 "PlayerShoot"，添加为 "GunBarrelEnd" 的组件。
（8）编写 "PlayerShoot.cs" 脚本代码：

```csharp
using UnityEngine;
using System.Collections;

public class PlayerShoot : MonoBehaviour {
    public float shootRate=2;
    public float attack=30;
    private float timer=0;
    private ParticleSystem particleSystem;
    private LineRenderer lineRenderer;
    void Start() {
        particleSystem=this.GetComponentInChildren<ParticleSystem>();
        lineRenderer=this.GetComponent<Renderer>() as LineRenderer;
    }
    void Update() {
        timer+=Time.deltaTime;
        if(timer > 1 / shootRate) {
            timer -= 1 / shootRate;
            Shoot();
        }
    }
    void Shoot() {
        GetComponent<Light>().enabled = true;
        particleSystem.Play();
        this.lineRenderer.enabled = true;
        lineRenderer.SetPosition(0, transform.position);
        Ray ray = new Ray(transform.position, transform.forward);
        RaycastHit hitInfo;
        if(Physics.Raycast(ray, out hitInfo)) {
            lineRenderer.SetPosition(1, hitInfo.point);
            // 判断当前的射击有没有碰撞到敌人
            if(hitInfo.collider.tag == "Enemy") {
                hitInfo.collider.GetComponent<EnemyHealth>().TakeDamage(attack,hitInfo.point);
            }
        } else{
            lineRenderer.SetPosition(1, transform.position + transform.forward * 100);
        }
        GetComponent<AudioSource>().Play();
        Invoke("ClearEffect", 0.05f);
    }

    void ClearEffect() {
        GetComponent<Light>().enabled=false;
        lineRenderer.enabled=false;
    }
}
```

（9）按【Ctrl+P】组合键播放游戏，主角和敌人在受到攻击生命值降为0时，进入死亡状态，如图7-1-57所示。

图 7-1-57　运行游戏

九、敌人接踵而至

1. "ZomBear" 出场

（1）在项目视图中单击选中"Characters"，将"ZomBear"拖动到场景视图。标签设为"Enemy"，"Controller"设为"EnemyAC"，如图7-1-58所示。

扫一扫

敌人接踵而至

图 7-1-58　添加 ZomBear 对象

（2）选择"Zombunny"，右击"刚体"组件，在弹出的快捷菜单中选择"复制组件"命令，然后选择"ZomBear"，在右键快捷菜单中选择"粘贴为新组件"命令，将刚体组件添加到"ZomBear"，如图7-1-59所示。

图 7-1-59　添加刚体组件

（3）同理，将其他组件粘贴到"ZomBear"，将"HitParticles"拖动到"ZomBear"，使其成为"ZomBear"子对象，如图7-1-60所示。

（4）将音频源组件"AudioClip"设为"ZomBear Hurt"，如图7-1-61所示。

项目 七　Unity3D 游戏开发

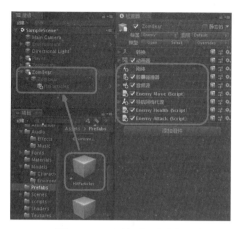

图 7-1-60　添加粒子对象

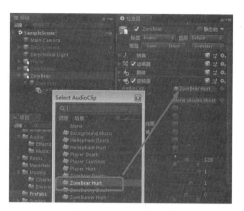

图 7-1-61　添加声音

（5）将"Enemy Health"组件"Dealth Clip"设为"ZomBear Dealth"，如图 7-1-62 所示。

2. Hellephant 出场

（1）将"Hellephant"拖动到场景视图，标签设为"Enemy"，如图 7-1-63 所示。

图 7-1-62　设置"Dealth Clip"

图 7-1-63　设置"Hellephant"标签

（2）创建动画控制器"HellephantAC"。将"Characters|Hellephant"中"Death""Idle""Move"添加到动画控制器视图，创建过渡，添加变量"Move""Dead"，如图 7-1-64 所示。

（3）选中"Any State"到"Death"之间的箭头，在检查器视图"Conditions"下面单击"+"，然后将条件设为"Dead""True"，如图 7-1-65 所示。

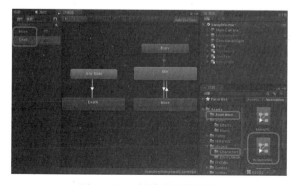

图 7-1-64　创建动画控制器

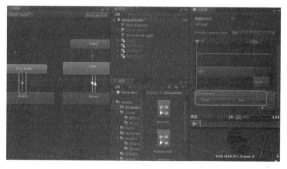

图 7-1-65　设置"Any State"到"Death"的转换条件

（4）选中"Idle"到"Move"之间的箭头，将条件设为"Move""True"；选中"Move"到"Idle"之间的箭头，将条件设为"Move""false"。

（5）将 Zombunny "刚体"等组件复制、粘贴到"Hellephant"，展开动画器组件，将"Controller"设为"HellephantAC"，如图 7-1-66 所示。

（6）添加被子弹射中粒子效果。将"HitParticles"拖动到"Hellephant"，使其成为"Hellephant"子对象，如图 7-1-67 所示。

（7）将音频源组件"AudioClip"设为"ZomBear Hurt"，将"Enemy Health"组件中的"Dealth Clip"设为"ZomBear Dealth"，如图 7-1-68 所示。

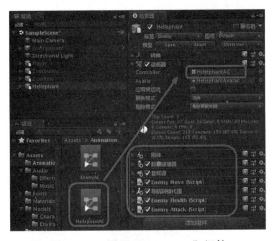

图 7-1-66　设置"Hellephant"组件

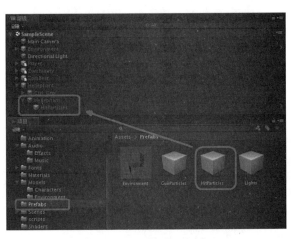

图 7-1-67　添加粒子对象

（8）将 Hellephant 导航网格代理组件"速度"设为"1"，减缓 Hellephant 移动速度，如图 7-1-69 所示。

图 7-1-68　设置音频源组件

图 7-1-69　设置导航网格代理速度

（9）运行游戏，场景效果如图 7-1-70 所示。

3. 敌人自动生成

设想一下，敌人出现时的情形应该是这样的，从某一角落源源不断地出现并追击小精灵。要实现敌人重复不断地出现，需要使用 Unity3D 的 Prefabs（预制体）。

（1）创建"Prefabs"。拖动"Hellephant""Zombunny""ZomBear"到"Prefabs"，出现"Create Prefabs"对话框时，单击"Original Prefab"按钮，如图 7-1-71 所示。

（2）删除场景中"Hellephant""Zombunny""ZomBear"。

（3）在层级视图中右击，选择"创建空对象"，建立 4 个空对象，分别命名为"spawn""Hellephant""Zombunny""ZomBear"。

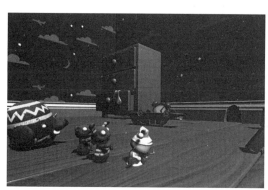

图 7-1-70　运行游戏　　　　　　　　图 7-1-71　创建"Prefabs"

（4）将"Hellephant""ZomBear""Zombunny"拖动到"spawn"，使其成为"spawn"子对象，如图 7-1-72 所示。

（5）调整"Hellephant"出现位置。将"Hellephant"移动到挂着一只袜子的抽屉左侧，如图 7-1-73 所示。

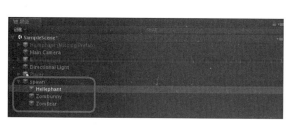 

图 7-1-72　创建"spawn"对象　　　　　　图 7-1-73　调整"Hellephant"位置

（6）调整"Zombunny"出现位置。将"Zombunny"移动到钟表右侧墙洞口，如图 7-1-74 所示。

（7）调整"ZomBear"出现位置。将"ZomBear"移动到小房子右后方，如图 7-1-75 所示。

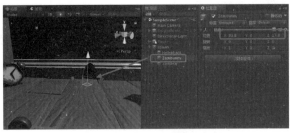 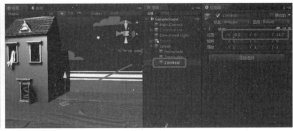

图 7-1-74　调整 "Zombunny" 位置　　　　图 7-1-75　调整 "ZomBear" 位置

（8）创建敌人生成脚本。选择 "Hellephant" "ZomBear" "Zombunny"，添加 C# 脚本组件，命名为 "Spawn"，如图 7-1-76 所示。

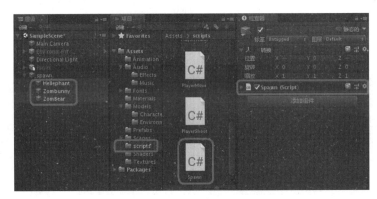

图 7-1-76　创建敌人生成脚本

（9）编写 "spawn.cs" 脚本代码：

```csharp
using UnityEngine;
using System.Collections;

public class Spawn : MonoBehaviour {

    public GameObject enemyPrefab; //
    public float spawnTime=3;
    private float timer=0;

    void Start() {
    // 延时函数：参数一：方法名 参数二：多少秒后执行 参数三：重复执行间隔
        InvokeRepeating("ACC", 0, 1);
    }

    void ACC() {
        spawnTime -= 0.05f;
    }

    void Update() {
        timer += Time.deltaTime;
        if(timer >= spawnTime) {
            timer -= spawnTime;
```

```
            SpawnEnemy();
        }
    }

    void SpawnEnemy() {
        // 参数一：是预设  参数二：实例化预设的坐标  参数三：实例化预设的旋转角度
        GameObject.Instantiate(enemyPrefab, transform.position, transform.rotation);
    }
}
```

（10）选择"Hellephant"，将脚本组件"EnemyPrefab"设为"Hellephant"，如图 7-1-77 所示。

（11）同理，将"ZomBear""Zombunny"脚本组件"EnemyPrefab"分别设为"ZomBear""Zombunny"，如图 7-1-78 所示。

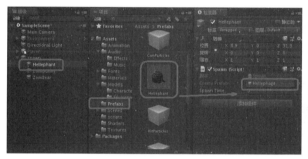

图 7-1-77　设置"Hellephant"脚本"EnemyPrefab"

图 7-1-78　设置"ZomBearZombunny"脚本"EnemyPrefab"

（12）运行游戏，敌人不断生成并涌向主角，效果如图 7-1-79 所示。

图 7-1-79　运行游戏

游戏制作完毕。

拓展任务

扫一扫

保龄球

实践案例：制作打保龄球小游戏。

案例设计：

制作打保龄球小游戏效果，用鼠标控制方向，按空格键投掷保龄球，任务效果如图 7-1-80 所示。

参考步骤：

步骤 1 启动 Unity3D 软件，新建场景命名为保龄球。

步骤 2 将素材 "ball.fbx" "Texture" 文件夹复制到 "Assets" 下面，将 "ball" 添加到场景，如图 7-1-81 所示。

步骤 3 在场景中添加平面，置于保龄球下方。

图 7-1-80 任务效果

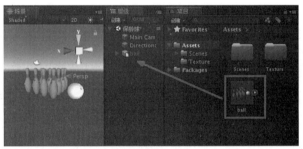

图 7-1-81 添加 "ball"

步骤 4 选择对象 "blq"，添加刚体、球体碰撞器组件，将刚体质量设为 "10"，如图 7-1-82 所示。

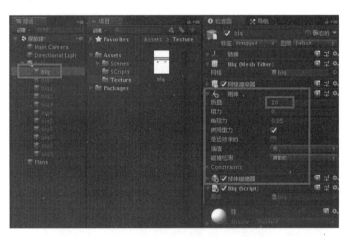

图 7-1-82 添加刚体、球体碰撞器组件

步骤 5 选择对象 "blq0~blq9"，添加刚体、网格碰撞器组件，如图 7-1-83 所示。

图 7-1-83　添加刚体、网格碰撞器组件

步骤6 建立 C# 脚本文件，命名为"blq"，编写脚本代码：

```csharp
using System.Collections;
using System.Collections.Generic;
using UnityEngine;

public class blq : MonoBehaviour
{
    //设置射线在鼠标单击对象上的目标点target
    private Vector3 target;
    void Update()
    {
        //单击鼠标左键
        if (Input.GetMouseButton(0))
        {
            //屏幕坐标转射线
            object ray=Camera.main.ScreenPointToRay(Input.mousePosition);
            //射线对象是:结构体类型（存储了相关信息）
            RaycastHit hit;
            //发出射线检测到了碰撞，isHit返回的是一个bool值
            bool isHit=Physics.Raycast((Ray) ray, out hit);
            //检测到碰撞，就把检测到的点记录下来
            if(isHit)
            {
                target=hit.point;
            }
            //旋转物体使向前向量z轴指向目标物体
            transform.LookAt(target);
            //访问刚体组件
            Rigidbody r=GetComponent<Rigidbody>();
            //为刚体施加脉冲力，使其向鼠标单击对象运动
            r.AddForce(transform.forward * 1f,ForceMode.Impulse);
        }
    }
}
```

步骤7 将脚本"blq"挂到场景对象"blq"，运行游戏，效果如图 7-1-84 所示。

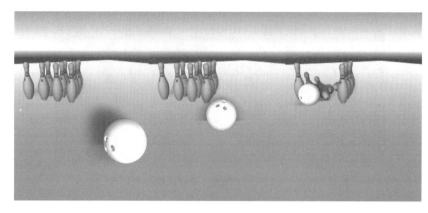

图 7-1-84　运行效果

 任务评价

任务评价表见表 7-1-1。

表 7-1-1　任务评价表

项目	内容		评价		
	任务目标	评价项目	3	2	1
职业能力	掌握 Prefabs 使用方法	能够创建"Prefabs"对象			
		能够实例复制"Prefabs"对象			
	能够完成射击游戏的制作	能够控制主角对象移动			
		能够控制敌人移动追击			
		能够实现主角自卫射击			
		能够实例复制敌人对象			
通用能力	信息检索能力				
	团结协作能力				
	组织能力				
	解决问题能力				
	自主学习能力				
	创新能力				
	综合评价				

小结

本项目是一个综合任务，通过射击游戏的制作，对 Unity3D 知识进行全面综合的训练、强化。并对预制体的创建和实例化进行介绍。通过项目任务学习，强化 Unity3D 的综合运用，为使用 Unity3D 进行项目开发打下坚实基础。

习题

一、选择题

1. 将对象拖放到层级视图时，在场景中位置是（　　）。
   A. 光标位置　　　　　　　　　B. 场景坐标原点
   C. 位置不固定　　　　　　　　D. 场景地平面
2. 按【Alt】键拖动鼠标左键可以（　　）。
   A. 平移视图　　　　　　　　　B. 缩放视图
   C. 旋转视图　　　　　　　　　D. 隐藏视图
3. 设置角色运动状态需要在（　　）完成。
   A. 项目视图　　　　　　　　　B. 游戏视图
   C. 动画控制器　　　　　　　　D. 层级视图
4. 为了避免角色穿越场景对象，需要添加（　　）组件。
   A. 刚体　　　　　　　　　　　B. 碰撞器
   C. 触发器　　　　　　　　　　D. 音频
5. 以下能够找到场景对象的是（　　）。
   A. player = GameObject.find("Player").transform;
   B. player = GameObject.Find("Player").transform;
   C. player = Gameobject.Find("Player").Transform;
   D. player = Gameobject.Find("Player").transform;

二、填空题

1. 创建对象时，可以将对象拖动到_____视图或者_____视图。
2. 游戏角色有三种运动状态：_____、_____、_____。
3. 设置角色受伤声音时，需要添加_____组件，然后设置_____，选择声音文件。
4. 将场景对象拖动到项目窗口_____文件夹中，预制体创建成功，预制体对象名称是_____色的。
5. _____函数是Unity3D中进行实例化的函数，也就是对一个对象进行复制操作的函数。

三、简答题

1. 如何添加使用动画控制器？
2. 游戏角色为什么会穿越场景对象，怎样解决这个问题？
3. 控制角色在地面行走和转身时，怎样设置刚体参数？
4. 简要说明你对Prefabs的理解。

项目八
AR 交互设计

增强现实 AR，一个近年来新兴的热门研究领域，能够将图形、音视频甚至触觉感知等虚拟的事物信息叠加到人们能真实感受到的环境中，让使用者能够与虚拟事物和信息进行一定的交互。作为现实场景的一个补充，达到使现实增强的效果。

学习目标

（1）AR 认识、应用领域、市场前景以及 AR 开发平台。
（2）EasyAR 平台注册、资源包获取、任务案例分析。
（3）EasyAR 平面图像、3D 对象跟踪识别技术。
（4）场景 AR 模型的触控、鼠标操作交互控制。

任务 1　走进 AR 世界

任务描述

虚拟现实技术所带来的刺激感充分满足了人类的渴望，虚拟世界把幻想变成理想中的现实。2016 年 VR/AR 行业开始起步，5G 技术的到来，使 AR 市场迎来爆发式增长。相对于 VR，AR 看起来与人们的生活关联更大。本任务对 AR 技术、AR 开发平台进行介绍说明，并对百度、高德地图的 AR 实景导航操作进行简单介绍，高德地图 AR 导航效果如图 8-1-1 所示。

图 8-1-1　高德地图 AR 导航

相关知识

一、初识 AR

1. AR 的概念

增强现实 AR（Augmented Reality），是一种实时地计算摄影机影像的位置及角度并加上相应图像的技术，这种技术的目标是在屏幕上把虚拟世界套在现实世界并进行互动。AR 可以算是 VR（虚拟现实）当中的一支，不过略为不同的是，VR 是创造一个全新的虚拟世界出来，而 AR 则强调虚实结合。

AR 利用计算机生成一种逼真的视、听、力、触和动等感觉的虚拟环境，通过各种传感设备使用户沉浸到该环境中，实现用户和环境直接进行自然交互。利用这样一种技术，可以模拟真实的现场景观，它是以交互性和构想为基本特征的计算机高级人机界面。使用者不仅能够通过虚拟现实系统感受到在客观物理世界中所经历的身临其境的逼真性，而且能够突破空间、时间以及其他客观限制，感受到在真实世界中无法亲身经历的体验。增强现实技术可广泛应用到军事、医疗、建筑、教育、工程、影视、娱乐等领域。增强现实是新型的人机交互和三维仿真工具，目前已发挥出了重要的作用，具有巨大的应用潜力。

2. AR 应用领域

随着移动设备的普及和相关技术的成熟，增强现实开始逐渐走进人们的生活。AR 技术在人工智能、CAD、图形仿真、虚拟通信、遥感、娱乐、模拟训练等许多领域带来了革命性的变化。

（1）医疗领域：在医疗方面，医生可以利用增强现实技术来联系比较困难的手术，然后轻易地进行手术部位的精确定位；也可以让学生来学习身体的各个部位，如图 8-1-2 所示。

（2）军事领域：AR 技术在军事演习训练、作战指挥控制、国防工业生产等军事领域发挥着重要的作用。部队在利用增强现实技术后，可以对作战环境进行方位的识别，获得实时所在地点的地理数据等重要军事数据。也可以在军事演习中使用 AR 眼镜向士兵展示战场中出现的人和物体，并附上相关信息，以帮助士兵避开潜在的危险，如图 8-1-3 所示。

图 8-1-2　AR 在医疗领域应用

图 8-1-3　AR 在军事领域的应用

（3）古迹复原和数字化文化遗产保护：在文化古迹保护方面也可以利用增强现实的方式让用户不仅可以看到古迹的文字解说，还能看到遗址上残缺部分的虚拟重构，一举两得，如图 8-1-4 所示。

（4）工业维修领域：通过增强现实眼镜将多种辅助信息显示给人们，包括虚拟仪表的面板、需要维修设备的内部结构以及维修设备零件图等，如图 8-1-5 所示。

图 8-1-4　借助 AR 技术呈现三维模型动画

图 8-1-5　AR 工业维修领域应用

（5）网络视频通信领域：增强现实除了有自身的技术外还加入了人脸跟踪技术，可以在通话的同时在对方的面部实时叠加一些有趣的物体，如帽子、眼镜等虚拟物体，在很大程度上提高了视频对话的趣味性。

（6）电视转播领域：通过增强现实技术可以在转播体育比赛的时候，实时地将辅助信息叠加到画面中，使得人们可以得到更全面的信息。

（7）直播领域：在直播的时候也可以利用 AR 技术，添加一些 AR 模型，增加直播内容的多样性。淘宝造物节直播中，用户可以看到 AR 在直播中的应用。淘宝造物节为线上观众打造了一个现实与虚拟水乳交融的奇幻场景，既能感受到身临其境的感觉，也能变身小怪兽和奥特曼扭打成一团，完全颠覆了传统的直播体验，如图 8-1-6 所示。

（8）AR 社交应用

Avatar Chat 是国外一款新型的社交软件，在与他人交流的过程中，双方都可以通过虚拟的化身和共享的场景进行互动，此时虚拟化身可以根据用户的眼镜、头部、手等的变化做出相应的动作反应，如图 8-1-7 所示。

图 8-1-6　淘宝造物节

图 8-1-7　AR 社交软件

（9）导航：将道路和街道的名字跟其他相关信息一起标记到现实地图中，或者在挡风玻璃上显示目的地方向、天气、地形、路况、交通信息，提示潜在危险。

3. AR 市场前景

（1）移动端 AR 技术为主导。随着电子产品的发展，智能手机现在似乎都是人手一部，智能手机时代的来临，将移动端市场作为主导力量的开发者或成为最大的赢家。AR 技术与移动设备相结合，用户没必要购买硬性专用 AR 硬件就可以体验 AR 内容，大大节约了成本。其次，AR 与移动设备相结合，消费者可以随时掏出手机打开摄像头，然后就可以获得关于周围环境的增强内容。支付宝、QQ 推出的 AR 实景功能，开启了虚拟与现实集合的新玩法。

（2）AR 技术会改变市场营销行业。AR 技术与移动端之间的融合达到一定的技术水平，物品的选购都可以通过 AR 技术来实现，例如：虚拟挑衣服、虚拟选家具、虚拟看房子等，卖家和买家都能节约大量时间与精力，市场营销行业将会因为 AR 技术进行改革升级。淘宝 AR 购物体验目前主要针对线上的各种商品品类，通过结合 AR BUY+ 的技术，消费者的购物体验从原有的图文、视频体验提升到新颖的互动模式，而对商家而言，这无疑是个能引起消费者关注和参与的营销模式。

（3）AR 企业级市场应用广泛。通过 AR 技术我们可以与远在地球另一面的家人进行面对面沟通，重要的办公会议可以通过 AR 技术来实现信息交流，企业还可以用 AR 来做产品营销推广，可见 AR 技术在市场应用中的价值可以令 AR 技术更加成功。

（4）AR 不会被大平台控制。VR 领域容易被大平台控制，因为 VR 相比 AR 更依赖高质量的硬件设备。AR 有很多平台，像微软 HoloLens、谷歌 Tango、Magic Leap，还有很多开源工具帮助开发者快速搭建自己的 AR 应用。这将极大地释放 AR 应用方面的创意和灵活性，中小企业和个人消费者都可以以很低的成本进行 AR 方面的尝试。

二、AR 平台

1. Vuforia

Vuforia 原为高通公司产品，后被出售给 PTC，致力于虚拟现实技术，其技术最大的优点是混合现实（Mixed Reality）。Vuforia 是一个能让应用拥有视觉的软件平台。开发者借助它可以很轻松地为任何应用添加先进的计算机视觉功能，允许识别图片和物体，或者在真实世界中重建环境内容。Vuforia AR 展示如图 8-1-8 所示。

2. Realmax

Realmax 是专业从事 AR 增强现实开发及智能硬件制造，集硬件、软件、内容、生态和用户为一体的国际化综合产业外资品牌。Realmax 总部位于中国上海，在纽约、慕尼黑、香港等地设有分公司，产品业务涵盖 AR 应用开发、VR 虚拟现实开发、智能硬件制造、AR SDK 研发、AR 操作系统开发、行业 AR 解决方案深度定制、电子商务、智能机器人等相关领域，拥有 AR 方面"平台+内容+终端+应用"完整生态系统。REALMAX 乾 AR 智能眼镜展示效果如图 8-1-9 所示。

3. EasyAR（视+）

EasyAR（Easy Augmented Reality）是视辰信息科技（上海）有限公司的增强现实解决方案系列的子品牌，其含义是希望让增强现实变得简单易实施，让客户都能将该技术广泛应用到广告、展馆、活动、手机 App 互动营销等之中。EasyAR 无须授权、无水印、无识别次数的限制，开放后可免费下载，无需任何费用，是一款完全免费的 AR 引擎。EasyAR 具有强大的跨平台特性，可支持 Windows、Mac OS、

Android 和 iOS 等主流平台。从目前的情况来看，EasyAR 的 SDK 是目前市场上同类产品中最为简单易用的。EasyAR SDK 是首款国产商用 AR 引擎，目前稳定运行在汽车之家、工商银行、招商银行掌上生活、交通银行、民生银行、浦发银行、Visa、央视影音、搜狗搜索等数万 App 中，同时目前在全球拥有超过 100 000+ 开发者。视+AR 看车效果如图 8-1-10 所示。

图 8-1-8　Vuforia AR 展示

图 8-1-9　REALMAX 乾 AR 智能眼镜展示

4. HiAR（亮风台）

亮风台是一家国内专注智能图像识别与视觉交互的移动互联网公司，HiAR 增强现实开发平台是亮风台信息科技打造的新一代移动 AR 开发平台，提供了一整套世界领先的 AR 技术服务。该平台包括 HiAR SDK、HiAR 云识别以及 HiAR 管理后台。其中，HiAR SDK 拥有的跟踪识别技术可以原生支持多种格式 3D 动画模型渲染，且支持脚本语言。与此同时，也支持原生多媒体 AR 和视频蒙版特效，并兼容全部主流的软硬件平台，HiAR AR 智能园区展示如图 8-1-11 所示。

图 8-1-10　视+AR 看车

图 8-1-11　HiAR AR 智能园区展示

5. VoidAR（太虚）

太虚 AR 以手绘识别功能作为市场切入点，为消费者和开发者提供全新的体验方式。同时，以游戏运营思路来做 SDK，根据开发者的实际产品需求，为开发者提供 SDK 功能定制服务。太虚 AR 希望以 SDK 这个工具为入口，以开发者需求为基本，帮助开发者开发高质量的应用去获得大量的数据，特别是关于现实的数据，让海量数据在云端产生核心价值。

数据显示，到 2020 年 AR 市场的收入规模将达到 1 200 亿美元。相比国外 SDK 使用门槛高、技术支持响应慢、服务器延迟大、缺乏本土化定制优化、价格不菲等问题。国内 SDK 的崛起解决了广大开发者的燃眉之急，更是给了国内产业链提升的重大机遇。VoidAR 手掌代替手机 AR 展示如图 8-1-12 所示。

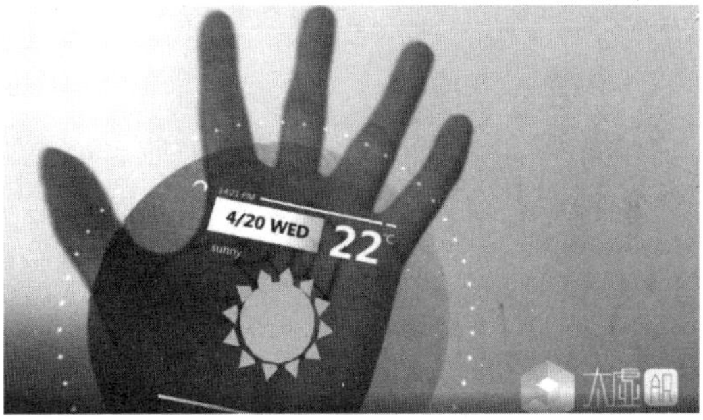

任务实施

AR 实景导航将 AR 技术与导航功能完美结合，百度地图的 AR 实景导航和高德地图的 AR 驾车导航能让用户更加直观地体验路线导航功能。

一、百度地图 AR 实景导航

图 8-1-12　VoidAR 手掌代替手机 AR 展示

（1）在手机中打开"百度地图"，点击"路线"按钮，如图 8-1-13 所示。

（2）输入起始地和目的地之后，进行搜索。

（3）选择"步行"，点击右下角的"实景导航"按钮，如图 8-1-14 所示。

（4）进入 AR 实景导航模式后，地面出现导航标记，如图 8-1-15 所示。

图 8-1-13　选择线路

图 8-1-14　选择实景导航

图 8-1-15　实景导航效果

二、高德地图 AR 驾车导航

（1）在手机中打开"高德地图"，点击"驾车"按钮，如图 8-1-16 所示。

（2）输入起始地和目的地之后，地图显示导航线路，点击下方"AR 导航"，如图 8-1-17 所示。

（3）出现"初始化校准"提示时，按要求完成校准，如图 8-1-18 所示。

（4）完成校准后，AR 导航效果如图 8-1-19 所示。

图 8-1-16　选择驾车　　　图 8-1-17　选择 AR 导航　　　图 8-1-18　初始化校准　　　图 8-1-19　AR 导航

拓展任务

实践案例：QQ-AR 扫花识花

案例设计：

春天到了，相信会有很多小伙伴选择和家人、好友踏青郊游吧。走在路上满眼都是花，好漂亮啊！这是什么花？

这时候就轮到 QQ-AR 出场了，继文字、图片、实物后，现在 QQ-AR 可以扫植物并鉴别它的种类了，扫描结果如图 8-1-20 所示。

图 8-1-20　任务效果

任务评价

任务评价表见表 8-1-1。

表 8-1-1 任务评价表

项目	内容		评价		
	任务目标	评价项目	3	2	1
职业能力	认识与理解 AR	知道 AR 概念			
		了解 AR 用领域			
		了解 AR 开发平台			
通用能力	信息检索能力				
	团结协作能力				
	组织能力				
	解决问题能力				
	自主学习能力				
	创新能力				
综 合 评 价					

任务 2　EasyAR 识别跟踪

任务描述

EasyAR 作为一款国产增强现实引擎，具备强大、丰富的 AR 能力。本任务运用 Unity3D 以及 EasyAR 提供的 Unity3D 版本的 EasyAR Sense（SDK）来学习 AR 项目的开发、调试、打包发布。EasyAR 图像跟踪效果如图 8-2-1 所示。

在开始前请确保你的计算机上正确安装了以下开发工具或者硬件：

（1）Unity3D（必选）：主要的开发环境。

（2）JDK 相关工具（必选）：编译 Android 应用所需环境。

（3）Android SDK（必选）：编译 Android 应用所需环境。

图 8-2-1　任务效果

（4）摄像头（可选）：如使用手机进行调试则不需要。

相关知识

一、EasyAR 产品概览

EasyAR 已经成长为一个大家族，从版本 4 开始，过去被大家所熟知的 EasyAR SDK 将被赋予一个新名字：EasyAR Sense。EasyAR Sense 是一个独立的 SDK，提供感知真实世界的能力。EasyAR Sense Unity Plugin 提供 EasyAR Sense 功能在 Unity 中的封装。EasyAR 为开发者和企业客户提供了开放、易用、可扩展的产品和服务，支持针对不同应用场景构建不同类型的应用。登录 EasyAR 官方网站（https://www.easyar.cn/），网站首页如图 8-2-2 所示。

视+AR 自主研发的增强现实引擎 EasyAR Sense，具备强大、丰富的 AR 能力，如二维码识别、表面追踪、稀疏空间地图、稠密空间地图、运动追踪功能、3D 物体跟踪、平面图像跟踪、混合识别等丰富 AR 能力，支持约 95% 的智能手机设备，同时与苹果 ARKit、谷歌 ARCore 兼容。

1. 稀疏空间地图（Sparse Spatial Map）

EasyAR 稀疏空间地图提供了扫描物理空间同时生成点云地图并进行实时定位的能力，开发者可以快速基于现实空间创建应用，如 AR 说明书以及 AR 导航导览等。在点云地图上部署的虚拟内容，同时也会被持久化放置在现实空间中，实现虚拟世界和物理世界的连接。此外，多人 AR 功能也能在此基础上实现。

2. 稠密空间地图（Dense Spatial Map）

EasyAR 稠密空间地图利用 RGB 相机图像对周围环境进行三维稠密重建，得到稠密的点云地图和网格地图。虚拟内容与物理世界产生交互碰撞，AR 体验才更加逼真。EasyAR Sense 4.0 支持实时重建环境的稠密空间地图，可以实现碰撞、遮挡等效果，从而构建更真实的 AR 体验，稠密空间网格地图模型如图 8-2-3 所示。

图 8-2-2　EasyAR 官网首页

图 8-2-3　稠密空间网格地图模型

3. 运动跟踪（Motion Tracking）

运动跟踪用于持续追踪设备在空间中的六自由度位置和姿态，可用于 AR 展示、AR 游戏、AR 视频或拍照等应用。通过运动跟踪，虚拟物体和真实场景实时对齐于同一坐标系，可以体验到虚拟内容和真实场景融合在一起的感受。提供多传感融合的方式解算位置和姿态，降低了相机运动带来的漂移，让虚拟物体在空间中更加稳定。同时提供重定位功能，在跟踪丢失后可以恢复定位。使用运动跟踪的应用，不依赖于 ARCore，也不需要最终用户通过 Google 服务框架安装 ARCore 服务。

项目 八　AR 交互设计

4. 表面跟踪（Surface Tracking）

EasyAR 表面跟踪实现轻量级的跟踪设备相对于空间中选定表面点的位置和姿态的能力，可用于小型 AR 交互游戏、AR 短视频拍摄以及产品展示等场景。相比 EasyAR 运动跟踪（Motion Tracking），表面跟踪无须初始化且支持更多机型。

5. 3D 物体跟踪（3D Tracking）

3D 物体跟踪用于检测和跟踪自然场景中的三维物体。EasyAR 目前可以检测和跟踪有丰富纹理的三维物体。用户仅需要准备好待跟踪物体的 3D 模型文件，即可创建 Tracker，而不需要进行复杂的配置或配准工作，3D 物体跟踪如图 8-2-4 所示。

6. 平面图像跟踪（Planar Image Tracking）

平面图像跟踪是用于检测与跟踪日常生活中有纹理的平面物体。

二、注册下载

（1）进入 EasyAR 的官网（https://www.easyar.cn/），注册账户，如图 8-2-5 所示。

图 8-2-4　3D 物体跟踪

图 8-2-5　注册 EasyAR 账户

（2）进入下载页面，下载 EasyAR Sense Unity Plugin 和 EasyAR Sense Unity Plugin sample（EasyAR-SenseUnityPlugin_4.0.0-final_Samples），如图 8-2-6 所示。如果要下载 EasyAR 4 以前版本的 EasyAR SDK Unity 资源，只需进入历史版本页面下载即可。

（3）下载的 EasyAR Sense Unity 资源文件如图 8-2-7 所示。

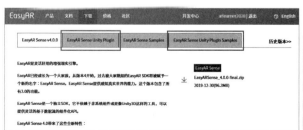

图 8-2-6　下载 EasyAR Sense Unity 资源

图 8-2-7　EasyAR Sense Unity 资源

三、申请 Sence 许可证密匙

（1）进入 EasyAR 开发中心页面，如图 8-2-8 所示。

（2）单击"我需要一个新的 Sence 许可证密匙"，选择 Sence 类型：EasyAR Sence 4.0，输入应用名称和 Package Name（包名）。包名格式为 com.AA.BB（AA：公司名称；BB：应用名称），如图 8-2-9 所示。

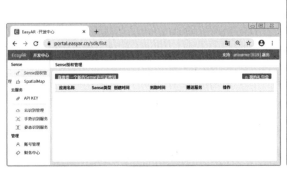

图 8-2-8　开发中心页面

图 8-2-9　订阅 Sence

（3）添加许可证后，如图 8-2-10 所示。

（4）单击"查看"按钮，进入应用管理页面，这一大串 Sense License Key 文本是 Unity3D 开发中必需的，可以复制保存到文件中备用，如图 8-2-11 所示。

图 8-2-10　Sence 许可证列表

图 8-2-11　Sense License Key

四、EasyAR Sense Unity 资源包

（1）从 EasyAR 官网下载 EasyAR Sense Unity Plugin sample 资源包，资源包中包含但不限于以下场景：

① ImageTracking_CloudRecognition：演示如何使用云识别。

② ImageTracking_Coloring3D：演示如何创建"AR 涂涂乐"，使绘图书中的图像实时"转换"成 3D。

③ ImageTracking_MotionExtend：演示如何从图像扩展跟踪。

④ ImageTracking_TargetOnTheFly：演示如何直接从相机图像中实时创建 target 并加载到 tracker 中。

⑤ ImageTracking_Targets：演示创建 target 的不同方法（动态创建 target）。

⑥ ImageTracking_Video：演示如何使用 EasyAR 加载并在 target 上播放视频。

⑦ MultiTarget_MultiTracker：演示如何使用多个 tracker 同时跟踪多个目标。

⑧ MultiTarget_SingleTracker：演示如何使用一个 tracker 同时跟踪多个目标。

⑨ ObjectTracking：演示如何跟踪 3D 物体。

⑩ VideoRecording：演示如何录屏。

（2）导入资源包。启动 Unity3D，导入 EasyAR 资源包 EasyARSenseUnityPlugin_4.0.0-final_Samples_2020-01-16.unitypackage，项目视图如图 8-2-12 所示。其目录结构如下：

① EasyAR 目录用来存放 EasyAR 资源和代码。

- Resources：EasyAR Sample 场景资源，与 Scenes 对应，注意 EasyAR 中的 Settings 是用于填写 key 的文件。
- Scripts：包含 EasyAR Sample 重要代码，以及原始 API 接口文件 csapi.cs。
- Shaders：公共着色器，与相机画面背景、立方体以及透明视频相关。

② Plugins：Android/iOS/Window/Mac 平台二进制库和相关交互代码存放的目录。

③ Samples：Sample 的资源和代码存放的目录。

④ Scenes：EasyAR sample 场景。

⑤ StreamingAssets：Unity 不会编译的资源文件，EasyAR 可以加载这些文件作为目标数据。

（3）初始化 EasyAR。EasyAR 正常工作需要验证 key 初始化，用户需要找到 EasyARKey（前面 EasyAR 官网获取的 Sense License Key），在检查器视图中输入 key，如图 8-2-13 所示。

图 8-2-12　导入 EasyAR 资源包

图 8-2-13　初始化 EasyARkey

五、EasyAR 平面图像跟踪

平面图像跟踪（Planar Image Tracking）用于检测与跟踪日常生活中有纹理的平面物体。所谓"平面"的物体，可以是一本书、一张名片、一幅海报，甚或是一面涂鸦墙这类具有平坦表面的物品或事物，这些物体应当具有丰富且不重复的纹理。

1. 准备工作

为了创建一个平面图像跟踪实例，首先要准备好目标物体（AR 模型）以及目标物体的模板图片（待扫描识别的图片）。目标物体的 Target 数据是在 Tracker 中自动生成的，除了准备上述图片，不需要进行任何额外的操作或配置。需要注意的是，图片的格式建议为 JPG 或 PNG，模板图像的尺寸不能过小，也不能过大。建议分辨率介于 SQCIF（128×96）和 QVGA（1 280×960）之间。

模板图片或目标物体要拥有合适的纹理。图 8-2-14（a）可以被 EasyAR 检测和跟踪；图 8-2-14（b）无法被 EasyAR 检测和跟踪，因为它的纹理太少了；图 8-2-14（c）无法被 EasyAR 检测和跟踪，因为纹理不应该出现某种重复模式。

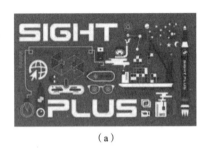  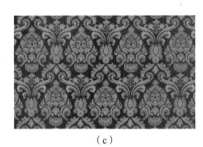

（a） （b） （c）

图 8-2-14 模板图片

2. 添加图片到项目

图片准备妥当之后，将图片文件复制到项目视图 Assets\StreamingAssets 文件夹中。剩下的事情异常简单，随时可以开启整个平面图像跟踪。目标物体的 Target 数据会在 Tracker 启动时自动进行计算生成，检测与跟踪的过程也将在之后自动运行。

3. ImageTracker（图像跟踪）

ImageTracker 是十分重要的一个类，主要实现了 ImageTarget（图像目标）的检测与跟踪，也是实现多图识别的关键，EasyAR 官网上对 ImageTracker 也进行了很详细的说明。

4. ImageTarget（图像目标）

ImageTarget（图像目标）是图像识别的目标对象。只需提供一张可识别的图片，并将图片移到设备的摄像头下，设备上就能出现之前已经集成进去的虚拟场景。

六、案例分析——EasyAR 平面图像跟踪

（1）进入 Assets\Samples\Scenes\ObjectSensing 文件夹，双击打开场景 ImageTracking_Targets，游戏视图如图 8-2-15 所示。

（2）EasyAR 平面图像跟踪需要 EasyAR_ImageTracker-1 和 ImageTarget。EasyAR_ImageTracker-1 实现了平面图像的检测和跟踪；ImageTarget 表示平面图像的识别目标，它可以被 ImageTracker 所跟踪。

（3）电脑端连接摄像头，运行游戏。如果控制台出现图 8-2-16 所示错误信息，"Error: Engine.initialize: key is empty"是提示缺少 EasyAR 许可证 key。

（4）依次进入"Assets|EasyAR|Resources|EasyAR"文件夹，单击文件"Settings"，检查器视图

"EasyAR SDK License Key"区域为空，将 EasyAR 官网获取的许可证 key 填入其中，如图 8-2-17 所示。

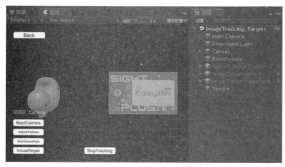

图 8-2-15　打开"ImageTracking_Targets"场景　　　　图 8-2-16　运行错误信息

（5）进入"StreamingAssets"文件夹，下面的"idback""namecard"为本案例待扫描识别图像，如图 8-2-18 所示。

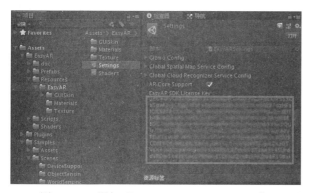

图 8-2-17　添加"EasyAR SDK License Key"　　　　图 8-2-18　待扫描识别图像资源

（6）再次运行游戏，用摄像头扫描 idback（身份证背面）图像时出现小黄鸭，如图 8-2-19 左图所示；扫描 namecard 图像出现立方体，如图 8-2-19 右图所示。

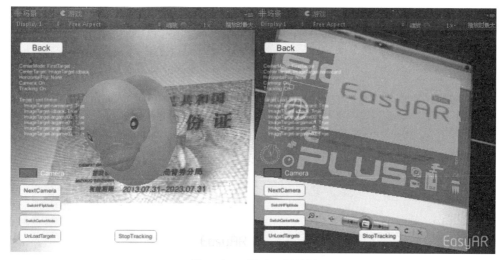

图 8-2-19　游戏运行效果

想一想，为什么扫描身份证背面图像会出现小黄鸭模型呢？下面简要介绍。

① 在层级视图选择"ImageTarget-idback"，检查器视图"Target Data File Source"为识别图片设置项，如图 8-2-20 所示。

② Source Type 设为 Target Data File 和 Image File 时，对应的识别图设置项如图 8-2-21 所示。两种设置方式均可，但要注意设置的差别之处。

图 8-2-20　识别图片设置

图 8-2-21　识别图片两种设置方式

③ 多目标识别。在开发中，使用最多的是一个 Tracker 去跟踪多个 target，具体方法就是添加多个 ImageTarget。本案例场景有一个 ImageTracker 和两个 ImageTarget（分别为 ImageTarget-idback 和 ImageTarget-namecard），如图 8-2-22 所示。扫描 idback（身份证背面）、namecard 图像时分别出现小黄鸭和立方体对象，如图 8-2-23 所示。

想一想，用摄像头同时扫描两张图片会怎样呢？

图 8-2-22　场景多个 ImageTarget

EasyAR_ImageTracker-1 子对象 ImageTracker 脚本变量 Simultaneous Target Number 决定了可同时跟踪识别的图像数目，如图 8-2-24 所示。Simultaneous Target Number 为 1 时，同时扫描多张图片，只有一张被识别跟踪，当设为 2 时，可以同时识别跟踪两张图片。

图 8-2-23　识别多目标

七、项目发布

（1）打开"文件|编译设置"，选择"Android"，出现图 8-2-25 所示窗口。

图 8-2-24　设置 3D 物体跟踪数目　　　　　　　图 8-2-25　编译设置

（2）单击"玩家设置"按钮，在检查器视图中填入"公司名称"（可随便填写）和产品名称（填写在 EasyAR 官网上注册 key 时填入的应用名称），如图 8-2-26 所示。

（3）然后"其他设置"下有一个"包名"（填你在 EasyAR 官网上注册 key 时填的包名），包名格式为 com.AA.BB（AA: 公司名称；BB：应用名称），如图 8-2-27 所示。EasyAR Sense 需要 Android Api 级别 17 或以上。

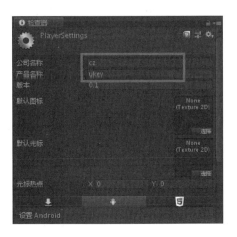

图 8-2-26　玩家设置　　　　　　　　　　　　图 8-2-27　其他设置

（4）单击"生成"按钮，在弹出对话框中输入 APK 位置，完成 APK 文件创建生成。在生成过程中出现类似图 8-2-28 所示提示信息时，单击"Use Highest Installed"按钮继续生成。

（5）将生成的 APK 文件复制到 Android 手机安装运行。

图 8-2-28　错误信息

八、EasyAR 3D 物体跟踪

3D 物体跟踪（3D Tracking）是用于检测和跟踪自然场景中的三维物体，如图 8-2-29 所示。EasyAR 目前可以检测和跟踪有丰富纹理的三维物体。用户仅需要准备好待跟踪物体的 3D 模型文件，即可创建 Tracker，而不需要进行复杂的配置工作，也不需要将模型或任何数据上传到 EasyAR 或其他网站上。

图 8-2-29　EasyAR 3D 物体跟踪

1. 开发环境

EasyAR 3D 物体识别与跟踪的实现过程类似最开始的平面图像的搭建过程。

（1）在官网申请一个 Key。

（2）下载 EasyARSenseUnityPlugin 资源包。

（3）新建 Unity 项目，导入资源包。

2. 获得 OBJ 格式的模型

（1）从现有模型中导出：使用 3ds Max、Maya 或其他建模工具，导入现有 FBX 或其他格式的模型，然后导出成 OBJ 格式。

（2）创建全新的模型：使用 3ds Max、Maya 或其他建模工具创建 3D 模型并输出为 OBJ 格式。

（3）扫描真实世界中的物体，使用一些 3D 建模工具生成 3D 模型。

3. 模型准备

使用 3D 物体跟踪的第一步是准备好待跟踪物体的 3D 模型文件。

（1）模型文件必须是 Wavefront OBJ 格式，且必须包含相应的材质文件以及至少一张纹理贴图文件。

（2）纹理贴图文件必须是 JPEG 或 PNG 格式。

（3）模型应当具有丰富的纹理细节：图 8-2-30（a）所示物体可以被 EasyAR 检测和跟踪。图 8-2-30（b）所示物体无法被 EasyAR 检测和跟踪，因为它的纹理太少了。

（4）模型可以有不同的形状，图 8-2-31 所示两个物体都可以被 EasyAR 检测和跟踪。

项目 八 AR 交互设计

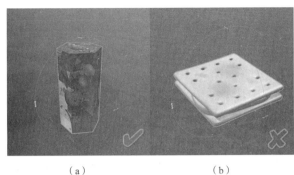

（a）　　　　　　　　（b）

图 8-2-30　模型细节

（a）　　　　　　　　（b）

图 8-2-31　不同形状的模型

（5）模型文件中不能引用绝对路径。

（6）文件名以及模型文件内部的路径不能有空格。

4. 开始工作

当准备好待跟踪物体的 3D 模型文件后，在 EasyAR 中可以像使用图像跟踪功能的图片一样使用这些模型。

九、案例分析——3D 物体跟踪

（1）启动 Unity3D 软件，新建 Unity3D 项目。

（2）导入 EasyARSenseUnityPlugin_4.0.0-final_2020-01-16.unitypackage 资源包。

（3）在项目视图中，双击 "Assets\EasyAR\Samples\Scenes\ObjectSensing" 文件夹下的 "ObjectTracking"，打开 3D 物体跟踪场景，如图 8-2-32 所示。

（4）3D 物体跟踪需要 EasyAR_ObjectTracker-1 和 ObjectTarget。EasyAR_ObjectTracker-1 实现了 3D 物体目标的检测和跟踪；ObjectTarget 表示 3D 物体目标，它可以被 ObjectTracker 跟踪。

（5）EasyAR_ObjectTracker-1 子对象 ObjectTracker 脚本变量 "Simultaneous Target Number" 决定了可同时跟踪识别的 3D 物体数目，如图 8-2-33 所示。

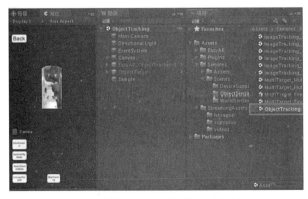

图 8-2-32　打开 3D 物体跟踪场景

图 8-2-33　设置 3D 物体跟踪数目

（6）层级视图中 ObjectTarget 的子对象为 3D 物体目标对象（AR 模型），如图 8-2-34 所示。

（7）StreamingAssets 文件夹存放 3D 模型文件，必要的 3 个模型文件为：模型（.obj）、贴图（.jpg or .png）、文件说明（.mtl），如图 8-2-35 所示。

（8）在 ObjectTarget 检查器视图设置 StreamingAssets 文件夹资源文件的调用，如图 8-2-36 所示。

（9）在项目视图"Assets\EasyAR\Resources\EasyAR"文件夹"Settings"文件中，"EasyAR SDK License Key"填写从 EasyAR 官网获取的许可证 key。

图 8-2-34　ObjectTarget 3D 物体目标

图 8-2-35　模型文件

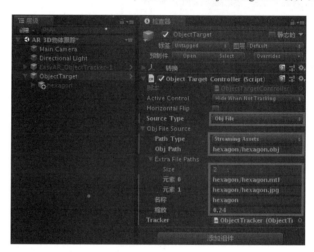

图 8-2-36　资源文件使用

任务实施

一、EasyAR 平面图像跟踪

（1）新建 Unity3D 项目。打开 Unity3D 软件，单击上方"New"按钮创建一个 AR 项目，如图 8-2-37 所示。

扫一扫

EasyAR 3D 物体跟踪

图 8-2-37　新建项目

（2）导入"EasyARSenseUnityPlugin"资源包。在项目视图右击"Assets"，选择"导入包|自定

义包"命令，导入素材文件夹中的"EasyARSenseUnityPlugin_4.0.0-final_2020-01-16.unitypackage"，如图 8-2-38 所示。

图 8-2-38　导入资源包

（3）资源包导入后，项目视图如图 8-2-39 所示。

（4）进入"Assets\EasyAR\Resources\EasyAR"文件夹，单击文件"Settings"，在检查器视图 EasyAR SDK License Key 区域填入 EasyAR 官网获取的许可证 key，如图 8-2-40 所示。

图 8-2-39　资源包文件夹

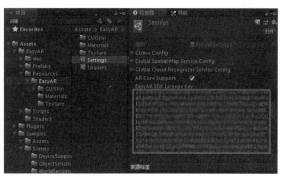

图 8-2-40　添加 EasyAR SDK License Key

（5）添加图像跟踪（EasyAR_ImageTracker-1）。将"Assets\EasyAR\Prefabs\Composites"文件夹下面的"EasyAR_ImageTracker-1"拖动到层级视图中，如图 8-2-41 所示。

（6）添加图像目标（ImageTarget）。将"Assets\EasyAR\Prefabs\Primitives"文件夹下面的"ImageTarget"拖动到层级视图中，如图 8-2-42 所示。

图 8-2-41　添加"EasyAR_ImageTracker-1"

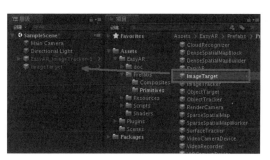

图 8-2-42　添加"ImageTarget"

（7）创建"StreamingAssets"文件夹。在项目视图创建"StreamingAssets"文件夹，并导入素材文件夹中身份证背面图片"idback.jpg"（把图片拖进去即可），如图8-2-43所示。

图8-2-43　添加识别图像

（8）设置识别图像。选择"ImageTarget"对象，在检查器视图设置图像路径（idback.jpg）、名称（idback），如图8-2-44所示。

（9）添加AR模型。在项目视图创建"Models"文件夹，并将素材"duck"文件夹复制到"Models"文件夹。然后拖动"duck"文件夹中"duck"模型复制到层级视图"ImageTarget"，使其成为"ImageTarget"子对象，如图8-2-45所示。

 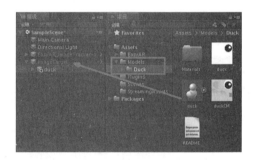

图8-2-44　设置识别图像　　　　　　　　图8-2-45　添加"duck"模型

（10）将"duck"添加到场景后，如果贴图显示不正常，在项目视图选择"duck"模型后，勾选"导入材质"复选框，单击"应用"按钮即可，如图8-2-46所示。

（11）适当修改"duck"模型大小，缩放值X、Y、Z均为"0.003"，旋转角度X为"-90"，使其位于身份证背面图片上方，如图8-2-47所示。

图8-2-46　设置"duck"贴图　　　　　　图8-2-47　调整"duck"大小位置

（12）修改摄像机。选择"Main Camera"，修改清除标志为纯色，将背景色改为黑色，剪裁平面（近）设为"0.01"，如图 8-2-48 所示。

（13）连接摄像头运行游戏，扫描身份证背面图片，观看运行效果，如图 8-2-49 所示。

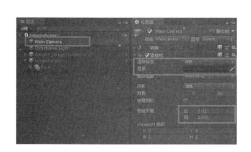 

图 8-2-48　设置摄像机　　　　　　　　　　图 8-2-49　运行效果

（14）选择"文件|编译设置"命令，出现图 8-2-50 所示窗口，单击"添加已打开场景"按钮将当前场景添加到编译列表。

（15）选中 Android 后，单击"切换平台"按钮，稍等片刻（切换需要花费一定时间），"切换平台"按钮变为"生成"按钮。单击"玩家设置"按钮，检查器视图显示了玩家设置的可配置项，填入"公司名称"（可随便填写）和产品名称（填写在 EasyAR 官网上注册 key 时填入的应用名称），如图 8-2-51 所示。

 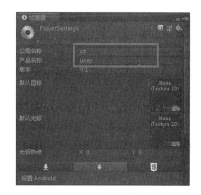

图 8-2-50　编译设置窗口　　　　　　　　　图 8-2-51　玩家设置

（16）在"其他设置"参数区有一个"包名"（填写在 EasyAR 官网上注册 key 时填入的包名），包名格式为 com.AA.BB（AA：公司名称；BB：应用名称），如图 8-2-52 所示。

（17）单击"生成"按钮，在弹出对话框中输入 APK 保存位置。如果在生成过程中出现类似图 8-2-53 所示提示信息时，单击"Use Highest Installed"按钮继续生成。

图 8-2-52　其他设置

图 8-2-53　编译提示信息

（18）将生成的 APK 文件复制、安装到 Android 手机上，扫描身份证背面，duck 模型就呈现出来了。

二、EasyAR 3D 物体跟踪

（1）启动 Unity3D 软件，新建场景，将场景命名为"AR 3D 物体跟踪"。

（2）导入资源包。导入"EasyARSenseUnityPlugin_4.0.0-final_2020-01-16.unitypackage"资源包。

（3）进入"Assets\EasyAR\Resources\EasyAR"文件夹，单击文件"Settings"，在检查器视图"EasyAR SDK License Key"区域填入在 EasyAR 官网获取的许可证 key，如图 8-2-54 所示。

（4）创建"StreamingAssets"文件夹。在项目视图创建"StreamingAssets"文件夹，并将素材"hexagon"文件夹复制到"StreamingAssets"文件夹中，如图 8-2-55 所示。

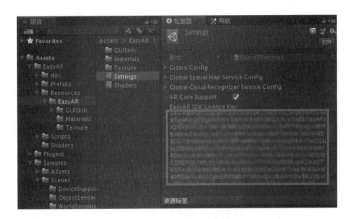

图 8-2-54　添加"EasyAR SDK License Key"

图 8-2-55　添加识别图像

（5）添加"EasyAR_ObjectTracker-1"。将"Assets\EasyAR\Prefabs\Composites"文件夹下面的"EasyAR_ObjectTracker-1"拖动到层级视图中，如图 8-2-56 所示

（6）添加"ObjectTarget"。将"Assets\EasyAR\Prefabs\Primitives"文件夹下面的"ObjectTarget"拖动到层级视图中，如图 8-2-57 所示。

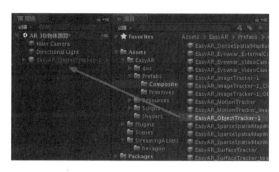 

图 8-2-56　添加"EasyAR_ObjectTracker-1"　　　　图 8-2-57　添加"ObjectTarget"

（7）添加 AR 模型。将素材"ObjectTracking"文件夹复制到"Assets"中。然后拖动"Models"文件夹中"hexagon"模型到层级视图"ObjectTarget"，使其成为"ObjectTarget"子对象，如图 8-2-58 所示。

（8）选择"ObjectTarget"，在检查器视图设置模型资源路径"obj Path"为"hexagon/hexagon.obj"、"size"为"2"、"元素 0"为"hexagon/hexagon.mtl"、"元素 1"为"hexagon/hexagon.jpg"、名称为"hexagon"、缩放为"0.24"，如图 8-2-59 所示。

图 8-2-58　添加"hexagon"模型　　　　图 8-2-59　模型设置

（9）运行游戏，扫描 3D 物体（运行素材视频"3D 场景.mp4"即可），观看 AR 效果。

（10）参照"EasyAR 平面图像跟踪"案例中的生成与编译方法完成本案例编译，生成 APK，复制、安装到手机运行，在此不再赘述。

拓展任务

扫一扫
AR涂涂乐

实践案例：AR 涂涂乐

案例设计：

AR 涂涂乐是虚拟现实中一个比较炫酷的玩法，这个技术可以把扫描到的图片上的纹理粘贴到模型上，实现为模型上色的功能。把绘图图像实时"转换"成 3D，还可以用手指触动、拉近画面，跟鲜活的卡通形象进行全方位的互动，如图 8-2-60 所示。

图 8-2-60　任务图片

参考步骤：

步骤1　新建 Unity3D 场景，命名为"AR 涂涂乐"。

步骤2　导入"EasyARSenseUnityPlugin_4.0.0-final_2020-01-16.unitypackage"资源包。

步骤3　进入"Assets|EasyAR|Resources|EasyAR"文件夹，单击文件"Settings"，将检查器视图"EasyAR SDK License Key"填入 EasyAR 官网获取的许可证 key，如图 8-2-61 所示。

步骤4　将素材文件夹"ImageTracking_Coloring3D"复制到"Assets"文件夹中，如图 8-2-62 所示。

图 8-2-61　添加"EasyAR SDK License Key"　　　图 8-2-62　导入素材资源

步骤5　创建"StreamingAssets"文件夹，并将素材"StreamingAssets"文件夹中的"coloring3d-bear.jpg"复制进来，如图 8-2-63 所示。

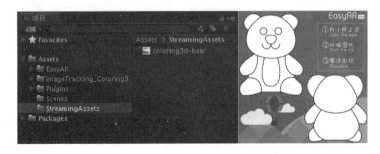

图 8-2-63　添加识别图像

步骤 6 将"Assets\EasyAR\Prefabs\Composites"文件夹中的"EasyAR_ImageTracker-1"拖动到层级视图中,如图 8-2-64 所示。

步骤 7 将"Assets\EasyAR\Prefabs\Primitives"文件夹中的"ImageTarget"拖动到层级视图中,如图 8-2-65 所示。

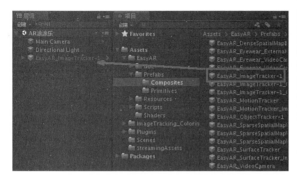
图 8-2-64 添加"EasyAR_ImageTracker-1"

图 8-2-65 添加"ImageTarget"

步骤 8 选择"ImageTarget"对象,在检查器视图设置图像"路径"为"coloring3d-bear.jpg","名称"为"bear",如图 8-2-66 所示。

步骤 9 将"Assets\ImageTracking_Coloring3D\Prefabs"文件夹中"bear"模型拖动到层级视图"ImageTarget",使其成为"ImageTarget"的子对象,如图 8-2-67 所示。

图 8-2-66 设置识别图像

图 8-2-67 添加"bear"模型

步骤 10 适当调整"bear"模型位置,旋转角度 X、Y、Z 分别为"90""90""-90",使其位于图片上方,如图 8-2-68 所示。

步骤 11 选择"游戏对象|UI|按钮"命令,创建一个按钮,重命名为"Change"。

步骤 12 选择"bear"对象,将"Assets\ImageTracking_Coloring3D\Scripts"文件夹中 C# 脚本文件"Coloring3D"拖动添加到"bear","Camera Renderer"设为"RenderCamera","Button Change"设为"Change(Button)",如图 8-2-69 所示。

步骤 13 选择摄像机"Main Camera",修改清除标志为纯色,将背景色改为黑色,剪裁平面(近)设为"0.01",如图 8-2-70 所示。

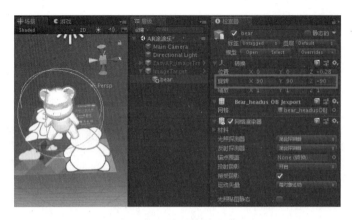

图 8-2-68　调整"bear"位置

图 8-2-69　为"bear"添加脚本组件

步骤 14 选择"文件 | 编译设置"命令，单击"添加已打开场景"按钮将当前场景添加到编译列表。

步骤 15 选中 Android 后单击下方的切换平台，切换需要花费一定时间。单击"玩家设置"按钮，检查器视图显示了玩家设置可配置项，填入"公司名称"和产品名称（填写在 EasyAR 官网上注册 key 时填入的应用名称），如图 8-2-71 所示。

图 8-2-70　设置摄像机

图 8-2-71　玩家设置

步骤 16 在"其他设置"下有一个"包名"（填写在 EasyAR 官网上注册 key 时填入的包名），包名格式为 com.AA.BB（AA：公司名称；BB：应用名称），如图 8-2-72 所示。

项目 八 AR 交互设计

图 8-2-72 其他设置

步骤 17 将生成的 APK 文件复制、安装到 Android 手机上，扫描 bear 图像并为 bear 涂色，观察运行效果。

任务评价

任务评价表见表 8-2-1。

表 8-2-1 任务评价表

项目	内容		评价		
	任务目标	评价项目	3	2	1
职业能力	EasyAR 平台的使用	能够注册申请开发密钥			
		能够下载、使用 EasyAR Sense Unity 资源包			
		能够进行项目基本设置			
	能够完成 AR 项目开发	能够实现 AR 平面图像跟踪识别			
		能够实现 AR 3D 图像跟踪识别			
通用能力	信息检索能力				
	团结协作能力				
	组织能力				
	解决问题能力				
	自主学习能力				
	创新能力				
综合评价					

283

任务 3　EasyAR 模型交互操作

任务描述

EasyAR 强大的功能使模型通过 AR 技术呈现在人们面前，扫描识别图后展现的仅仅是静态的模型，交互体验效果不是很好。本任务将学习几种常见的 AR 模型的交互操作方式，任务效果如图 8-3-1 所示。

图 8-3-1　任务效果

相关知识

一、移动设备的触控操作

Android 和 iOS 等移动设备能够支持多点触控。在 Unity 中用户可以通过 Input.touches 属性集合访问在最近一帧中触摸在屏幕上的每一根手指的状态数据。触屏函数写在 Update() 中，用于实时监测。

设备可以跟踪触摸屏上许多不同的数据，包括触摸屏的相位（是否刚刚开始、结束或移动）、触摸屏的位置以及触摸屏是单个触点还是多个触点。此外，设备可以检测帧更新之间触摸的连续性，因此可以跨帧报告一致的 ID 号，并用于确定特定手指的移动方式。

Unity 使用 Touch 结构来存储与单个 Touch 实例相关的数据，并由 Input.GetTouch 函数返回。每次帧更新都需要重新调用 GetTouch 以从设备获取最新的触摸信息，但 fingerId 属性可用于标识帧之间的相同触摸。

1. 相关 API

（1）Touch：描述手指触屏状态的结构。用来记录一个手指触摸在屏幕上的状态与位置的各种相关数据。有两个需要注意的属性，即 Touch.fingerId 和 Touch.tapCount。

① Touch.fingerId：一个 Touch 的标识。Input.touches 数组中的同一个索引在两帧之前，指向的不一定是同一个 Touch。用来标识某个具体的 touch 一定要用 fingerId，在分析手势或处理多点触控时，fingerId 是非常重要的。

② Touch.tapCount：这是一种检测手指在特定位置"双击"等的方法。在某些情况下，两个手指可能会交替敲击，这可能会错误地记录为一个手指敲击并同时移动。

（2）TouchPhase：枚举，列表描述了手指触摸的几种状态，对应 Touch 类中的 phase 属性。这些状态表示手指可以对最新帧更新执行的每个操作。由于触摸是由设备在其"生命周期"内跟踪的，因此触摸的开始和结束以及触摸之间的移动可以在发生的帧上报告。这些状态分别是：Began、Moved、Stationary、Ended、Canceled。

```
// 将此脚本附加到空游戏对象
// 通过 " 游戏对象 >UI> 文本 " 创建一些 UI 文本。
// 将此 GameObject 拖到 GameObject 的检查器视图的文本字段中。
using UnityEngine;
using System.Collections;
using UnityEngine.UI;
```

```csharp
public class TouchPhaseExample : MonoBehaviour
{
    public Vector2 startPos;
    public Vector2 direction;
    public Text m_Text;
    string message;
    void Update()
    {
        // 根据当前手指触摸状态和当前方向向量更新屏幕上的文本
        m_Text.text="Touch : " + message + "in direction" + direction;
        if(Input.touchCount > 0)
        {
            Touch touch=Input.GetTouch(0);
            // 根 TouchPhase 处理手指动作
            switch (touch.phase)
            {
                // 当第一次检测到触摸时，更改信息并记录开始位置
                case TouchPhase.Began:
                    // 记录初始触摸位置
                    startPos=touch.position;
                    message="Begun";
                    break;
                // 触摸是否为移动触摸
                case TouchPhase.Moved:
                    // 通过比较当前触摸位置和初始触摸位置来确定方向
                    direction=touch.position - startPos;
                    message="Moving";
                    break;
                case TouchPhase.Ended:
                    // Report that the touch has ended when it ends
                    message="Ending";
                    break;
            }
        }
    }
}
```

（3）Input.touches：一个 Touch 数组，表示上一帧中所有接触状态的对象列表（只读）。

```csharp
using UnityEngine;

public class Example : MonoBehaviour
{
    // 打印触摸屏幕的手指数
    void Update()
    {
        var fingerCount=0;
        foreach (Touch touch in Input.touches)
        {
            if(touch.phase != TouchPhase.Ended && touch.phase != TouchPhase.Canceled)
            {
                fingerCount++;
```

```
                }
            }
            if(fingerCount > 0)
            {
                print("有 "+fingerCount+" 个手指触摸屏幕 ");
            }
        }
    }
}
```

（4）Input.touchCount：获取当前的触摸次数，若为 1 则是单点触控，大于 1 则是多点触控，相当于 Input.touches.Length（只读）。

```
using UnityEngine;

public class Example : MonoBehaviour
{
    void Update()
    {
        if(Input.touchCount > 0)
        {
            print(" 触屏次数: "+Input.touchCount);
        }
    }
}
```

（5）Input.multiTouchEnabled：设置与显示当前系统是否启用多点触控。Ture 表示支持多点触控（一般是 5 点）；False 表示单点触控。

（6）Input.GetTouch(int index)：返回 index 参数选择的屏幕触摸（例如，从手指或手写笔）。

二、运行平台检测

Unity3D 项目发布后，要想能正常运行在各个平台，如移动设备（iOS、iphone、Android）、计算机（PC、Mac、Linux）独立运行平台、网页等，就要对当前设备做出正确判断。常见平台定义见表 8-3-1。

表 8-3-1　运行平台定义

定　　义	说　　明
UNITY_EDITOR	Unity3D 脚本编辑器
UNITY_STANDALONE	Mac OS X、Windows 或 Linux 独立运行平台
UNITY_STANDALONE_WIN	Windows 独立运行平台
UNITY_STANDALONE_OSX	Mac OS X 独立运行平台
UNITY_STANDALONE_LINUX	Linux 独立运行平台
UNITY_IOS	iOS 平台
UNITY_IPHONE	被 UNITY_IOS 替代
UNITY_ANDROID	Android 平台
UNITY_WEBGL	Web 浏览器

Unity3D 平台检测代码如下：

```
using UnityEngine;
using System.Collections;

public class PlatformDefines : MonoBehaviour {
    void Start() {
        #if UNITY_EDITOR
            Debug.Log("Unity Editor");
        #endif

        #if UNITY_IOS
            Debug.Log("Iphone");
        #endif

        #if UNITY_STANDALONE_OSX
        Debug.Log("Stand Alone OSX");
        #endif

        #if UNITY_STANDALONE_WIN
            Debug.Log("Stand Alone Windows");
        #endif

    }
}
```

单击播放模式测试代码。通过检查 Unity 控制台中的相关消息确认代码是否有效，这取决于所选择的平台。例如，如果选择 iOS，消息 "iPhone" 将显示在控制台中。

使用多条件 IF 语句可以这样写：

```
using UnityEngine;
using System.Collections;

public class PlatformDefines : MonoBehaviour {
    void Start() {
        #if UNITY_EDITOR
            Debug.Log("Unity Editor");
        #elif UNITY_IOS
            Debug.Log("Unity iPhone");
        #else
            Debug.Log("Any other platform");
        #endif
    }
}
```

三、触控操作实例

运行平台不同，模型操控方式就存在差异，这就要求 Unity3D 针对不同平台实现相应代码。下面针对 PC、移动设备实现相应的模型操控，在 PC 端，按住鼠标左键移动物体，按住鼠标右键旋转物体。在移动设备，实现双指移动物体。

(1)启动 Unity3D 软件,新建场景并命名为"模型控制"。
(2)选择"游戏对象|3D 对象|立方体"命令,创建一个立方体对象。
(3)新建 C# 脚本文件,命名为"ObjControl",如图 8-3-2 所示。

图 8-3-2　新建脚本

(4)编写脚本"ObjControl",代码如下所示。

```
using System.Collections;
using System.Collections.Generic;
using UnityEngine;

public class ObjControl : MonoBehaviour
{
    public Transform obj;
    void Update() {
        // 设备为 IOS、Iphone 或 Android,且不为 Unity3D 编辑器
        #if(UNITY_IOS || UNITY_IPHONE|| UNITY_ANDROID) && !UNITY_EDITOR
        // 单指旋转物体
        if(Input.touchCount == 1 && obj != null) {
            obj.Rotate(Vector3.up, -Input.GetAxis("Mouse X") * 10, Space.World);
            obj.Rotate(Vector3.right, Input.GetAxis("Mouse Y") * 10, Space.World);
        }
        // 双指移动物体
        else if(Input.touchCount > 1 && obj != null) {
            Touch t1=Input.GetTouch(0);
            Touch t2=Input.GetTouch(1);
            // 实时手指位置
            point=t2.position;
            if(t1.phase == TouchPhase.Moved && t2.phase == TouchPhase.Moved) {
                Vector3 touchDeltaPosition=Input.GetTouch(0).deltaPosition;
                transform.Translate(-touchDeltaPosition.x * speed, touchDeltaPosition.y * speed, 0);
            }
        }
        // 非移动设备执行
        #else
        // 按住左键旋转物体
        if(Input.GetMouseButton(0) && obj != null){
```

```
            if(Input.GetMouseButton(0)) {
                obj.Rotate(Vector3.up, -Input.GetAxis("Mouse X") * 10, Space.World);
                obj.Rotate(Vector3.right, Input.GetAxis("Mouse Y") * 10, Space.World);
            }
        }
        // 按住右键拖动物体
        else if(Input.GetMouseButton(1) && obj != null)
        {
            // 用于获取物体的 z 轴坐标 ( 物体离相机距离不变 )
            Vector3 targetScreenSpace=Camera.main.WorldToScreenPoint(obj.position);
            Vector3 point=Input.mousePosition;
            obj.position=Camera.main.ScreenToWorldPoint(new Vector3(point.x, point.y, targetScreenSpace.z));
        }
        #endif
    }
}
```

（5）创建一个空对象，将脚本挂到空对象。将"Cube"拖放到脚本变量"Obj"，如图 8-3-3 所示。

图 8-3-3　设置脚本

（6）运行游戏，测试鼠标交互效果。
（7）编译生成 APK 文件，复制、安装到手机，测试触控交互效果。

 **任务实施**

一、双指缩放模型

双指反向移动缩放模型是 AR App 开发中最常见的功能，也是一种最自然的交互手段，实现这样的功能也非常简单，在 AR 模型对象上添加一个 C# 脚本。

（1）启动 Unity3D，将新建场景命名为"AR 模型缩放"。
（2）右击"Assets"，选择"导入包 | 自定义包"命令，导入资源包 EasyARSenseUnityPlugin_4.0.0-final_2020-01-16.unitypackage。
（3）资源包导入后，进入"Assets\EasyAR\Resources\EasyAR"文件夹，单击文件"Settings"，在检查器视图"EasyAR SDK License Key"区域填入 EasyAR 官网获取的许可证 key，如图 8-3-4 所示。
（4）修改摄像机。选择"Main Camera"，修改清除标志为纯色，将背景色改为黑色，剪裁平面（近）

双指缩放模型

设为"0.01",如图 8-3-5 所示。

图 8-3-4　添加"EasyAR SDK License Key"　　　　图 8-3-5　设置摄像机

(5)将"Assets\EasyAR\Prefabs\Composites"文件夹中的"EasyAR_ImageTracker-1"拖动到层级视图中,如图 8-3-6 所示。

(6)添加"ImageTarget"。将"Assets\EasyAR\Prefabs\Primitives"文件夹中的"ImageTarget"拖动到层级视图中,如图 8-3-7 所示。

图 8-3-6　添加"EasyAR_ImageTracker-1"　　　　图 8-3-7　添加"ImageTarget"

(7)在项目视图创建"StreamingAssets"文件夹,并将素材文件夹中身份证背面的图片"idback.jpg"复制到其中,如图 8-3-8 所示。

图 8-3-8　添加识别图像

（8）选择"ImageTarget"对象，在检查器视图设置图像路径为"idback.jpg"名称为"idback"，如图8-3-9所示。

（9）添加AR模型。在层级视图右击"ImageTarget"，选择"3D对象|立方体"命令，创建"ImageTarget"子对象"Cube"，将缩放X、Y、Z均设为"0.3"，位置Z设为"-0.2"，使Cube位于图像上方，如图8-3-10所示。

图8-3-9 设置识别图像

（10）创建"Scripts"文件夹，建立C#脚本文件并命名为"handscale.cs"，如图8-3-11所示。

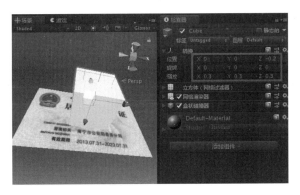

图8-3-10 添加Cube模型

图8-3-11 建立脚本

（11）"handscale"脚本代码如下所示：

```csharp
using System.Collections;
using System.Collections.Generic;
using UnityEngine;

public class handscale : MonoBehaviour
{
    private Touch oldTouch1;                    //上次触摸点1(手指1)
    private Touch oldTouch2;                    //上次触摸点2(手指2)
    void Update()
    {
        //没有触摸，就是触摸点为0
        if(Input.touchCount <= 0)
        {
            return;
        }
        //多点触摸，放大缩小(记录两个新的触摸点)
        Touch newTouch1=Input.GetTouch(0);
        Touch newTouch2=Input.GetTouch(1);
        //第2点刚开始接触屏幕，只记录，不做处理
        if(newTouch2.phase == TouchPhase.Began)
        {
```

```
                oldTouch2=newTouch2;
                oldTouch1=newTouch1;
                return;
            }
            // 计算之前的两点间距离和新的两点间距离，变大要放大模型，变小要缩放模型
            float oldDistance=Vector2.Distance(oldTouch1.position, oldTouch2.position);
            float newDistance=Vector2.Distance(newTouch1.position, newTouch2.position);
            // 两个距离之差，为正表示放大手势，为负表示缩小手势
            float offset=newDistance - oldDistance;
            // 放大因子，一个像素按 0.01 倍来算 (100 可调整)
            float scaleFactor=offset / 100f;
            Vector3 localScale=transform.localScale;
            Vector3 scale=new Vector3(localScale.x + scaleFactor,
                localScale.y + scaleFactor,
                localScale.z + scaleFactor);
            // 在什么情况下进行缩放
            if(scale.x >= 0.05f && scale.y >= 0.05f && scale.z >= 0.05f)
            {
                transform.localScale=scale;
            }
            // 记住最新的触摸点, 下次使用
            oldTouch1=newTouch1;
            oldTouch2=newTouch2;
        }
}
```

（12）将脚本挂到"Cube"对象。

（13）按【Ctrl+Shift+B】组合键打开"编译设置"对话框，参照前面案例所示方法完成编译相关设置，生成 APK 复制安装到手机，测试运行效果。

二、单指旋转模型

单指旋转模型

扫描识别图出现模型，要实现单指旋转模型这样的交互操作，主要用到 Unity 的 Input 类。在前面"双指缩放模型"案例基础之上添加脚本，实现单指旋转模型。

（1）打开前面保存的"双指缩放模型"案例场景，另存场景为"AR 单指旋转"。

（2）在"Scripts"文件夹建立 C# 脚本文件，命名为"handrotate.cs"，如图 8-3-12 所示。

图 8-3-12　建立脚本

（3）编写脚本"handrotate.cs"代码如下：

```
using System.Collections;
using System.Collections.Generic;
using UnityEngine;

public class handrotate : MonoBehaviour
{
    void Update () {
        // 没有触摸
```

```
            if(Input.touchCount <= 0 ){
                return;
            }
            //单点触摸，水平上下旋转
            if(1 == Input.touchCount ){
                Touch touch=Input.GetTouch(0);
                //触摸增量位置
                Vector2 deltaPos = touch.deltaPosition;
                transform.Rotate(Vector3.down * deltaPos.x , Space.World);
                transform.Rotate(Vector3.right * deltaPos.y , Space.World);
            }
        }
    }
```

（4）将脚本挂到"Cube"对象。

（5）编译场景，复制安装到手机并测试运行。

三、单指移动模型

扫描识别图出现模型，在 AR APP 中要实现单指移动模型这样的交互操作，主要用到 Unity 的 Input 类。在前面"双指缩放模型"案例基础之上添加脚本，实现单指移动模型。

扫一扫
单指移动模型

（1）打开前面保存的"双手缩放模型"案例场景，另存场景为"AR 手指移动"。

（2）在"Scripts"文件夹建立 C# 脚本文件，命名为"handmove.cs"，如图 8-3-13 所示。

（3）编写脚本"handmove.cs"，代码如下：

图 8-3-13 建立手指移动脚本

```
using System.Collections;
using System.Collections.Generic;
using UnityEngine;

public class handmove : MonoBehaviour
{
    public float speed=0.01F;
    void Update()
    {
        //判断是否有手指触摸屏幕
        if(Input.touchCount > 0 && Input.GetTouch(0).phase == TouchPhase.Moved)
        {
            //获取手指触摸增量位置
            Vector3 touchDeltaPosition = Input.GetTouch(0).deltaPosition;
            transform.Translate(-touchDeltaPosition.x * speed, touchDeltaPosition.y * speed, 0);
        }
    }
}
```

（4）将脚本挂到"Cube"对象。

（5）编译场景，复制安装到手机并测试运行。

四、鼠标拖动模型

鼠标拖动模型在 AR 中也是常见的功能，要将 AR 模型拖动到任何位置，需要在模型 C# 脚本鼠标按下（OnMouseDown）事件进行相应处理即可。在前面"双指缩放模型"案例基础之上添加脚本，使模型能够被自由拖动。

扫一扫
鼠标拖动模型

（1）打开前面保存的"双指缩放模型"案例场景，另存场景为"AR 自由拖动"。

（2）在"Scripts"文件夹建立 C# 脚本文件，命名为"autodrag.cs"，如图 8-3-14 所示。

图 8-3-14 建立自由拖动脚本

（3）编写脚本"autodrag.cs"，代码如下：

```
using System.Collections;
using System.Collections.Generic;
using UnityEngine;

public class autodrag : MonoBehaviour
{
    private Vector3 TargetScreenSpace;          // 目标物体的屏幕空间坐标
    private Vector3 TargetWorldSpace;           // 目标物体的世界空间坐标
    private Vector3 MouseScreenSpace;           // 鼠标的屏幕空间坐标
    private Vector3 Offset;                     // 偏移

    IEnumerator OnMouseDown()
    {
        // 目标物体的世界空间坐标转换为屏幕空间坐标
        TargetScreenSpace=Camera.main.WorldToScreenPoint(transform.position);
        // 存储鼠标屏幕空间坐标
        MouseScreenSpace=new Vector3(Input.mousePosition.x, Input.mousePosition.y, TargetScreenSpace.z);
        // 计算目标物体与鼠标在世界空间中的偏移量
        Offset=transform.position - Camera.main.ScreenToWorldPoint(MouseScreenSpace);
        // 按下鼠标左键
while (Input.GetMouseButton(0))
        {
            // 存储鼠标屏幕空间坐标
            MouseScreenSpace=new Vector3(Input.mousePosition.x, Input.mousePosition.y, TargetScreenSpace.z);
            // 把鼠标的屏幕空间坐标转换到世界空间坐标，加上偏移量，作为目标物体的世界空间坐标
            TargetWorldSpace=Camera.main.ScreenToWorldPoint(MouseScreenSpace)
 + Offset;
            // 更新目标物体的世界空间坐标
            transform.position=TargetWorldSpace;
```

```
        // 等待下一次 FixedUpdate 开始时再执行后续代码
        yield return new WaitForFixedUpdate();
        }
    }
}
```

(4)将脚本挂到"Cube"对象。

(5)运行游戏,测试运行效果。

五、更换模型材质

更换模型材质

单击扫描识别图出现的模型时自动更换模型的材质,要实现这个功能同样需要借助 C# 脚本。在脚本 OnMouseDown()中进行材质的切换。在前面"双指缩放模型"案例基础之上添加脚本,实现单击模型时更换材质。

(1)打开前面保存的"双指缩放模型"案例场景,另存场景为"AR 更换材质"。

(2)创建"Resources"文件夹,将素材文件"mango.jpg""dog.jog"添加到"Resources"文件夹,如图 8-3-15 所示。

(3)将"dog""mango"分别拖动到"Cube"对象,自动创建"Materials"文件夹,并在"Materials"文件夹中生成材质"dog"和"mango",如图 8-3-16 所示。

图 8-3-15　创建 Resources 文件夹

(4)在"Scripts"文件夹建立 C# 脚本文件,命名为"changemtl.cs",如图 8-3-17 所示。

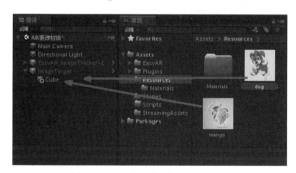

图 8-3-16　建立材质"bitmap"

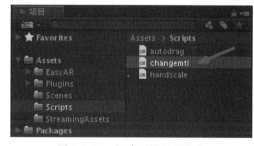

图 8-3-17　新建更换材质脚本

(5)编写脚本"changemtl.cs",代码如下:

```
using System.Collections;
using System.Collections.Generic;
using UnityEngine;

public class changemtl : MonoBehaviour
{
    public Material dog;
    public Material mango;
    private bool isClick=false;
    // 在鼠标按下事件中,根据 isClick 取值加载不同材质
    void OnMouseDown()
```

```
        {
            if(!isClick) {
                this.gameObject.GetComponent<MeshRenderer> ().material=dog;
            } else{
                this.gameObject.GetComponent<MeshRenderer> ().material=mango;
            }
    isClick =! isClick;
        }
}
```

六、AR 模型脱卡

脱卡是目前 AR 应用开发中最普遍的功能，扫描识别图出现模型，摄像头离开识别图后模型消失，这时在别的地方的同一个模型在模型显示的位置显示出来，让人感觉模型没有消失，从而达到脱卡的效果。

（1）打开前面保存的"双指缩放模型"案例场景，另存场景为"AR 模型脱卡"。

（2）添加脱卡模型。选择"ImageTarget"子对象"Cube"，按【Ctrl+D】组合键复制出对象"Cube(1)"，然后将"Cube(1)"移动到"ImageTarget"同级目录（只要不是"ImageTarget"子对象即可），如图 8-3-18 所示。

（3）在"Scripts"文件夹建立 C# 脚本文件，命名为"decarda.cs"，如图 8-3-19 所示。

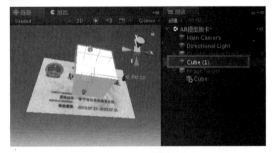

图 8-3-18　建立脱卡模型

图 8-3-19　建立自由拖动脚本

（4）编写脚本"decarda"，代码如下：

```
using System.Collections;
using System.Collections.Generic;
using UnityEngine;

public class decarda : MonoBehaviour
{
    public GameObject Target;           //扫描卡片
    public GameObject sbiemx;           //识别图模型
    public GameObject tkamx;            //脱卡模型
    bool firstFound = false;            //是否是第一次识别

    void Start()
    {
        //隐藏识别图模型和脱卡模型
        sbiemx.SetActive(false);
```

```
            tkamx.SetActive(false);
    }

    void Update()
    {
        // 扫描卡片可见
        if(Target.activeSelf == true)
        {
            // 显示识别图模型
            sbiemx.SetActive(true);
            // 不显示脱卡模型
            tkamx.SetActive(false);
            firstFound = true;
        }
        if(Target.activeSelf == false && firstFound == true)
        {
            sbiemx.SetActive(false);
            tkamx.SetActive(true);
        }
    }
}
```

（5）创建空对象 GameObject，将脚本"decarda"挂到空对象。设置脚本变量，如图 8-3-20 所示。

七、按钮切换模型

在开发 AR App 中，会用到按钮切换 AR 模型这样一个比较常见的功能。例如，在建筑 AR 应用中，可以识别一张图片后显示 AR 建筑，并通过按钮来前后浏览不同的 AR 建筑模型。实现思路：在 Unity3D 中创建两个 Button，然后在 EasyAR 的"ImageTarget"下创建多个子物体（AR 模型），并且设置这些模型不显示，然后通过脚本控制模型切换显示。

（1）打开前面保存的"双指缩放模型"案例场景，另存场景为"按钮切换模型"。

（2）添加 AR 模型。右击"ImageTarget"，添加模型对象 Sphere（球体）、Cylinder（圆柱体），调整大小、位置并隐藏显示，如图 8-3-21 所示。也可结合实际需要添加其他模型。

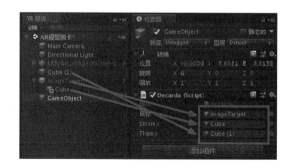

图 8-3-20　建立自由拖动脚本

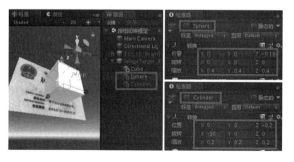

图 8-3-21　添加 AR 模型

（3）在"Assets"下创建"Textures"文件夹，复制素材按钮贴图到"Textures"中，将图片纹理类型设为"Sprite(2D 和 UI)"，单击"应用"按钮确认修改，如图 8-3-22 所示。

（4）创建按钮。选择"运行对象|UI|按钮"命令，创建按钮，命名为"btn_prev"。删除按钮子对象"Text"，修改按钮尺寸、位置，设置按钮"btn_prev"源图像为"prev"，如图8-3-23所示。

（5）同样方法，创建按钮"btn_next"。删除按钮子对象"Text"，修改按钮尺寸、位置，设置按钮"btn_next"源图像为"next"，如图8-3-24所示。

图 8-3-22 添加按钮贴图

图 8-3-23 添加"prev"按钮

图 8-3-24 添加"next"按钮

（6）添加按钮后，游戏视图按钮效果如图8-3-25所示。

（7）在"Scripts"文件夹建立C#脚本文件，命名为"buttonview"，如图8-3-26所示。

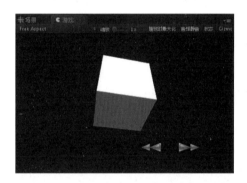

图 8-3-25 按钮效果

图 8-3-26 创建脚本文件

（8）编写脚本"buttonview"，代码如下所示：

```csharp
using System.Collections;
using System.Collections.Generic;
using UnityEngine;

public class buttonview : MonoBehaviour
{
    public GameObject[]objs;              // 数组变量，保存AR模型
    private int index=0;                  // 数组索引变量
    private int length;                   //AR模型数目
```

```csharp
void Start(){
    length=objs.Length;
}

public void Next()
{
    if(index>=length-1){
        index=0;
    }else{
        index++;
    }
    // 显示当前AR模型
    objs[index].transform.gameObject.SetActive(true);
    // 隐藏其他AR模型
    for(int i=0;i<length;i++)
    {
        if(i!=index){
            objs[i].transform.gameObject.SetActive(false);
        }
    }
}

public void Pre()
{
    if(index<=0){
        index=length-1;
    }else{
        index--;
    }
    objs[index].transform.gameObject.SetActive(true);
    for(int i=0;i<length;i++)
    {
        if(i!=index){
            objs[i].transform.gameObject.SetActive(false);
        }
    }
}
```

（9）将脚本"buttonview"添加到场景摄像机"Main Camera"（也可以是其他任意对象）。

（10）设置"Objs"大小为3，将"ImageTarget"的3个子对象分别拖动到3个元素，如图8-3-27所示。

（11）选择"btn_prev"，添加鼠标单击事件，将"Main Camera"拖动到图8-3-28所示位置，设置鼠标单击事件为"buttonview.pre"。

（12）同理，设置按钮"btn_next"鼠标单击事件为"buttonview.next"，如图8-3-29所示。

图8-3-27 设置脚本变量对象

图 8-3-28　设置"btn_prev"单击事件　　　　图 8-3-29　设置"btn_next"单击事件

（13）运行游戏，扫描识别图片出现 AR 模型，单击按钮切换浏览。

拓展任务

实践案例：奔跑的兔子

案例设计：

综合单指旋转、双指缩放等 AR 模型交互操作方法，实现素材模型的 AR 识别切换浏览，案例效果如图 8-3-30 所示。

图 8-3-30　任务图片

参考步骤：

步骤 1 启动 Unity3D，新建场景命名为 ARrabbit。

步骤 2 右击"Assets"，选择"导入包|自定义包"命令，导入资源包"EasyARSenseUnityPlugin_4.0.0-final_2020-01-16.unitypackage"。

步骤 3 资源包导入后，进入"Assets\EasyAR\Resources\EasyAR"文件夹，单击文件"Settings"，在检查器视图"EasyAR SDK License Key"区域填入从 EasyAR 官网获取的许可证 key。

步骤 4 导入素材资源包"White Rabbit.unitypackage"，导入后如图 8-3-31 所示。

步骤 5 修改摄像机。选择"Main Camera"，修改清除标志为纯色，将背景色改为黑色，剪裁平面（近）设为"0.01"。

步骤 6 将"Assets\EasyAR\Prefabs\Composites"文件夹下面的"EasyAR_ImageTracker-1"拖动到层级视图中，将"Assets\EasyAR\Prefabs\Primitives"文件夹下面的"ImageTarget"拖动到层级视图中，如图 8-3-32 所示。

步骤 7 在项目视图创建"StreamingAssets"文件夹，并将素材文件夹中身份证背面的图片"idback.jpg"复制到文件夹里面。

步骤 8 选择"ImageTarget"对象，在检查器视图设置图像路径为"idback.jpg"，名称为"idback"，如图 8-3-33 所示。

步骤 9 添加 AR 模型。将"Assets\Rabbits\Prefabs"文件夹中"Rabbit 1"拖动到"ImageTarget"，建立 AR 识别模型，如图 8-3-34 所示。

图 8-3-31 导入素材资源包

图 8-3-32 添加 EasyAR 资源

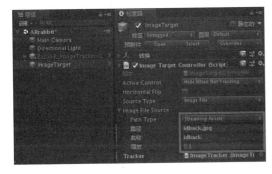

图 8-3-33 设置识别图像

图 8-3-34 添加"Rabbit"模型

步骤 10 将"Assets\Rabbits\Demo\Animator"文件夹中"DemoAnimator"拖动到"Rabbit 1"的动画器组件"Controller",如图 8-3-35 所示。

步骤 11 双击"Assets\Rabbits\Demo\Animator"文件夹中"DemoAnimator",打开模型动画器窗口,如图 8-3-36 所示。其中有三种状态:Idle、Run 和 Dead,通过参数"AnimIndex"控制切换,触发器变量"Next"。

图 8-3-35 添加动画器

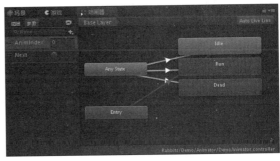

图 8-3-36 动画器

步骤 12 创建"Scripts"文件夹,建立 C# 脚本文件并命名为"Rabbit",控制模型动画;建立 C# 脚本,命名为"ARControl",实现 AR 模型双指缩放、单指移动等功能,如图 8-3-37 所示。

步骤 13 将脚本"Rabbit""ARControl"挂到场景对象"Rabbit 1"。

步骤 14 "Rabbit"脚本代码如下所示:

图 8-3-37 新建脚本

```csharp
using System.Collections;
using System.Collections.Generic;
using UnityEngine;

public class Rabbit : MonoBehaviour
{
    private string[] m_buttonNames=new string[] { "悠闲自在","欢蹦雀跃",
"晕倒在地" };
    private Animator m_animator;

    void Start()
    {
        m_animator=GetComponent<Animator>();
    }

    private void OnGUI()
    {
        GUI.BeginGroup(new Rect(50, 50, 150, 500));
        for(int i=0; i < m_buttonNames.Length; i++)
        {
            if(GUILayout.Button(m_buttonNames[i], GUILayout.Width(150)))
            {
                m_animator.SetInteger("AnimIndex", i);
                m_animator.SetTrigger("Next");
            }
        }
        GUI.EndGroup();
    }
}
```

步骤 15 ARControl 脚本代码如下所示:

```csharp
using System.Collections;
using System.Collections.Generic;
using UnityEngine;

public class ARControl : MonoBehaviour
{
    private Touch oldTouch1;              // 上次触摸点1(手指1)
    private Touch oldTouch2;              // 上次触摸点2(手指2)

    void Update()
    {
        // 没有触摸
        if(Input.touchCount <= 0 ){
            return;
        }
        // 单点触摸, 水平上下旋转
        if(Input.touchCount == 1){
            Touch touch=Input.GetTouch (0);
```

```csharp
            Vector2 deltaPos=touch.deltaPosition;
            transform.Rotate(Vector3.down * deltaPos.x , Space.World);
            transform.Rotate(Vector3.right * deltaPos.y , Space.World);
        }
        else
        {
            //多点触摸，放大缩小
            Touch newTouch1=Input.GetTouch(0);
            Touch newTouch2=Input.GetTouch(1);
            //第2点刚开始接触屏幕，只记录，不做处理
            if(newTouch2.phase == TouchPhase.Began)
            {
                oldTouch2=newTouch2;
                oldTouch1=newTouch1;
                return;
            }
            //计算老的两点距离和新的两点间距离，变大要放大模型，变小要缩放模型
            float oldDistance=Vector2.Distance(oldTouch1.position, oldTouch2.position);
            float newDistance=Vector2.Distance(newTouch1.position, newTouch2.position);
            //两个距离之差，为正表示放大手势，为负表示缩小手势
            float offset=newDistance - oldDistance;
            //放大因子，一个像素按 0.01 倍来算 (100 可调整)
            float scaleFactor=offset / 100f;
            Vector3 localScale=transform.localScale;
            Vector3 scale=new Vector3(localScale.x + scaleFactor,
                localScale.y + scaleFactor,
                localScale.z + scaleFactor);
            //在什么情况下进行缩放
            if(scale.x >= 0.05f && scale.y >=0.05f && scale.z >= 0.05f)
            {
                transform.localScale=scale;
            }
            //记住最新的触摸点，下次使用
            oldTouch1=newTouch1;
            oldTouch2=newTouch2;
        }
    }
}
```

步骤 16 按【Ctrl+Shift+B】组合键打开"编译设置"对话框，参照前面案例所示方法完成编译相关设置，编译生成并复制安装到手机，测试运行效果。

步骤 17 如果希望兔子能向前而不是只在原地跑，勾选"Rabbit 1"动画器组件"应用根运动"复选框即可，如图 8-3-38 所示。

图 8-3-38　应用根运动

任务评价

任务评价表见表 8-3-2。

表 8-3-2　任务评价表

项目	内　容		评　价		
	任 务 目 标	评 价 项 目	3	2	1
职业能力	掌握几种 AR 模型交互控制方法	掌握移动设备的触控操作			
		能够实现双指缩放模型			
		能够实现单指旋转模型			
		能够实现鼠标拖动模型			
		能够实现更换模型材质			
		能够实现 AR 模型脱卡			
		能够实现按钮切换模型			
通用能力	信息检索能力				
	团结协作能力				
	组织能力				
	解决问题能力				
	自主学习能力				
	创新能力				
综 合 评 价					

小结

本项目通过 3 个任务详细地介绍了增强现实 AR 技术，对 AR 应用领域、市场前景以及开发平台进行简要介绍；详细介绍了 EasyAR 的资源获取、案例分析、项目开发流程；针对 AR APP 操作中常见的单指旋转、双指移动和缩放、材质更换、模型切换浏览等功能给出具体实现方法。通过项目任务学习，能够完成平面图像、3D 物体 AR 识别，并能实现与模型的交互控制，为进一步 AR 项目开发打下坚实基础。

习题

一、选择题

1. AR 是（　　）。
   - A. 虚拟现实
   - B. 增强现实
   - C. 混合现实
   - D. 互动现实

2. AR 包括（　　）三方面的内容。
   - A. 将虚拟物与现实结合
   - B. 二维
   - C. 即时互动
   - D. 三维

3. EasyAR 是（　　）公司的产品。
   - A. 视 +AR
   - B. 腾讯
   - C. 网易
   - D. 360

4. 用于检测与跟踪日常生活中有纹理的平面物体的是（　　）。
   - A. 3D 物体跟踪
   - B. 平面图像跟踪
   - C. 云识别
   - D. 录屏

5. 平面图像跟踪需要添加（　　）。
   - A. ImageTracker
   - B. ObjectTracker
   - C. ImageTarget
   - D. ObjectTarget

6. 进行 EasyAR 开发时，Main Camera 清除标志应设为（　　）。
   - A. 天空盒
   - B. 黑色
   - C. 纯色
   - D. 白色

7. AR 项目发布时，包名的格式为（　　）。
   - A. com. 应用名称 . 公司名称
   - B. com. 公司名称 . 应用名称
   - C. cn. 应用名称 . 公司名称
   - D. cn. 公司名称 . 应用名称

8. 能实现 AR 模型缩放的操作（　　）。
   - A. 单指移动
   - B. 双指同向移动
   - C. 单指旋转
   - D. 双指反向移动

二、填空题

1. 从版本 4 开始，过去被大家熟知的 EasyAR SDK 被赋予一个新的名字：_____。
2. _____作为一款国产增强现实引擎，具备强大、丰富的 AR 能力。
3. AR 开发平台有_____、_____、_____、_____、_____。

4. _____地图和_____地图等地图软件提供 AR 导航功能。
5. EasyAR 3D 物体跟踪需要在场景添加_____、_____。
6. _____文件夹存放 Unity 不会编译的资源文件。
7. EasyAR 正常工作需要验证_____。
8. 平面图像跟踪所需的图片格式建议为_____、_____。

三、简答题

1. 简述 AR 应用领域。
2. AR 开发平台有哪些？
3. EasyAR Sense 可以实现哪些识别跟踪？
4. 简要说明 AR 项目编译时，玩家设置需要设置哪些项？
5. 简要说明 AR 模型脱卡的实现思路。